国家自然科学基金项目（41261110）
中国博士后科学基金61批面上资助项目（2017M612146）
江西省自然科学基金重大项目（20152ACB20004）
江西省社会科学"十二五"规划项目（15YJ34）
江西省教育厅科学技术研究项目（GJJ151098）

经济管理学术文库·经济类

湖泊湿地生态补偿标准研究
——以鄱阳湖湿地为例

Research on Ecological Compensation
Standard for Lake Wetlands:
A Case Study of Poyang Lake Wetland

熊 凯 孔凡斌／著

经济管理出版社
ECONOMY & MANAGEMENT PUBLISHING HOUSE

图书在版编目（CIP）数据

湖泊湿地生态补偿标准研究：以鄱阳湖湿地为例/熊凯，孔凡斌著.—北京：经济管理出版社，2017.3

ISBN 978－7－5096－4958－9

Ⅰ.①湖… Ⅱ.①熊… ②孔… Ⅲ.①鄱阳湖—湿地资源—生态环境—补偿—标准—研究 Ⅳ.①P942.560.78－65

中国版本图书馆 CIP 数据核字（2017）第 031407 号

组稿编辑：曹　靖
责任编辑：杨国强　张瑞军
责任印制：司东翔
责任校对：雨　千

出版发行：经济管理出版社
　　　　　（北京市海淀区北蜂窝 8 号中雅大厦 A 座 11 层　100038）
网　　址：www.E－mp.com.cn
电　　话：（010）51915602
印　　刷：北京玺诚印务有限公司
经　　销：新华书店
开　　本：720mm×1000mm/16
印　　张：14.75
字　　数：261 千字
版　　次：2017 年 6 月第 1 版　2017 年 6 月第 1 次印刷
书　　号：ISBN 978－7－5096－4958－9
定　　价：68.00 元

·版权所有　翻印必究·

凡购本社图书，如有印装错误，由本社读者服务部负责调换。
联系地址：北京阜外月坛北小街 2 号
电话：（010）68022974　　邮编：100836

前 言

2009年12月12日,《鄱阳湖生态经济区规划》(以下简称《规划》)正式获得国务院批准,标志着鄱阳湖生态经济区建设上升为国家战略。同时,2014年6月,江西省全境也被列入生态文明先行示范区建设地区。同年,国家发改委、财政部、国土资源部、水利部、农业部、国家林业局六部委正式批复《江西省生态文明先行示范区建设实施方案》(以下简称《实施方案》)。另外,江西省提出"龙头昂起、两翼齐飞、实干兴赣、昌九一体、绿色崛起"等口号及措施。以上这些都离不开鄱阳湖生态经济区,因此,鄱阳湖生态经济区对江西经济发展具有极其重要的作用。然而,目前江西省乃至全国的经济快速发展,伴随着较为严重的环境污染问题,最为突出的就是空气污染和水污染。而被称为淡水之源、"地球之肾"的湿地,是自然界最富生物多样性和最具生产力的生态系统之一,其具有调蓄洪水、污染治理、调节气候、保持生物多样性等重要的生态功能,在人类生存发展中发挥着不可替代的作用。鄱阳湖湿地作为鄱阳湖生态经济区的重要组成部分,是中国第一大淡水湖湿地、国际重要湿地和首批列入《国家重要湿地名录》的地区之一,该湿地面积达到31.3万公顷。鄱阳湖湿地对于维持区域生态平衡、维护全球生物多样性以及促进区域自然与社会经济的协调发展,具有重要的科学价值和典型的示范意义。

但是,自20世纪以来,随着人口的快速增长和工业化进程的加快,全球湿地生态系统呈现急剧恶化的态势。联合国《千年生态系统评估报告》指出,全球湿地退化和丧失的速度已经远远超过了其他类型生态系统退化和丧失的速度。同样,鄱阳湖湿地面积也曾因人工围垦而大幅度缩减,湖泊面积由1954年的5160平方千米缩小到1997年的3859平方千米,累计围垦面积达1301平方千米。虽然目前在不断加大对鄱阳湖湿地的保护和治理力度,但由于鄱阳湖湿地资源过度利用导致生态环境恶化及生物多样性下降的趋势并没有得到根本扭转,一些珍稀水生动物如白鳍豚和江豚等几近灭绝,湿地生态系统脆弱的现状也没有得到根本性改变，对鄱阳湖湿地修复、保护和管理依然是国家和地方政府生态工程的重点内容。《规划》将鄱阳湖湿地列为国家生态保护领域先试先行的示范对象，将建立鄱阳湖湿地生态补偿机制列为生态经济区体制机制改革的重点工作之一。《实施方案》中明确提出"鄱阳湖及其湿地生态保护区，重点保护湖泊面积和水质、湿地等，保障长江流域水生态安全"。因此，国家和地方政府都高度重视鄱阳湖湿地环境，保护湿地环境最有效的方式就是构建生态补偿机制。但是，该项工作面临诸多理论和实际操作性难题，至今鄱阳湖湿地生态补偿机制都没有取得实质性进展。

本书从生态系统服务功能和农户意愿（支付意愿和受偿意愿）这两个角度出发，结合区域经济发展水平等多为因素，建立并试图测算鄱阳湖湿地生态补偿标准，为构建鄱阳湖湿地生态补偿机制做出一定贡献。全书由十二章内容构成，分别简述如下。

第一章：导论。着重提出研究所要分析的问题，明确研究目的和意义，简要介绍所采用的研究方法和研究内容安排。

第二章：概念界定和文献综述。本章首先对湿地、生态补偿和生态补偿标准等关键概念进行界定；其次回顾相关理论，包括产权理论、外部性理论、激励理论、价格理论和公共物品理论等；最后对生态系统服务功能、条件价值评估法和生态补偿相关文献进行简要回顾和述评。

第三章：我国湿地资源禀赋特征及生态补偿内容。本章首先从湿地数量、生物多样性、自然生产力和生态功能等方面进行分析，其次简要介绍湿地生态补偿的主要内容和补偿模式。

第四章：我国湿地生态补偿动因和可行性分析。本章首先从湿地退化现状、社会经济发展的负外部性和湿地保护管理中的政府失灵三个方面对生态补偿进行动因分析，其次从国家政策、财政投入、制度需求三个方面对湿地生态补偿可行性进行综合评析。

第五章：研究区概况和数据来源。本章首先对研究区进行概述，其次对社会经济数据以及测算研究区的生态系统服务功能价值和农户意愿及其水平的数据来源进行叙述，最后对研究区的分区情况以及农户调查的问卷设计进行较为详细的分析。

第六章：基于生态系统服务功能的鄱阳湖湿地生态价值研究。本章从生态系统服务功能价值这一角度，采用价格替代、影子工程以及市场价格等方法来对鄱阳湖湿地的生态价值进行客观分析与评价，为后文估测鄱阳湖湿地的生态补偿标准以及制定生态补偿措施提供依据。

第七章：鄱阳湖湿地农户生态补偿支付意愿与水平及其影响因素研究。本章采用条件价值评估法（CVM）对农户生态补偿支付意愿及其水平进行测算与分析，并利用 Heckman 两阶段模型对农户支付意愿及其水平的影响因素进行实证分析，以此为后文对鄱阳湖湿地生态补偿标准、补偿主客体以及补偿方式的进一步研究做基础。

第八章：鄱阳湖湿地农户生态补偿受偿意愿与水平及其影响因素研究。本章采用条件价值评估法（CVM）对农户生态补偿受偿意愿与水平进行测算与分析，并利用排序 Logistic 模型对农户受偿意愿的影响因素进行实证分析，以此为后文对鄱阳湖湿地生态补偿标准、补偿主客体以及补偿方式的进一步研究做铺垫。

第九章：鄱阳湖湿地生态补偿标准模型构建及测算。本章以鄱阳湖湿地为具体研究对象，从生态系统服务功能价值出发，结合农户意愿（支付与受偿意愿）值和区域经济发展水平等多维因素，构建鄱阳湖湿地生态补偿研究单元内部、外部补偿模型，并依据以上数据来估测鄱阳湖湿地内部和外部生态补偿标准。

第十章：鄱阳湖湿地生态补偿措施研究。以第九章所计算得出的鄱阳湖湿地内部、外部补偿标准为依据，并结合第七章和第八章的研究结果，对鄱阳湖湿地的内部、外部补偿主客体以及补偿方式进行分析。

第十一章：生态补偿国际经验及借鉴。本章对欧盟、美国、荷兰、菲律宾的生态补偿实践和相关政策进行了详细阐述，并总结出好的经验和做法为制定鄱阳湖湿地生态补偿政策提供一定的借鉴。

第十二章：鄱阳湖湿地生态补偿困难及政策建议。本章在上述章节的基础上，首先对鄱阳湖湿地生态补偿面临的困难进行概述，并基于此提出具有针对性的对策建议，以此促进鄱阳湖湿地生态补偿机制的建立和实施。

本书是课题组承担国家自然科学基金项目"基于生态系统服务功能价值的区域生态补偿标准及空间选择研究——以鄱阳湖生态经济区为例"（41261110）、中国博士后科学基金 61 批面上资助项目"江西省五大流域生态补偿标准和空间选择研究"（2017M612146）、江西省自然科学基金重大项目"基于 GIS 和元胞自动机模型的鄱阳湖流域林地利用生态安全评价与格局模拟"（20152ACB20004）、江西省社会科学"十二五"规划项目"江西省主要流域生态补偿标准及空间瞄准机制研究"（15YJ34）和江西省教育厅科学技术研究项目"鄱阳湖流域水资源保护生态补偿标准研究"（GJJ151098）等科研项目的前期研究成果。

  本书凝聚了课题组所有成员的辛勤劳动，他们分别是江西财经大学鄱阳湖生态经济研究院院长张利国教授，江西财经大学鄱阳湖生态经济研究院潘丹博士、陈胜东博士和江西农业大学经济管理学院廖文梅副教授等。在此表示衷心感谢！

  本书可供农业经济管理、资源环境经济学和生态经济学等专业的本科生和研究生阅读，也可作为科研、教学人员及政府工作人员的参考用书。由于湿地生态补偿研究的复杂性，加之笔者能力有限，书中难免出现疏漏与欠妥之处，诚请各位同行和读者批评指正。

著者
2016 年 7 月 16 日于江西财经大学蛟桥园

目 录

第一章 导论 ·· 1

    第一节 选题背景与研究意义 ·· 1

    第二节 研究内容与研究方法 ·· 5

    第三节 研究结构 ··· 6

第二章 概念界定和文献综述 ·· 9

    第一节 概念界定 ··· 9

    第二节 理论基础 ·· 32

    第三节 文献综述 ·· 43

第三章 我国湿地资源禀赋特征及生态补偿内容 ······································ 70

    第一节 我国湿地资源的禀赋特征 ··· 70

    第二节 湿地生态补偿内容和模式 ··· 78

第四章 我国湿地生态补偿动因和可行性分析 ·· 86

    第一节 我国湿地生态补偿动因分析 ·· 86

    第二节 我国湿地生态补偿可行性分析 ·· 100

    本章小结 ··· 104

第五章 研究区概况和数据来源 ·· 106

    第一节 研究区概况 ··· 106

    第二节 数据来源 ·· 116

    本章小结 ··· 119

第六章　基于生态系统服务功能的鄱阳湖湿地生态价值研究 …………… 121
   第一节　鄱阳湖湿地生态系统服务功能价值估测模型的构建 ………… 122
   第二节　鄱阳湖湿地生态系统服务功能价值 ……………………………… 125
   第三节　鄱阳湖湿地生态系统服务功能价值空间分布 ………………… 128
   本章小结 …………………………………………………………………………… 130

第七章　鄱阳湖湿地农户生态补偿支付意愿与水平及其影响因素研究 ……… 131
   第一节　研究方法 ………………………………………………………………… 132
   第二节　鄱阳湖湿地农户支付意愿与支付水平 ………………………… 135
   第三节　农户生态补偿支付意愿和支付水平影响因素 ………………… 137
   本章小结 …………………………………………………………………………… 140

第八章　鄱阳湖湿地农户生态补偿受偿意愿与水平及其影响因素研究 ……… 142
   第一节　研究方法 ………………………………………………………………… 143
   第二节　鄱阳湖湿地农户受偿意愿与受偿水平研究 ………………… 146
   第三节　农户生态补偿受偿意愿影响因素分析 ………………………… 147
   本章小结 …………………………………………………………………………… 151

第九章　鄱阳湖湿地生态补偿标准模型构建及测算 ……………………… 153
   第一节　数据整理与分析 ……………………………………………………… 154
   第二节　鄱阳湖湿地内部生态补偿及外部生态补偿标准估测模型 … 157
   第三节　鄱阳湖湿地内部、外部生态补偿标准及其分区特征 ………… 159
   本章小结 …………………………………………………………………………… 165

第十章　鄱阳湖湿地生态补偿措施研究 …………………………………… 166
   第一节　鄱阳湖湿地生态补偿主客体 ……………………………………… 166
   第二节　鄱阳湖湿地生态补偿方式 ………………………………………… 171
   本章小结 …………………………………………………………………………… 176

第十一章 生态补偿国际经验及借鉴 …………………………………… 177
第一节 国际生态补偿的发展历程 ………………………………… 177
第二节 国际生态补偿实践与启示 ………………………………… 178
第三节 国际生态补偿政策与启示 ………………………………… 183

第十二章 鄱阳湖湿地生态补偿困难及政策建议 ……………………… 192
第一节 鄱阳湖湿地生态补偿面临的主要困难 …………………… 192
第二节 鄱阳湖湿地生态补偿政策建议 …………………………… 195

附录 农户生态补偿意愿的调查问卷 …………………………………… 200

参考文献 …………………………………………………………………… 203

第一章 导论

第一节 选题背景与研究意义

一、选题背景

江西省乃至全国的经济快速发展,伴随着较为严重的环境污染问题,最为突出的就是空气污染和水污染,而被称为淡水之源、"地球之肾"的湿地,则是地球上水陆相互作用形成的独特生态环境,是自然界最富生物多样性和最具生产力的生态系统之一,具有污染治理、调蓄洪水、调节气候、保持生物多样性等重要生态功能,在人类生存发展中发挥着不可替代的作用(王金南,2013)。鄱阳湖是中国第一大淡水湖,也是国际重要湿地和首批列入《国家重要湿地名录》的地区之一,其湿地面积达到31.3万公顷,是世界六大湿地之一,其对于维持区域生态平衡和维护全球生物多样性,促进区域自然与社会经济的协调发展,具有重要科学价值和典型的示范意义。

但是,20世纪以来,随着人口的快速增长和工业化进程的加快,全球湿地生态系统呈现急剧恶化的态势。联合国《千年生态系统评估报告》指出,全球湿地退化和丧失的速度已经远远超过了其他类型生态系统退化和丧失的速度。目前,全世界湿地面积的损失率约为50%,中国近50年来湿地面积损失率约为21.6%(An S. et al.,2007)。同样,鄱阳湖湿地面积也曾因人工围垦而大幅度缩减,湖泊面积由1954年的5160平方千米缩小到1997年的3859平方千米,累计围垦面积达1301平方千米。虽然自20世纪90年代以来,鄱阳湖地区实行退田还湖等一系列生态修复措施以遏制湿地退化趋势,但由于鄱阳湖湿地资源过度利用,导致生态环境恶化及生物多样性下降的趋势并没有得到根本扭转,一些珍稀水生动物如白鳍豚和江豚等几近灭绝，湿地生态系统脆弱的现状也没有得到根本性改变。因此，对鄱阳湖湿地的修复、保护和管理依然是国家和地方政府生态工程的重点内容。《鄱阳湖生态经济区规划》将鄱阳湖湿地列为国家生态保护领域先试先行的示范对象，将建立鄱阳湖湿地生态补偿制度列为生态经济区体制机制改革的重点工作之一。但是，该项工作面临诸多理论和实际操作性难题，至今鄱阳湖湿地生态补偿机制都没有取得实质性进展。

二、研究意义

鄱阳湖湿地是亚洲第一大淡水湖生态湿地，也是中国乃至世界的重要湿地，其在蓄水防洪、调节气候、降解污染、保护生物多样性、休闲与旅游及提供动植物经济产品、水运等方面，为人类提供各种重要的功能和服务。但是，由于人类对湿地资源的长期过度开发和无序使用，导致湿地面积逐年减少，湿地功能逐步退化。国内外经验表明，建立湿地生态补偿制度既可以稳定湿地周边经济，又能促进湿地有效保护和可持续发展，是破解湿地保护与经济发展难题的重要手段。生态补偿（PES）是世界各国为应对全球生态危机和环境污染而提出的一种公共政策工具，目的是鼓励生产者保护生态环境，同时提高环境保护者的积极性，从而实现区域经济、社会和环境协调发展（孔凡斌，2010）。目前生态补偿机制作为一种创新的环境保护制度受到越来越多的关注，在我国主要有以下几点作用：

（一）建立生态补偿机制是我国落实科学发展观、实现区域协调发展的重大战略选择

生态系统是地球的生命支持系统，是人类赖以繁衍生息的基础。人类为了经济发展，往往采用扩大开发自然资源和无偿利用生态环境等方式，造成生态系统的不断恶化，这已成为制约经济发展的重要瓶颈。中国经济和生态的矛盾日益尖锐，生态资源和经济水平的空间分布不均，造成地区间可持续发展的不平衡，造成资源型产品生产和消费空间的分离，形成生态功能区往往与经济不发达区相重叠（洪尚群等，2001）。作为公共产品或公共服务，生态环境具有显著的效益外溢性特征（孔凡斌，2010）。经济欠发达地区为生态受惠区（经济发达地区）提供大量的生态服务，却由于公共产品的外部性特征而无法得到应有的补偿（毛显强等，2002），极大地挫伤了生态功能区保护生态环境的积极性。要解决这类问题，就必须建立生态补偿机制（中国生态补偿机制与政策研究课题组，

2007)。

改革开放 30 多年来，我国综合国力大大增强，人民生活水平大幅度提高，政府和民间对建立及完善我国生态补偿机制的呼声日益高涨，生态补偿机制已经进入了行政立法初期阶段。胡锦涛同志在党的十八大报告中强调，要"建立反映市场供求和资源稀缺程度、体现生态价值和代际补偿的资源有偿使用制度和生态补偿机制"。建立和完善生态补偿机制是我国落实科学发展观、实现人与自然和谐共处的重要战略选择。研究区域生态补偿机制问题是国家需求所在，具有重大的现实意义。

（二）建立鄱阳湖生态经济区生态补偿机制是国家区域重大发展战略的迫切需要

2009 年 12 月 12 日，江西《鄱阳湖生态经济区规划》（以下简称《规划》）正式获得国务院批准，标志着鄱阳湖生态经济区建设上升为国家战略。鄱阳湖生态经济区功能定位为全国大湖流域综合开发示范区、长江中下游水生态安全保障区、加快中部崛起重要带动区和国际生态经济合作重要平台。建设鄱阳湖生态经济区是探索我国大湖流域生态、经济、社会协调发展、综合开发的新模式。根据自然生态系统的不同特征和经济地域的内在联系，国务院将鄱阳湖生态经济区划分为三大主体功能区（两区一带），即禁止开发建设的"湖体核心保护区"、严格控制开发的"滨湖控制开发带"和高效集约开发的"高效集约发展区"。主体功能区发展战略的实施必将对"两区一带"内的社会经济发展带来巨大影响，将在很大程度上改变区域内不同行政单元的权利义务关系，区域之间公共服务水平非均等化趋势将进一步加剧。为了实现区域间公共服务水平的均等化，促进区域内各行政区之间的协调发展，《规划》明确提出将"积极推进多种方式的生态补偿试点"作为重点领域改革的主要内容，国家已经将鄱阳湖生态经济区确立为建立生态补偿机制的试点区域，要求率先建立生态补偿机制，进而为全面建立生态补偿机制提供经验。

（三）生态补偿标准及空间选择是区域生态补偿机制研究的关键科学问题

生态补偿机制是一种新型的资源环境管理模式，是全球生态环境保护和建设领域研究的前沿问题。生态补偿标准及其确定方法一直是生态补偿机制建立中的重点和难点（李晓光等，2009），而如何提高生态补偿的生态效率和资金效率则成为影响生态补偿制度有效性的关键问题（戴其文，2010）。生态补偿对象的空间选择是一种基于补偿资金效率的考虑。确定最有效的服务供给者的空间定位技术，是生态补偿机制研究的核心问题之一，也是建立高效、合理的生态补偿机制的基础性和支撑性研究。当前，我国有关生态补偿机制的行政立法工作步履维艰，进展缓慢，这一方面说明生态补偿制度本身的复杂性，另一方面说明有关生态补偿机制的关键科学问题研究还不能够满足国家发展战略的需求。

基于以上原因，本书从生态系统服务功能价值和农户意愿角度出发，以生态补偿为切入点，对鄱阳湖湿地生态补偿进行了系统的梳理与分析，具有较强的理论和现实意义。从主体看，本书的研究意义大致可以归纳为以下几点：

（1）许多学者在湖泊湿地生态补偿标准方面做出努力，获得了较丰富的研究成果，为建立湖泊湿地生态补偿机制做出了贡献。但是，该项工作仍然面临着补偿标准难以确定的困难。基于此，本书以鄱阳湖湿地为具体研究对象，从生态系统服务功能的价值出发，结合农户意愿及人口和经济发展水平等多维因素，探寻湿地生态补偿标准的形成机制，对于指导建立鄱阳湖湿地生态补偿制度，乃至对于建立和完善我国湖泊湿地生态补偿机制均具有重要的理论创新和决策参考价值。

（2）当前，建立鄱阳湖湿地生态补偿机制已经正式纳入我国中央和地方政府的议事日程，但是，该项工作仍然面临着补偿主体难以确定的困难。从国内外研究经验看，从湿地资源经营主体角度出发，探索湿地资源直接利益相关者在生态补偿机制中的责任及实现问题研究，是当前湖泊湿地生态补偿机制研究的薄弱点，也是需要重点突破的难点。基于以上考虑，本书采用条件价值评估法对鄱阳湖湿地农户支付（受偿）意愿和支付（受偿）水平这两个研究指标进行分析，并用 Heckman 两阶段模型和排序 Logistic 模型分别对农户支付意愿、支付水平和受偿水平的影响因素进行分析，这对于完善我国湖泊湿地农户生态补偿理论和方法研究具有重要的补充价值。

（3）国务院于 2009 年 12 月 12 日正式批复《鄱阳湖生态经济区规划》（以下简称《规划》），并在其批复的《规划》中，将建立鄱阳湖湿地生态补偿机制列为生态经济区体制机制改革和先行先试的重点工作予以推进。另外，2013 年 12 月，国家发改委等六部委下发了《关于印发国家生态文明先行示范区建设方案（试行）的通知》。2014 年 6 月，江西省全境列入《生态文明先行示范区》建设地区。因此，鄱阳湖湿地作为江西省重点保护的自然生态系统，备受省委、省政府的重视。这更加凸显构建鄱阳湖湿地生态补偿机制的重要性。但是，在对鄱阳湖湿地的保护工作中，主要面临"补偿主客体、补偿方式、补偿标准"难以确定的困惑。基于这一问题，本书在对鄱阳湖湿地 12 个研究区进行生态补偿分析的基础上，试图探索建立普适性的区域生态补偿价值定量估算函数转换模型，以此确定鄱阳湖湿地的生态补偿标准，并基于此研究鄱阳湖湿地的生态补偿主客体和探索湿地的生态补偿方式，这无疑具有重大的理论和现实意义。

第二节 研究内容与研究方法

一、研究内容

本书按照总体把握、重点突破和总结归纳的思路，探讨鄱阳湖湿地生态补偿标准、补偿主客体和补偿方式。本研究内容主要包括以下六个方面：

研究内容一：基于生态系统服务功能的鄱阳湖湿地生态价值。

这部分内容在统计数据的基础上，基于生态系统服务功能法对鄱阳湖湿地的生态价值进行测算和分析，并采用 ArcGIS 方法对研究区的生态系统服务功能价值进行空间描述性分析。

研究内容二：鄱阳湖湿地农户生态补偿支付意愿与水平及其影响因素研究。

这部分采用条件价值评估法（CVM）和 Heckman 两阶段模型，对鄱阳湖湿地农户生态补偿支付意愿与支付水平及其影响因素进行实证分析。同时，选用 ArcGIS 方法对研究区的农户支付意愿程度进行空间描述性分析。

研究内容三：鄱阳湖湿地农户生态补偿受偿意愿及其影响因素研究。

这部分基于农户调查数据，采用条件价值评估法（CVM）和排序 Logistic 模型，对鄱阳湖湿地农户生态补偿受偿意愿及其影响因素进行分析。同时，选用 ArcGIS 方法对研究区的农户受偿意愿程度进行空间描述性分析。

研究内容四：鄱阳湖湿地生态补偿标准模型构建与测算。

这部分基于生态系统服务功能价值及农户意愿（受偿意愿与支付意愿）两大因素，结合地区社会经济等因素，通过构建的生态补偿标准转化模型测算鄱阳湖湿地外部和内部生态补偿标准。同时，选用 ArcGIS 方法对研究区的内外部生态补偿标准进行空间描述性分析。

研究内容五：鄱阳湖湿地生态补偿措施研究。

这部分基于本书第七章、第八章和第九章的研究基础，对鄱阳湖湿地的内外部生态补偿主客体和生态补偿方式进行分析。

研究内容六：鄱阳湖湿地生态补偿政策建议研究。

这部分首先对目前鄱阳湖湿地生态补偿面临的主要困难进行阐述和分析，在此基础上提出具有针对性并较为合理的政策建议。

二、研究方法

本书主要采取的研究方法为以下两种：

（一）实证研究与理论研究相结合

实证研究与理论研究贯穿整个研究。在实证分析方面，主要采用 Heckman 两阶段模型、排序 Logistic 回归模型以及生态补偿价值定量估算函数转换模型；在理论分析方面，主要是对生态补偿理论基础进行论述与分析，并在此基础上对鄱阳湖湿地生态补偿进行研究与分析。

（二）主观研究与客观研究相结合

本研究在测算鄱阳湖湿地生态系统服务功能价值方面，采用条件价值评估法这一主观方法从农户意愿角度对湿地生态价值进行估算，又利用生态系统服务功能价值这一客观方法测算湿地生态价值。以期在综合考虑以上两种因素的情况下，为估算鄱阳湖湿地生态补偿标准提供一个较为科学与坚实的基础。

第三节　研究结构

本书共分为十二个章节，具体内容如下所示：

第一章：导论。着重提出研究所要分析的问题，明确研究目的和意义，简要介绍所采用的研究方法和研究内容安排。

第二章：概念界定和文献综述。本章首先对湿地、生态补偿和生态补偿标准等关键概念进行界定；其次回顾相关理论，包括产权理论、外部性理论、激励理论、价格理论和公共物品理论等；最后对生态系统服务功能、条件价值评估法和生态补偿相关文献进行简要回顾和述评。

第三章：我国湿地资源禀赋特征及生态补偿内容。本章首先从湿地数量、生物多样性、自然生产力和生态功能等方面进行分析，其次简要介绍湿地生态补偿的主要内容和补偿模式。

第一章　导论

第四章：我国湿地生态补偿动因和可行性分析。本章首先从湿地退化现状、社会经济发展的负外部性和湿地保护管理中的政府失灵三个方面对生态补偿进行动因分析，其次从国家政策、财政投入、制度需求三个方面对湿地生态补偿可行性进行综合评析。

第五章：研究区概况和数据来源。本章首先对研究区进行概述，然后对社会经济数据以及测算研究区的生态系统服务功能价值和农户意愿及其水平的数据来源进行叙述，最后对研究区的分区情况以及农户调查的问卷设计进行较为详细的分析。

第六章：基于生态系统服务功能的鄱阳湖湿地生态价值研究。本章从生态系统服务功能价值这一角度，采用价格替代、影子工程以及市场价格等方法来对鄱阳湖湿地的生态价值进行客观分析与评价，为后文估测鄱阳湖湿地的生态补偿标准以及制定生态补偿措施提供依据。

第七章：鄱阳湖湿地农户生态补偿支付意愿与水平及其影响因素研究。本章采用条件价值评估法（CVM）对农户生态补偿支付意愿及其水平进行测算与分析，并利用 Heckman 两阶段模型对农户支付意愿及其水平的影响因素进行实证分析，以此为后文对鄱阳湖湿地生态补偿标准、补偿主客体以及补偿方式的进一步研究做基础。

第八章：鄱阳湖湿地农户生态补偿受偿意愿与水平及其影响因素研究。本章采用条件价值评估法（CVM）对农户生态补偿受偿意愿与水平进行测算与分析，并利用排序 Logistic 模型对农户受偿意愿的影响因素进行实证分析，以此为后文对鄱阳湖湿地生态补偿标准、补偿主客体以及补偿方式的进一步研究做铺垫。

第九章：鄱阳湖湿地生态补偿标准模型构建及测算。本章以鄱阳湖湿地为具体研究对象，从生态系统服务功能价值出发，结合农户意愿（支付与受偿意愿）值和区域经济发展水平等多维因素，构建鄱阳湖湿地生态补偿研究单元内部、外部补偿模型，并依据以上数据估测鄱阳湖湿地内部和外部生态补偿标准。

第十章：鄱阳湖湿地生态补偿措施研究。以第九章所计算得出的鄱阳湖湿地内部、外部补偿标准为依据，并结合第七章和第八章的研究结果，对鄱阳湖湿地的内部、外部补偿主客体以及补偿方式进行分析。

第十一章：生态补偿国际经验及借鉴。本章对欧盟、美国、荷兰、菲律宾的生态补偿实践和相关政策进行了详细阐述，并总结出好的经验和做法为制定鄱阳湖湿地生态补偿政策提供一定的借鉴。

第十二章：鄱阳湖湿地生态补偿困难及政策建议。本章在上述章节的基础上，首先对鄱阳湖湿地生态补偿面临的困难进行概述，并基于此提出具有针对性的对策建议，以此促进鄱阳湖湿地生态补偿机制的建立和实施。

第二章 概念界定和文献综述

第一节 概念界定

一、湿地及其分类

(一) 湿地的概念及界定

湿地的根本特征在于"湿",对湿地最通俗的理解是有水的陆地,换句话说,湿地可被视为一个内部过程长期为水所控制的生态系统。从生态学的角度看,湿地是陆地与水生系统之间的过渡地带,其地表为浅水所覆盖或者其水位在地表附近变化(Wilen, 1993)。从资源学的角度看,凡是具有生态价值的水域(只要其上覆盖水体水深不超过6米)都可以视为湿地,不管它们是天然的或人工的、永久的或暂时的(Mitsch and Gosselink, 1994)。一方面,湿地是一个较独立的生态系统,它有其自身的形成发展和演化规律;另一方面,湿地又不完全独立,它在许多方面依赖于相邻的生态系统。

由于湿地类型的多样性、分布的广泛性、面积的差异性、淹水条件的易变性以及湿地边界的不确定性,对湿地进行科学的定义比较困难。到目前为止,国际上并没有统一的湿地概念,不同国家、不同研究人员给湿地下的定义都不尽相同。世界范围内具有代表性的湿地定义大体可以分为狭义和广义两大类,广义定义把地球上除海洋外的所有水体都当作湿地,狭义定义一般认为湿地是陆地与水域间的过渡地带(姜宏瑶,2010)。通过对文献的整理(殷书柏,2014),国际上主要对湿地的定义如表2-1所示。

表 2-1 世界范围内主要的湿地定义

国家	作者/条例及年份	定义内容	评价和认识
美国	鱼类和野生动物保护局(1956)	湿地是指被水和有时被暂时性或间歇性积水所覆盖的低地，包括草本沼泽(Marsh)、木本沼泽(Swamp)、藓类沼泽(Bog)、湿草甸(Wetmeadow)、塘沼泽(Pothole)、浓泥沼泽(Slough)以及滨河泛滥地(Bottomland)，也包括生长挺水植物的浅水湖泊或浅水水体，但不包括水库和深水湖泊等稳定水体不包括在内，也不包括那些因淹水历时太短而对湿地土壤和湿地植被的发育几乎毫无作用的水域	该定义列出了湿地的两个基本特征，即湿地水文和湿地植被，强调湿地作为水禽生境的重要性，同时将没有发育湿地植被的湿地类型排除
	《关于特别是作为水禽栖息地的国际重要湿地公约》(1971)	湿地是指天然或人工、永久或暂时之死水或流水、淡水、咸水或咸碱水、沼泽地、湿原、泥炭地或水域，包括低潮时水深不超过6米的海水区。同时，湿地可包括与湿地毗邻的河岸和海岸地区，以及位于湿地内或低潮时水深超过6米的岛屿或低潮时海洋水体内的岛屿与水体	该公约中的湿地定义列举了湿地的外延，将陆地上所有的水体，河湖沼岸地区以及海洋中的部分岛屿和深水区域都包含在内，其目的是希望将所有的湿地生境水体包含在一个宽泛的管理范围内，而不是考虑它们在自然特征上是否相似。该公约中的湿地定义未揭示湿地的内涵，因为这个管理范围内的内涵实际上是湿地鸟类的生境。该公约中的湿地定义还提出了滨海国际上最通用的湿地定义下界的"6米"标准。虽然该公约定义是目前国际上最通用的湿地定义，但科学家们一致认为该定义不适合科学研究
	美国人工程师协会(1977)	湿地是指地表积水或土壤水饱和的频率和历时很充分，能够供养(在正常情况下确定供养)那些适应于在水饱和土壤(Saturated Soil)环境下生长的植被的区域。通常湿地包括木本沼泽(Swamps)，草本沼泽(Marshes)，苔藓泥炭沼泽(Bogs)，以及其他类似的区域	该定义是从水文、土壤和植被三方面来定义湿地，这三个方面又称为"湿地三要素"。当湿地三要素、水饱和土壤和湿地植被水文等条件同时满足要求时，就被认为是湿地，即湿地"三要素齐全"才算湿地，这样的湿地被称为湿地的"三要素定义"

续表

国家	作者/条例及年份	定义内容	评价和认识
美国	鱼类和野生动物保护局（1979）	湿地是处于陆地生态系统和水生生态系统之间的过渡区，通常其地下水位达到或接近该地表，或者处于浅地下水淹没状态，湿地至少具有以下三种特征之一：①至少具周期性以水生植物为主；②基底以排水不良的湿地土壤（Hydric Soil）为主；③基底为非土壤（Nonsoil），并且在每年生长季节的部分时间会被水浸或水淹	该定义第一次将"湿地土壤"的概念引入到湿地定义中，此后，"湿地土壤"（Hydric Soil）取代了"水饱和土壤"（Saturated Soil）成为"湿地三要素"之一。该定义认为只要满足"湿地三要素"之一者即是湿地，这就是所谓的"一要素定义"
	FSA（1985）	湿地是一种土地，它满足以下三个条件：①具有一种占优势的水成土壤；②经常被地表水或地下水淹没或具有生长季有适应饱和土壤环境的典型水生植被；③在正常情况下，生长有一种水生植被	该定义强调湿地必须有水成土壤，没有水成土壤就不能算湿地，这是另一种"一要素定义"
	Mitsch（1986）	湿地包括以下三种特征：①湿地是以水的出现为标准确定的；②湿地通常具有独特的、不同于其他地区的土壤特征；③湿地生长着适应于潮湿环境的水生植被	这说明 Mitsch 认为，湿地"三要素齐全"才算湿地，认可湿地"三要素定义"。Mitsch 还认为，由于认识上的差异和目的不同，湿地定义的多样性是正常的、合理的、不存在统一的、科学的湿地定义
	国家科学院（1995）	湿地是一个依赖于基底的表面或附近持续的或周期性的浅层水流水分饱和的生态系统，并且具有持续的或周期性的浅层积水或水分饱和的物理、化学和生物特征。通常湿地的诊断特征为水成土壤和水生植被。湿地一般具备上述特征，除非特殊的物理、化学或人类活动的影响使得这些特征消失	该定义指出，在生特殊情况下，湿地可以没有湿地土壤（和）湿地植被，这实际上是强调水文的"诊断特征"是湿地的"一要素定义"

续表

国家	作者/条例及年份	定义内容	评价和认识
美国	Florida 州（1998）	湿地是淹水或土壤水饱和历时足够长以适应水饱和土壤环境的植物为优势植物的区域，出现在湿地的土壤一般是水成土壤（Hydric Soil）或冲积土	这两个湿地定义都属于"三要素定义"，都将"三要素不全"的湿地排除在外
	Paul（2000）	湿地是因淹水而形成的一种生态系统，其土壤环境以还原过程为主，从而使生活其中的生物，特别是有根植物，适应于淹水的环境	
	加利福尼亚海岸带委员会（2006）	湿地是地表淹水或土壤水饱和历时足够长以至于形成湿地土壤或生长湿地植物的土地，也包括那些由于经常性水位波动、波浪侵蚀、水流冲蚀等而没有发育湿地土壤和生长湿地植被的区域，这样的湿地类型可以根据每年地表淹水或土壤水饱和的历时，以植被生长良好的陆地或深水生境之间的相对位置来鉴别	该定义实际上是说，只要是地表淹水或土壤水饱和特征，无论是否发育湿地土壤和湿地植被都属于湿地，这是强调湿地水文的第Ⅱ类"一要素定义"
	TAT（2009）	在正常情况下，湿地应该满足以下三种特征：①在基底上部因淹水或水饱和时间足够长至于产生厌氧环境；②基底具有反映这种水状况的特征，即有能反映厌氧环境的可测量的指标；③要么无植被，要么是湿地植被	TAT定义用基底而不是用土壤特征来指征淹水或水饱和特征，说明TAT认为湿地可以没有湿地土壤。定义还明确指出，只有湿地生长植被时才要求是湿地植被，虽然忽视了有陆地植被残遗的湿地，但仍说明湿地可以没有发育湿地植被。既然湿地可以没有湿地土壤或湿地植被，只有湿地水文是所有湿地个体都必须满足的条件，因此，TAT定义实质上是强调湿地水文的第Ⅱ类"一要素定义"

续表

国家	作者/条例及年份	定义内容	评价和认识
加拿大	湿地工作组(1988)	Zoltai 认为湿地是指被水淹或地下水位接近地表，或浸润时间足以促进湿成和水成过程，并以水成土壤、水生植被和适应潮湿环境的生物活动为标志的土地。Zoltai 还首次提出了淡水湿地下界为水深 2 米的标准。Tarnocai 认为湿地是因水饱和历时足够长时至于湿成或水成过程占优势的土地，以排水不良的土壤、水生植被和适应潮湿环境的多种生物活动为特征	这两个定义都是"三要素定义"，前者要求有湿成和水成过程的发生，后者强调湿成和水成过程占优势
英国	Maltby(1983)	湿地是支配其形成、控制其过程和特征的生态系统的集合，即在足够长的时间内足够湿润使得具有特殊适应性的植物或其他生物体发育的地方	这是强调生物的第 II 类"一要素定义"
	Lloyd(1993)	湿地是一个地面受水浸润的地区，但也可以在有限的时间段内没有积水。具有自由水面，通常是四季存水，自然湿地的主要控制因子是气候、地形和地质。人工湿地还有其他控制因子	该定义只强调湿地水文条件的第 II 类"一要素定义"，但没有区分湿地与水体，也忽视了受地下水浸润的湿地
日本	井一(1993)	湿地的主要特征有潮湿，地下水位高。同时，至少在一年的某段时间内土壤是处于饱和状态	该定义是强调湿地水文的第 II 类"一要素定义"，但"潮湿"、"地下水位高"和"土壤处于饱和状态"没有明确的标准，不能用于区分湿地与非湿地
俄罗斯	《湿地保护和利用法》	湿地是地球表面过度潮湿或者积水的生态系统，是具有自我调节能力的土地，与水体相连接是其一部分，具有特定的水生和半水生植物和动物群落种类特征，并包括沼泽地、泥炭地以及天然或人工、永久或暂时、静止或流动的淡水、半咸水或咸水域，包括低潮时水深不超过 6 米的地带	该定义前面部分强调湿地植被，实际上就是指沼泽，但沼泽并不一定是水体的一部分或与水体相邻。定义的后面部分又将陆地上所有的水域及水深不超过 6 米的海域划入湿地，的确体现了"水"和"沼泽土地"的组合。该定义没有生长湿地植被的湿地排除在外，也没有将水体与湿地区分开来

续表

国家	作者/条例及年份	定义内容	评价和认识
中国	佟凤勤、刘兴土（1995）	湿地是指陆地上常年或季节性积水（水深2米以内，积水期达4个月以上）和过湿的土地，并与其上生长、栖息的生物种群构成的独特的生态系统	该定义属"三要素定义"，似乎没有将浅海湿地包含在内，虽然给出边界阈值，但"积水期达4个月以上"的标准没有给出理论依据
	陆健健（1996）	陆缘为含60%以上湿地植物的植被区；水缘为海平面以下6米的近海区域，包括内陆与外流江河流域中自然或人工的、咸水或淡水的所有富水区域（枯水期水深2米以上的水域除外），无论其水是流动的还是静止的、间歇的还是永久的	该定义是基于湿地边界标准的定义，强调植被和淹水深度在湿地边界界定（或湿地鉴别）中的作用。但是，"60%"标准没有科学依据，而且还会将没有生长湿地植被和有陆地植被残遗的区域误判为湿地。另外，将有湿地植被残遗的陆地植被残遗的区域归类的湿地一般作者也认可湿地定义的多样性。该定义是对中国湿地定义，不是一般作者也认可湿地定义的多样性。该定义虽为广大学者接受，但没有人充分论证其"6米"和"2米"标准的科学性
	杨永兴（2002）	湿地是一类既不同于水体，又不同于陆地的特殊过渡类型生态系统，为水生、陆生生态系统界面相互延伸扩展重叠的空间区域。湿地应具有三种突出特征：湿地地表长期或季节性处在过湿或积水状态，地表生长有湿生、沼生、浅水生植物（包括部分喜湿盐生植物），且具有较高生产力；生活湿生、沼生、浅水生动物和适应该特殊环境的微生物类群；发育水成或半水成土壤，具有明显的潜育化过程	该定义属"三要素定义"，忽略了"三要素不全"的湿地

(二) 湿地的分类

直到 2009 年 11 月，中国《湿地分类》国家标准发布，并于 2010 年 1 月起正式实施。《湿地分类》标准综合考虑湿地成因、地貌类型、水文特征和植被类型，将湿地分为三级。第一级，按照湿地成因，将全国湿地生态系统划分为自然湿地和人工湿地两大类。自然湿地按照地貌特征进行第二级分类，再根据湿地水文特征和植被类型进行第三级分类；人工湿地的分类相对简单，按照人工湿地的主要用途进行第二级和第三级分类，如表 2-2 所示。

表 2-2　中国湿地分类国家标准

1 级	自然湿地				人工湿地
2 级	近海与海岸湿地	河流湿地	湖泊湿地	沼泽湿地	人工湿地
3 级	浅海水域	永久性河流	永久性淡水湖	苔藓沼泽	水库
	潮下水生层	季节性河流	永久性咸水湖	草木沼泽	运河、输水河
	珊瑚礁	间歇性河流	永久性内陆盐湖	灌丛沼泽	淡水养殖场
	岩石海岸	洪泛湿地	季节性淡水湖	森林沼泽	海水养殖场
	沙石海岸	喀斯特溶洞湿地	季节性咸水湖	内陆盐沼	农用池塘
	淤泥质海滩			季节性咸水沼泽	灌溉用沟、渠
	潮间盐水沼泽			沼泽化草甸	稻田/冬水田
	红树林			地热湿地	季节性泛滥用地
	河口水域			淡水泉/绿洲湿地	盐田
	河口三角洲/沙洲/沙岛				采矿挖掘区和塌陷积水渠
	海岸性咸水湖				废水处理场所
	海岸带淡水湖				城市人工景观水面和娱乐水面

在国际上，随着《湿地公约》缔约国数目的增加，为了提高《湿地公约》的适应性机制，各缔约国采用较为一致的"湿地种类"分级制度。在此基础上于 1990 年 6 月在第四届缔约国大会上发展了一个新的分类系统，并获得通过。这个系统与 Cowardin 系统有相似之处，但简化了不少，并把人工湿地单独作为一个系统，与海洋、内陆等系统并列。它把海洋和沿海湿地分为 11 类、内陆湿地分为 16 类、人工湿地分为 8 类，共 35 种类型。在 1999 年的缔约国大会上，又

对原有湿地分类系统进行修改,增加了一些类型,其中海洋湿地为 12 类、内陆湿地为 20 类、人工湿地为 10 类,并指出公约列出的类别仅提供一个很宽泛的框架,如表 2-3 所示。

表 2-3　湿地分类国际标准(Ramsar 公约,1999)

1 级	海洋和海岸湿地	内陆湿地	人工湿地
2 级	永久性海水域/海草层/珊瑚礁/岩石性海岸/沙滩/砾石与卵石滩/河口水域/滩涂/潮间带森林湿地/咸水、碱水泻潮/海岸淡水湖/海滨岩溶洞穴水系	永久性内陆三角洲/永久性的河流/时令河/湖泊/时令湖/盐湖/时令盐湖/内陆盐沼/时令碱/咸水盐沼/永久性的淡水草本沼泽、泡沼/泛滥地/草木泥炭地/高山湿地/苔原湿地/灌丛湿地/淡水森林沼泽/森林泥炭地/淡水泉及绿洲/地热湿地/内陆岩溶洞穴水系	水产池塘/水塘/灌溉地/农用泛洪湿地/盐田/蓄水区/采掘区/废水处理场所/运河、排水渠/地下输水系统

从湿地分类方法上看,国内外对湿地分类的研究一般把湿地分成成因分类法、特征分类法和综合分类法三大类。成因分类法根据形成湿地的气候和地貌条件(包括地貌部位、地质基底条件、地貌外动力条件等)区别湿地,它多是进行描述性分析。特征分类法根据湿地的水文条件、植被类型等表观特征和内在的动力活动特征的不同区别湿地,分类的依据具有更多的定量化成分。综合分类方法是基于前两种分类方法发展起来的,这种方法既能反映湿地的成因及湿地分类中不同层次的诸多自然表观特征,又能反映湿地不同层次特征的相似性。从湿地分类尺度上看,综观国内外湿地分类系统,国际上《湿地公约》分类是基于全球尺度,综合考虑各缔约国湿地分布范围和特点,从有利于湿地管理的角度展开分类,体现的是全球尺度下的湿地类型的层、级结构特征;各个国家的湿地分类系统是基于各国资源普查的需要,依据各个国家的湿地分布特征等进行分类,体现的是国家尺度下湿地类型的结构特征。

(三)湿地的功能

湿地是重要的国土资源和自然资源,其如同森林、耕地、海洋一样具有多种功能。湿地与人类的生存、繁衍、发展息息相关,是自然界最富生物多样性的生态景观和人类最重要的生存环境之一,它不仅为人类的生产、生活提供多种资源,而且具有巨大的环境功能和效益,在抵御洪水、调节径流、控制污染、改善气候、美化环境等方面起着重要作用。它既是天然蓄水库，又是众多野生动物，特别是珍稀水禽的繁殖和越冬地，它还可以给人类提供水和食物，与人类生存息息相关，被称为"生命的摇篮"、"地球之肾"和"鸟的乐园"。湿地主要包括生态功能、经济功能和社会功能三个方面。

1. 生态功能

湿地的生态功能主要体现在物质循环、生物多样性维护、调节河川径流和气候等方面。

一是保护生物和遗传多样性。湿地蕴藏着丰富的动植物资源，湿地植被具有种类多、生物多样性丰富的特点，许多自然湿地为水生动物、水生植物、多种珍稀濒危野生动物，特别是水禽提供了必要的栖息、迁徙、越冬和繁殖场所。对物种保存和保护物种多样性发挥着重要作用。对维持野生物种种群的存续，筛选和改良具有商品价值的物种，均具有重要意义。如果没有保存完好的自然湿地，许多野生动物将无法完成其生命周期，湿地生物将失去栖身之地。同时，自然湿地为许多物种保存了基因特性，使得许多野生生物能在不受干扰的情况下生存和繁衍。因此，湿地当之无愧地被称为生物超市和物种基因库。

二是调蓄径流洪水，补充地下水。湿地在控制洪水、调节河川径流、补给地下水和维持区域水平衡等方面的功能十分显著，是其他生态系统所不能替代的，湿地是陆地上的天然蓄水库，还可以为地下蓄水层补充水源。

三是调节区域气候和固定二氧化碳。由于在湿地环境中，微生物活动弱，土壤吸收和释放二氧化碳十分缓慢，形成了富含有机质的湿地土壤和泥炭层，起到了固定碳的作用。湿地的水分蒸发和植被叶面的水分蒸腾，使得湿地和大气之间不断进行能量及物质交换，对周边地区的气候调节具有明显的作用。

四是降解污染和净化水质。许多自然湿地生长的湿地植物、微生物通过物理过滤、生物吸收和化学合成与分解等把人类排入湖泊、河流等湿地的有毒有害物质降解和转化为无毒无害甚至有益的物质，湿地在降解污染和净化水质上的强大功能使其被誉为"地球之肾"。

五是防浪固岸的作用。湿地中生长着多种多样的植物，这些湿地植被可以抵御海浪、台风和风暴的冲击力，防止对海岸的侵蚀。同时，它们的根系可以固定、稳定堤岸和海岸，保护沿海工农业生产。

2. 经济功能

一是提供丰富的动植物产品。湿地提供的水稻、肉类、莲、藕、菱、芡及浅海水域的一些鱼、虾、贝、藻类等是富有营养的副食品；有些湿地动植物可以入药，有许多动植物还是发展轻工业的重要原材料，如芦苇就是重要的造纸原料。

二是提供水资源。湿地是人类发展工农业生产用水和城市生活用水的主要来源。我国众多的沼泽、池塘、溪流、河流、湖泊和水库在输水、储水和供水方面发挥着巨大效益，泥炭沼泽还可以成为浅水水井的水源。

三是提供矿物资源。湿地中有各种矿砂和盐类资源。湿地可以为人类社会的工业经济的发展提供食盐、天然碱、石膏等多种工业原料，以及硼、锂等多种稀有金属矿藏。中国一些重要油田，大多分布在湿地区域，对湿地地下油气资源的开发与利用，在国民经济中的意义重大。

四是水运。湿地通过提供航运为人类文明和进步做出了巨大贡献。中国约有10万千米内河航道，内陆水运承担了大约30%的货运量。

3. 社会功能

湿地为人类提供了集聚场所、娱乐场所、科研和教育场所，具有自然观光、旅游、娱乐等美学方面的功能和巨大的景观价值。长期以来，由于湿地特有的资源优势和环境优势，一直以来是人类居住的理想场所，是人类社会文明和进步的发祥地。中国有许多重要的旅游风景区都分布在湿地地区，壮观秀丽的自然景色使其成为生态旅游和疗养的胜地。城市中的水体在美化环境、为居民提供休憩空间方面有着重要的社会效益。有些湿地还保留了具有宝贵历史价值的文化遗址，是历史文化研究的重要场所。湿地丰富的野生动植物和遗传基因等为教育和科学研究提供对象。湿地保留的过去和现在的生物、地理等方面演化进程的信息，具有十分重要和独特的价值。

（四）湿地的价值

目前，全世界约有湿地 5.14 亿公顷，加拿大湿地面积居世界首位，约有 1.27 亿公顷，占全世界湿地面积的 24%。美国湿地面积约 1.11 亿公顷，位居世界第二位。中国湿地面积约 3848 万公顷（包括稻田和人工湿地），分别居世界第四位、亚洲第一位。

英国《自然》杂志 1997 年公开评估，认为全球生态系统价值是 3 万亿美元，其中全球的湿地生态系统价值占全球生态系统价值的 45%，估计为 14.9 万亿美元。瑞士的研究机构——拉姆沙研究会（Ramsar Convention）于 2002 年的一项研究认为，全球每年的湿地价值总计约为 15 万亿美元。其中，全球的港湾是 22382 美元/每年每公顷，共计 4.1 万亿美元；海滩、海床、海藻、海草等是

19004美元/每年每公顷，总计为3.8万亿美元；珊瑚是6075美元/每年每公顷，总计为0.37万亿美元；潮汐湿地和红树类植物是9990美元/每年每公顷，总计为1.64万亿美元；沼泽、涝原（漫滩）是19580美元/每年每公顷，总计为3.23万亿美元；湖泊、河流为8498美元/每年每公顷，总计为1.7万亿美元。

然而，湿地的价值可能远不止这些。湿地除了是生命和文明的摇篮外，还体现为直接利用价值和间接利用价值。直接利用价值表现为湿地产品（鱼、虾、贝、药材等）、湿地矿产、能源（如泥炭）和水运等。湿地的间接价值包括流量调节（降雨时吸纳大量的水，干旱时又能释放水）、防止海水入侵、补充地下水、营养物质的沉积、调节气候、生物多样性和科研价值等。这些价值是难以用货币度量的。由于湿地蕴藏着丰富的生态价值，所以国外对破坏湿地的行为采取了严格的处罚措施。比如，2002年9月英国汉普郡亿万富翁理查德·麦罗特非法将温尼帕苏科湖（Winnipesaukee）船库修改为其他建筑物，破坏了湿地。根据该郡法律，这72平方英里的湖面是公众旅游点，大部分区域是受郡保护的。为此这位富翁为其破坏的湿地支付了20万美元罚金，这是该郡内最大的一笔平民罚金。

二、生态补偿

（一）生态补偿的概念

生态补偿是目前比较热门的一个话题，国内外对生态补偿有不少定义，由于侧重点不同及生态补偿本身的复杂性，到目前为止还没有一个统一的定义。《环境科学大辞典》将生态补偿定义为"生物有机体、种群、群落或生态系统受到干扰时，所表现出来的缓和干扰、调节自身状态使生存得以维持的能力或者可以看作生态负荷的还原能力；或是自然生态系统对由于社会、经济活动造成的生态环境破坏所起的缓冲和补偿作用"。在国内环境政策领域，根据研究的不同角度，学者们对生态补偿的含义有不同的见解。这里选取有代表性的几种定义进行探讨。

其一，毛显强从外部性原理出发，对行为主体的成本—效益进行分析，认为生态补偿是指"通过对损害（或保护）资源环境的行为进行收费（或补偿），提高该行为的成本（或收益），从而激励损害（或保护）行为的主体减少（或增加）因其行为带来的外部不经济性（或外部经济性），达到保护资源的目的"。

其二，吕忠梅从狭义和广义两个方面对生态补偿做了定义，生态补偿从狭义的角度理解是指对由人类的社会经济活动给生态系统和自然资源造成的破坏及对环境造成的污染的补偿、恢复、综合治理等一系列活动的总称。广义的生态补偿还应包括对因环境保护丧失发展机会的区域内的居民进行的资金、技术、实物上的补偿，政策上的优惠，以及为增进环境保护意识、提高环境保护水平而进行的科研、教育费用的支出。

其三，贺思源从制度设计出发，指出生态补偿是促进补偿活动、调动生态保护积极性的各种规则、激励和协调的制度安排。作为一种经济制度，生态补偿旨在通过经济、政策和市场等手段，解决一个区域内经济社会发展中生态环境资源的存量、增量问题和改善区域间的非均衡发展问题，逐步达到并体现区域内和区域间的平衡与协调发展，从而激励人们从事生态保护和建设的积极性，促进生态资本增值、资源环境可持续利用。

其四，法学界的曹明德教授从法学角度出发，认为所谓自然资源有偿使用制度，是指自然资源使用人或生态受益人在合法利用自然资源的过程中，对自然资源所有权人或对生态保护付出代价者支付相应费用的法律制度。

1. 内涵

国内外学者从多个角度对生态补偿的内涵作了阐释。这些阐释都有一定的道理，但对生态补偿的界定不是十分清晰和准确，因此有关生态补偿内涵的研究有待于进一步深入。本书认为，所谓生态补偿是一种为保护生态环境和维护、改善或恢复生态系统服务功能，在相关利益者之间分配因保护生态环境活动而产生的环境利益及其经济利益的行为。在形式上，表现为消费自然资源和使用生态系统服务功能的受益人，在有关制度和法规的约束下，向提供上述服务的地区、机构或个人支付相应的费用。

从本质上看，我国的生态补偿概念界定与国际上的生态服务付费和生物多样性补偿的内涵具有较大的相通性。生态服务付费强调对生态服务的经济补偿，生物多样性补偿强调对生物多样性和生态环境破坏后的恢复性补偿行为。我国的生态补偿概念基本上包含了这两者的内涵，是相对广义的。

2. 外延

外延决定生态补偿的政策适用边界。目前，在理论界和实践领域对生态补偿理解过于宽泛和过于狭小的现象同时并存。外延过大的表现是将所有的生态保护和建设行为及其政策，或将与环境保护有关的收费等经济政策都归属在生态补偿概念之下；外延过小的表现是对生态补偿做狭义理解，其典型的是仅指生态补偿收费或生态补偿专项基金。外延过大会造成生态补偿与现有相关环境政策产生交叉或矛盾,甚至会改变现有政策体系的结构,引起不必要的混乱;外延过小解决不了现实遇到的具有同质性的问题,并局限了实现生态补偿目的的政策手段。

因此,生态补偿外延的确定需要考虑两个方面的因素:一是生态补偿的基本定位和性质;二是与现有相关政策的关系。我国的环境保护工作基本上划分为自然生态保护(与建设)和环境污染防治两大领域。无论从数量上还是结构上看,我国的环境污染防治政策体系都是比较丰富和完善的,而生态保护政策体系比较薄弱,呈现出较严重的结构短缺问题。一方面,除了土地、矿产、森林、水等资源保护性立法外,我国目前还没有生态保护基本立法或综合性立法;另一方面,基于市场机制的经济激励政策基本处于空白状态。因此,面对严峻的生态退化现实,建立和完善生态保护政策,特别是经济激励政策是一项非常紧迫的任务。

(二) 生态补偿的类型

生态补偿类型的划分是建立生态补偿机制以及制定相关政策的基础。不同的划分标准和方法对生态补偿政策设计和制度安排的目的性、系统性以及可操作性有很大的影响。当前,国内学术界对生态补偿的类型划分还没有统一标准,按照不同划分标准和目的有若干种不同类型或表述。

(1) 按照时间维度的不同,划分为代内补偿和代际补偿。代内补偿指在同代人之间进行的补偿。由于人类分处于不同国家、不同地区,而各地的经济、环境、技术的不同,使人们在资源利用上也存在差别,一些人无偿享受或过量使用环境所带来的效益,使其他人受到损害或增加环境支出,这就要求在同代人之间进行补偿。代际补偿指当代人对后代人的补偿。没有任何一项政策或项目会使所有人受益,根据帕累托改进准则,改进的方法就是进行补偿。因此,如果一项政策会危及后代人的利益,就要对后代人进行补偿,防止当代人获益却把费用强加给后代人。

(2) 按照空间维度的不同,划分为国内补偿和国家间补偿。国内补偿指在一国之内进行的生态补偿。各区域、部门在使用环境资源时可能会使其他地区、部门受益或受损,需要受益地区或部门向受损地区或部门进行经济补偿。另外,致力于环境保护的地区,所取得的成效会使其他地区受益,这些都应得到相应的补偿。国家间补偿指在国家之间进行的生态补偿。由于环境系统的整体性,一个国家在进行环境活动时,有可能使另一个国家受益,也有可能对另一个国家的环境产生严重损害。因此,在国家之间应进行环境补偿。在各国的发展历程中,发达国家凭借其经济、技术等优势，疯狂掠夺发展中国家的环境资源，对发展中国家造成了严重损害。《21世纪议程》明确规定发达国家每年应拿出其国内生产总值的0.7%用于官方发展援助，补偿发展中国家的损失，这也是国家间环境补偿的一种。

（3）按照补偿主体的不同，划分为国家补偿、资源型利益相关者补偿、自力补偿和社会补偿。国家补偿是国家（中央政府或国家机构）承诺的对生态建设给予的财政拨款与补贴、政策优惠、技术输入、劳动力职业培训、提供教育和就业等多种方式的补偿。资源型利益相关者补偿是具有利益关联的生态保护的付出主体（贡献者）与生态保护利益获得者（受益者）之间通过某种给付关系建立起来的物质性补偿关系，主要有自然资源的开发利用者对资源生态恢复和保护者的补偿、下游地区对上游地区的利益相关者的补偿两种形态。自力补偿是负有生态保护义务的地方政府、资源利用者对当地直接从事生态建设的个人和组织通过生态保护义务者履行生态保护义务而实现的物质性补偿关系。社会补偿是对生态保护有觉悟的非利益相关者通过某种形式的捐助或资金募集，与生态保护义务群体之间建立的惠益关系，包括国际、国内各种组织和个人通过物质性的捐赠及捐助。国家补偿、资源型利益相关者补偿、自力补偿是发生在直接利益相关者之间的生态补偿，具有强制补偿的性质；社会补偿属于非直接利益关联者补偿，是自愿补偿，属于道德倡议范围，国家可以通过经济杠杆、道德文化等多种形式进行颂扬和拓展。

（4）按照补偿对象的不同，划分为保护者补偿和受损者补偿。保护者补偿是指对生态保护做出贡献者给予补偿。生态建设与环境保护是一种公共性很强的物品，完全按照市场机制会存在生产不足甚至产出为零的可能性，是不可能提供市场所需要的那么多数量的。因此，需要另外一种机制解决，可通过补贴那些提供生态环境建设这种公共物品的经济主体，以激励他们的保护积极性。受损者补偿是指对在生态破坏中的受损者和对减少生态破坏者给予补偿。给生态环境破坏中的受损者以适当的补偿符合一般的经济原则和伦理原则。而对减少生态破坏者给予补偿，是因为有些生态破坏确实是迫于生计。越是贫穷越是依赖有限而可怜的自然资源，对生态环境的破坏越严重，经济越得不到发展。在这种情况下，如果没有从外部注入一些资金或建立某种机制就不可能改善生态环境。因此，对减少生态破坏者应给予适当补偿。

（5）按照政府介入程度的不同，划分为政府的"强干预"补偿和政府的

"弱干预"补偿。政府的"强干预"补偿,是指由于生态环境服务的公共物品性质,生态问题的外部性、滞后性及社会矛盾复杂和社会关系变异性强等因素,使得政府成为生态环境服务的主要购买者或补偿资金的主要资助者。政府的"弱干预"补偿,是指在政府的引导下实现生态保护者与生态受益者之间自愿协商的补偿。政府提供补偿并不是提高生态效益的唯一途径,政府还可以利用经济激励手段和市场手段促进生态效益的提高。

(6)按照补偿效果的不同,划分为"输血型"补偿和"造血型"补偿。"输血型"补偿,是指政府或补偿者将筹集起来的补偿资金按期转移给被补偿方。这种支付方式的优点是被补偿方在资金的调配使用上拥有极大的灵活性,缺点是补偿资金可能转化为消费性支出,因而不能从机制上帮助受补偿方真正做到"因保护生态资源而富"。"造血型"补偿,是指政府或补偿者运用"项目支持"的形式,将补偿资金转化为技术项目安排到被补偿方(地区),或者对无污染产业的上马给予补助以发展生态经济产业。这种方式的优点是增加落后地区发展能力,形成造血机能与自我发展机制,使外部补偿转化为自我积累能力和自我发展能力。这种补偿机制通常是与扶贫和地方发展相结合的,优点是可以扶持被补偿方的可持续发展,缺点是被补偿方缺少了灵活支付能力,而且项目投资还得有合适的主体。

(7)其他学者的分类。厉以宁等根据环境破坏责任者是直接支付给直接受害者,还是由环境破坏责任者付款给政府有关部门然后由政府有关部门给予直接受害者以补偿,把生态补偿分为直接补偿和间接补偿。按照厉以宁的分类标准,前者为直接补偿,后者为间接补偿。谢剑斌在研究森林生态效益补偿过程中,把生态补偿类型分为增益补偿和抑损补偿。如果补偿政策主要是为刺激社会成员进行环境保护的积极性,促进生态资源增益而设计,表述为"增益补偿";如果补偿政策主要是为抑制生态资源过快的受损而设计,则表述为"抑损补偿"。

三、生态补偿标准

补偿标准旨在解决生态补偿机制中"补偿多少"的问题,它的确立是生态补偿机制中的一大难点,很多人将其归结为生态环境的功能价值难以计量。

(一)确定生态补偿标准的方法

确定生态补偿标准主要有两种方法:一是核算法,二是博弈—协商法。

核算法是以生态环境治理成本(生态环境保护投入)和生态环境损失(生

态系统服务功能价值减少）评估核算为基础而确定生态补偿标准的方法。具体过程如下：首先运用环境质量评价和生态评价等技术手段，分析生态建设者对受益者所产生的惠益，测试受益者的受益范围、时间、行业、领域和人群，依据环境资源提供的环境效果，使用效果评价法计算出受益者的受益总量。同时，结合经济学和计量经济学，使用收益损失法分析生态建设者因经济活动受限、结构调整等产生的经济损失。其次将受益者的受益量减去生态建设者的损失量进行平均，就得出了受益者应当提供的补偿数量。对生态建设者的补偿标准和对受益者的征收标准（受益者的支付标准）是生态补偿的两个关键指标。补偿标准既要充分考虑受偿方的需求，也要兼顾支付方的意愿，并协调两者之间的关系以达到供需平衡，保证生态保护和建设的资金需求。

博弈—协商法是各利益相关者就一定的生态补偿范围经协商同意而确定生态补偿标准的方法。因为生态补偿政策旨在令生态保护的受益者向因实施保护行为而受到经济损失的生态保护实施者进行补偿，其实质是在生态保护受益者与实施者之间重新分配因生态保护产生的社会净效益。由于这种分配改变了旧有的利益分配格局，必然将导致不同利益群体之间的矛盾。每一个利益群体都想实现自身利益的最大化，它们必然会在"博弈规则"框架下选择于己最有利的行动策略，展开与其他利益群体的博弈。同时，尽管生态环境价值核算与机会成本核算都有许多方法，但不同的方法得出的结果却差异很大，很难得到各利益相关者的一致认同。因此，在实践中以核算为基础，通过协商达成一致来确定补偿标准往往是更行之有效的补偿标准确定方式。根据博弈—协商的方法不同，博弈—协商法可以细分为投标博弈法、比较博弈法、无费用选择法、优先评价法和德尔菲法。

（二）我国几个典型领域生态补偿标准的确定

我国的生态资源所有权属于国家，补偿标准应在国家的经济发展水平和其对生态效益的需求间寻找平衡点。

1. 资源开发生态补偿标准确定

资源开发活动会造成一定范围内的水土流失、植被破坏、环境污染、水资源破坏、土壤损失等，直接影响到区域的水土保持、水源涵养、气候调节、景观观赏、生物供养等生态系统服务功能，生态（环境）服务功能的损失往往也是一个国民经济难以承受的代价。对于资源开发造成的外部不经济性的补偿要考虑两方面的因素：一是恢复和治理那些开发者无法治理及恢复的，或者是历史上形成的大规模生态景观破坏及其生态功能损失的成本；二是资源开发对当地居民生活和发展造成的损失。

资源开发补偿标准的核算方法：一是生态（环境）价值损失核算，二是环境治理与生态恢复的成本核算。理论上，确定生态补偿标准的基本准则应是高于或等于机会成本或恢复治理成本而低于生态（环境）价值或服务功能。如山西省煤炭开采对水土流失、水资源永久性破坏、人畜缺水、房屋建筑破坏等损失进行核算，得出 1978 年以来造成的环境污染与生态破坏损失为 3988 亿元，相当于每吨煤 60 元。如果要恢复原来的生态环境，则需投资 1089 亿元，相当于每吨煤 17 元。

2. 生态保护补偿标准确定

当有关责任主体通过投入对生态环境进行保护使其他主体受益而没有得到补偿时，核算补偿标准有两种思路：一是生态（环境）服务功能价值评估，这主要是针对生态保护或者环境友好型的生产经营方式所产生的水源涵养、水土保持、气候调节、景观美化、生物多样性保护等生态服务功能价值进行综合评估与核算；二是机会成本的损失核算，一些大型的生态建设项目和开发建设行为必然会使项目区居民的生产及生活方式受到很大的影响，造成机会成本的损失，如退耕还林（草）工程直接造成农民部分生产工具的闲置、劳动力的剩余、粮食收成的减少等，而且开展生态公益林保护必须放弃森林砍伐或种植经济林的收益。

随着生态价值评估理论和方法研究的逐渐深入，很多人强调和突出生态与环境的巨大价值，倡议通过生态价值评估来确定生态补偿标准，但估算的结果与当地的 GDP 往往有数量级的差别，难以直接作为补偿的依据。实际上，通过机会成本确定生态补偿标准的思路相对可以接受，这种补偿是相对于损失而言的。因此，要保护并维持生态环境正外部性的持续发挥，生态保护补偿标准应该基于成本因素，即只要把生态保护和建设的直接经营成本，连同部分或全部机会成本补偿给经营者，则经营者就能够获得足够的动力参与生态保护和建设，从而使全社会享受到生态系统所提供的服务。依据机会成本计算出的生态补偿标准明显低于通过生态价值评估得到的数值。

3. 区域生态补偿标准确定

确定区域生态补偿标准的方法无疑非常复杂，目前还没有公认的方法与准则。但我们可以从以下方面进行探讨：

一是基于同等公共服务的区域生态补偿标准。生态环境保护是典型的公共服务，生态公益林保护、自然保护区建设、湿地保护等工作都属于公共支出的范围。按照国家"十一五"规划的要求,各地应享有大致平等的公共服务,但生态公益林保护、自然保护区建设等生态保护项目在空间上分布十分不均。因此,为能达到同等公共服务的目标,国家公共支出应根据这些生态保护项目的空间分布差异而有所差异。但从我国目前的实际情况看,生态保护的公共支出显然还没有向生态保护重点区域倾斜。

二是基于生态足迹的区域补偿标准。生态足迹是一定范围内人口消费的所有资源和吸纳这些人口所产生的废弃物所需要的生态生产面积。自1992年加拿大生态经济学家首次提出生态足迹的概念以来,世界各国和众多国际组织都开展了生态足迹的测算工作,其方法日益完善,测算结果也逐渐得到人们的认可。在区域生态补偿中,在国家尺度上以省为单位,按照赤字和盈余进行分类,按照单位面积的平均生产收益计算各省的生态足迹,补偿标准即根据各地区赤字或盈余面积的多少,由赤字区给盈余区实施生态补偿。

三是基于共同生态保护责任的区域补偿标准。生态保护人人有责,应本着公平、合理的原则确定一定的生态补偿标准。在国家尺度上,可以统一规定各省生态用地的面积比例、生态公益林的面积比例、国家级自然保护区的面积比例等指标,借鉴环境领域里比较成熟的配额交易制度,由生态保护指标短缺的地区对富余地区按照一定的配额交易成本进行补偿。

4. 流域补偿标准确定

为了保障下游地区饮用水安全,目前我国的流域水环境保护主要是依据水环境功能区的划分,通常规定上游地区水质保护目标在Ⅱ~Ⅲ类之间,而对下游地区水质保护的要求则要低得多。因此,为实现水体公平利用的原则,下游地区应该对上游地区为保护水质而付出的努力和损失进行补贴,补贴来源于下游地区因承担较小的水环境保护责任而多获取的利益。流域补偿机制的实质是在流域上下游地区政府之间部分财政收入的重新再分配过程,目的是建立公平、合理的激励机制,使整个流域能够发挥出整体的最佳效益。

我国的流域补偿机制应包括赔偿和补偿两个方面,以保证一种相对的公平。其中,赔偿是因上游地区对下游地区造成水体污染超标所产生损失的赔偿,赔偿额与超标污染物的种类、浓度、水量以及超标时间有关。补偿原则是下游地区对上游地区输送优于标准水质的补偿,补偿标准测算包括以下三个方面:一是以上游地区使水质达标所付出的努力为依据,即直接投入,主要包括上游地区对于涵养水源、农业非点源污染治理、环境污染综合整治、修建水利设施、城镇污水处理设施建设等项目的投资；二是以上游地区水质水量达标所丧失的发展机会的损失为依据，即间接投入，主要包括移民安置的投入、节水的投入以及限制产业发展的损失等；三是今后上游地区为进一步改善流域水质和水量而新建流域水利设施、水环境保护设施、新上环境污染综合治理项目等方面的延伸和投入，也应由下游地区按水量和上下游经济发展水平的差距给予进一步的补偿。

5. 生态环境要素补偿标准确定

土地、森林、水、草地等生态环境要素都具有生态服务功能价值，目前国内外已经对相关的评估方法进行了大量的研究，认为生态环境要素的生态服务功能是其经济开发功能价值的几倍到几百倍间。研究生态环境要素补偿标准要考虑两种情况：一是资源开发造成的生态环境服务功能损失；二是生态环境保护造成的发展机会损失。两种情形下制定生态环境要素补偿标准的准则不同。

资源开发造成的生态环境服务功能损失的成本补偿。资源开发特别是矿产资源开发通常造成严重的环境污染与生态破坏，但社会要生存和发展就必须开发一些自然资源。由于生态服务功能价值损失的核算结果往往与当地 GDP 有数量级的差别，难以直接作为补偿依据，所以资源开发造成的环境污染与生态破坏的损失补偿就不能直接根据生态环境损失进行核算，而应该按照环境污染治理与生态恢复的成本进行核算。按照这种思路制定的生态环境要素补偿标准才具有可行性，同时能够反映人们实施环境保护工程的效益。

生态环境保护的发展机会补偿。生态环境要素创造的生态价值远远超过其经济开发价值，如有的研究估算森林资源的生态价值是森林开发经济价值的 10～100 倍。如果生态环境要素的补偿标准低于其市场开发价值，则其经营者或所有者将对生态保护缺乏积极性。因此，生态环境要素保护的补偿标准应低于其生态价值而高于其市场价值。

四、生态系统服务功能

（一）生态系统服务功能含义

对生态系统服务功能的研究是近些年发展起来的，其属于生态学研究领域。目前普遍使用的"生态系统服务功能"是指生态系统与生态过程所形成及所维持的人类赖以生存的自然环境条件与效用。我国的欧阳志云、王如松等对生态系统服务功能的概念作了如下的概括：生态系统服务功能是指生态系统与生态过程所形成及所维持的人类赖以生存的自然环境条件与效用。目前，国内外一些学者在不同空间尺度对不同类型的生态系统的服务功能进行了研究，内容主要集中在对自然生态系统所提供服务的定量评价，包括物质量评价和价值量评价，并建立了一系列价值评价的理论和方法，推动了这一领域研究的发展（杨跃军和刘羿，2008）。

（二）生态系统服务功能类型

生态系统是维持地球生命环境的基础，其主要功能包括固定二氧化碳、稳定大气、调节气候、缓冲干扰、水文调节、水资源供应、水土保持、土壤熟化、营养元素循环、废弃物处理、传授花粉、生物控制、提供生境、食物生产、原材料供应、遗传资源库、休闲娱乐场所，以及科研、教育、美学、艺术等（杨跃军和刘羿，2008）。

（三）生态系统服务功能价值

（1）直接使用价值（Direct Use Value，DUV）。其接使用价值主要指生态系统产品所产生的价值，即生物资源价值。它包括食品、医药及其他工农业生产原料，这些产品可在市场上交易并在国家收入账户中得到反映，但也有部分非实物直接价值（无实物形式但可为人类提供服务并可直接消费），如景观娱乐、作为科学研究对象等。直接使用价值可用产品的市场价格来估计。

（2）间接使用价值（Indirect Use Value，IUV）。间接使用价值主要指生态系统给人类提供生命支持的价值。这种价值通常远高于其直接生产的产品资源价值，它们是作为一种生命支持系统而存在的。如维持生命存在的生物地化循环与水文循环、维持生物物种与遗传多样性、维持大气化学的平衡与稳定以及维持地球生命支持系统等功能。间接使用价值的评估常常需要根据生态系统服务功能的类型来确定，通常有恢复费用法、替代市场法等。

（3）选择价值（Option Value，OV）。选择价值是人们为了将来能直接利用或间接利用某种生态系统服务功能的支付意愿，如人们为将来能利用生态系统的涵养水源、净化大气以及游憩娱乐等功能的支付意愿。人们常把选择价值比喻为保险公司，即人们为自己确保将来能利用某种资源或效益而愿意支付的一笔保险金。选择价值又可分为三类，分别为自己将来利用、子孙后代将来利用（遗产价值）及别人将来利用（替代消费）。选择价值是当代人和子孙后代将来对现在未知用途的利用，是一种关于未来的价值或潜在的价值。对现代人来说，它是非使用的，也是难以计量的价值，因为它的不可预知性，我们无法得到任何可信的信息，今天的人类不知道明天的人类会遇到什么问题，需要什么或怎样去满足这些需要，更无法确定哪些东西是需要的而哪些东西又是无关紧要的。但这些并不代表选择价值无关紧要，只是我们不知道、无法估值而已。

（4）存在价值（Existence Value，EV）。存在价值亦称为内在价值，是人们为确保生态系统服务功能继续存在的支付意愿。存在价值是生态系统本身具有的价值，是一种与人类利用无关的经济价值。换句话说，即使人类不存在，存在价值仍然有，如生态系统中的物种多样性与涵养水源等。存在价值是介于经济价值与生态价值之间的一种过渡性价值，它为经济学家和生态学家提供了共同的价值观。对存在价值的估价常常不能用市场评估方法，因为基于成本和效益对一个物种的存在去进行精确分析显然不会得到任何有意义的结果。如果一定要对它进行经济学计量，将意味着它们的存在是可以替代的，且只要替代物的价值能够超过这种货币化的存在价值，其灭绝也是可以允许的。这一结论无论从保护生物学角度还是环境伦理学角度都是不可接受的。在处理存在价值评价问题上只能应用一些非市场的方法（如支付意愿、WTP）。

根据前面对价值构成系统的评述，一般认为生态系统服务功能的总价值是其各类价值的总和，即：

总价值（TEV） = 直接使用价值 + 间接使用价值 + 选择价值 + 存在价值

（四）生态系统服务功能价值评价方法

依据生态经济学、环境经济学和资源经济学的研究成果，目前较为常用的主要评估方法可分为三类：直接市场法，包括费用支出法、市场价值法、机会成本法、恢复和防护费用法、影子工程法、人力资本法等；替代市场法，包括旅行费用法和享乐价格法等；模拟市场法，包括条件价值法等（刘玉龙等，2005）。

（1）费用支出法。费用支出法是以人们对某种生态服务功能的支出费用来估测其生态价值。例如，对于自然景观的游憩效益，可用游憩者支出的费用总和作为该生态系统的游憩价值。费用支出法通常又分为三种：总支出法，以游客的费用总支出作为游憩价值；区内支出法，仅以游客在游憩区支出的费用作为游憩价值；部分费用法，仅以游客支出的部分费用作为游憩价值。

（2）市场价值法。市场价值法先定量地评价某种生态服务功能的效用，再根据这些效用的市场价格来估计其经济价值。在实际评价中，通常有两类评价过程。一是理论效果评价法，它可分为三个步骤：首先计算某种生态系统服务功能的定量值，如农作物的增产量；其次研究生态服务功能的"影子价格"，如农作物可根据市场价格定价；最后计算其总经济价值。二是环境损失评价法，如评价保护土壤的经济价值时，用生态系统破坏所造成的土壤侵蚀量、土地退化、生产力下降的损失来估计。

（3）机会成本法。边际机会成本是由边际生产成本、边际使用成本和边际外部成本组成的。机会成本是指在其他条件相同时，把一定的资源用于生产某种产品时所放弃的生产另一种产品的价值，或利用一定的资源获得某种收入时所放弃的另一种收入。对于稀缺性的自然资源和生态资源而言，其价格不是由其平均机会成本决定的，而是由边际机会成本决定的，它在理论上反映了收获或使用一单位自然和生态资源时全社会付出的代价。

（4）恢复和防护费用法。全面评价环境质量改善的效益，在很多情况下是很困难的。对环境质量的最低估计可以从为了削除或减少有害环境影响所需要的经济费用中获得，我们把恢复或防护一种资源不受污染所需的费用，作为环境资源破坏带来的最低经济损失，这就是恢复和防护费用法。

（5）影子工程法。影子工程法是指当环境受到污染或破坏后，人工建造一个替代工程来代替原来的环境功能，用建造新工程的费用估计环境污染或破坏所造成的经济损失。

（6）人力资本法。人力资本法是通过市场价格和工资多少来确定个人对社会的潜在贡献，并以此估算环境变化对人体健康影响的损失。环境恶化对人体健康造成的损失主要有三个方面：因污染致病、致残或早逝而减少本人或社会的财富，医疗费用的增加，精神或心理上的损伤。

（7）旅行费用法。旅行费用法是利用游憩的费用（交通费和门票费作为旅游费用）资料求出"游憩商品"的消费者剩余，并以其作为生态游憩的价值。旅行费用法不仅首次提出了"游憩商品"可以用消费者剩余作为价值的评价指标，而且首次计算出"游憩商品"的消费者剩余。

（8）享乐价格法。享乐价格与很多因素有关，如房产本身数量与质量，距中心商业区、公路、公园和森林的远近，当地公共设施的水平，周围环境的特点等。享乐价格理论认为，如果人们是理性的，那么他们在选择时必须考虑上述因素，故房产周围的环境会对其价格产生影响，因周围环境的变化而引起的房产价格可以估算出来，以此作为房产周围环境的价格，称为享乐价格法。享乐价格法研究表明，树木可以使房地产的价格增加5%～10%，环境污染物每增加一个百分点，房地产价格将下降0.05%～1%。

（9）条件价值法。条件价值法也叫问卷调查法、意愿调查评估法、投标博弈法等，属于模拟市场技术评估方法，它以支付意愿（WTP）和净支付意愿（NWTP）表达环境商品的经济价值。条件价值法是从消费者的角度出发，在一系列假设前提下，假设某种"公共商品"存在并有市场交换，通过调查、询问、问卷、投标等方式来获得消费者对该"公共商品"的 WTP 或 NWTP，综合所有消费者的 WTP 或 NWTP 即可得到环境商品的经济价值。根据获取数据的途径不同，又可细分为投标博弈法、比较博弈法、无费用选择法、优先评价法和德尔菲法等。

生态系统服务功能价值评估方法，因其功能类型不同而不同。主要生态系统服务功能价值评估方法分析比较如表 2-4 所示。

表 2-4 主要生态系统服务功能价值评估方法的比较

分类	评估方法	优点	缺点
直接市场法	费用支出法	生态环境价值可以得到较为粗略的量化	费用统计不够全面、合理，不能真实反映游憩地的实际游憩价值
	市场价值法	评估比较客观，争议较少，可信度较高	数据必须足够、全面
	机会成本法	比较客观、全面地体现了资源系统的生态价值，可信度较高	资源必须具有稀缺性
	恢复和防护费用法	可通过生态恢复费用或防护费用量化生态环境的价值	评估结果为最低的生态环境价值
	影子工程法	可以将难以直接估算的生态价值用替代工程表示出来	替代工程非唯一性，替代工程时间、空间性差异较大
	人力资本法	可以对难以量化的生命价值进行量化	违背伦理道德，效益归属问题以及理论上尚存在缺陷
替代市场法	旅行费用法	可以核算生态系统游憩的使用价值，可以评价无市场价格的生态环境价值	不能核算生态系统的非使用价值，可信度低于直接市场法
	享乐价格法	通过侧面的比较分析可以求出生态环境的价值	主观性较强，受其他因素的影响较大，可信度低于直接市场法
模拟市场法	条件价值法	适用于缺乏实际市场和替代市场交换商品的价值评估，能评价各种生态系统服务功能的经济价值，适宜于非实用价值占较大比重的独特景观和文物古迹价值的评价	实际评价结果常出现重大的偏差，调查结果的准确与否很大程度上依赖于调查方案的设计和被调查的对象等诸多因素，可信度低于替代市场法

通过表 2-4 的分析比较可以看出，生态系统服务功能价值评估方法各有优缺点，但总体看来直接市场法的可信度高于替代市场法，而替代市场法的可信度又高于模拟市场法。故在对评估方法选取时，应遵循以下基本原则：首选直接市场法，若条件不具备则采用替代市场法，当两种方法都无法采用时再用模拟市场法。

第二节　理论基础

一、产权理论

湿地与森林、海洋作为我国三大重要的生态系统，对生态环境改善做出了重要贡献，同时湿地也拥有巨大的经济价值，然而对湿地的保护与开发和湿地本身的产权归属有着紧密的联系。因而从产权这一角度对湿地问题进行研究与分析，可以有效地克服对湿地资源保护的核心问题，也可以作为分配湿地所产生经济效益的理论根据。虽然湿地是三大重要生态系统之一，但直到目前，我国司法系统并没有对湿地保护单独制定相应的法律或法规，而对湿地相关权利（所有权、收益权和使用权）的归属问题只能依据其他的法律或法规（《中华人民共和国宪法》、《中华人民共和国水法》等）。

对于湿地的所有权，根据以上法律得出其所有权属于国家或集体所有，由国务院作为代表主要行使这一权利，集体所有由村集体或乡集体等行使这一权利。但在实际运作中，国家所有的湿地资源却是由各级地方政府进行分级管理，这样一种由国务院单一代表而又由各级政府分级管理的形式将湿地进行了分割并模糊了湿地资源的所有权归属，对湿地生态保护起到较大的阻碍作用。对于湿地的使用权而言，由于我国湿地的所有权存在实际运作中的归属模糊现状，从而使得湿地资源主要被各级地方政府以及在湿地周边生活的农户（居民）直接使用。首先，湿地属于公共产品，各级地方政府一旦使用该种资源，并将其划入其行政区域，就可以行使使用权利而获益。其次，由于监管的不到位以及历史遗留问题，众多生活在湿地周边并以湿地资源为主要收入来源的农户（居民），经过较长的时间之后，他们理所当然地认为其是湿地使用者。对湿地收益权而言，由于湿地具有物质生产（鱼、虾、芦苇等）、大气调节、调节洪水、污染处理、水分供给、生物多样性、休闲娱乐等众多生态系统服务功能,其不仅能够产生相当程度的经济价值,同时也可以形成社会和生态价值。对于湿地产生的经济收益,主要是被各级地方政府以及生活在周边的农户(居民)所获得,而对于其产生的社会和生态价值,并没有让全民获得。因此,虽然湿地资源表面上看是由国家所有(全民所有),但在实际过程中却仅由少数人所有。也就是说,我国的湿地资源产权是残缺和模糊的,从而导致收益权没有让全民所拥有。

从上文的论述可以得出,我国湿地资源是由全民或者集体所有,但其经济价值却并不能被全民或者集体所获得,而仅仅是由各级地方政府和周边农户(居民)等少数人掌握,这样就造成湿地资源的所有权、使用权与收益权并不对应。各级地方政府和周边农户(居民)作为湿地资源的实际使用者及受益者,由于其仅仅关注湿地给予的经济收益,从而会形成对湿地资源的过度开采和利用,进而导致湿地资源的产出效率低、严重退化等现象的发生。若仅仅选用建立自然保护区这一方式进行湿地保护,很有可能不但不能解决这一问题,还有可能产生一系列新的问题。国家拥有湿地的所有权,然而实际的使用权、收益权却掌握在当地政府以及周边农户(居民)的手里,经过长时间的延续,从而使得周边的村、镇等集体组织认为其就是湿地资源的所有者,同时其收入高度依赖于湿地资源。在国家并没有对湿地资源进行保护或利用时,不会有矛盾发生。然而,一旦国家开始加大对湿地资源的保护强度以及采取保护措施(退耕还湿、实行禁渔期等),就会对湿地的天然使用者(尤其是以水产、耕地为主要收入来源的农户)产生巨大的影响,从而引起一系列的冲突。另外,任何人、任何地区都具有相同的发展权利,然而国家对湿地资源的保护,会使得湿地周边的基本设施建设停滞、耕地改为湿地、农户禁止捕鱼等,从而导致当地失去发展的机会。同时,也会使得这些地区的居民(尤其是依赖湿地资源的农户)收入受到显著影响,进而损害当地居民的利益。

总而言之,由于历史的原因导致湿地资源产权模糊进而引起了一系列问题。随着科学技术的不断发展,对自然资源的索取程度越来越强,从而导致湿地资源越来越稀缺。同时,市场对湿地资源的需求越来越大,而湿地资源所产生的权益归属不清晰,这会导致冲突与矛盾的发生。因此,我国对湿地资源的保护首先就要解决产权这一问题,也就是说对湿地资源要明晰产权。只有在湿地产权明晰的前提下,建立生态补偿机制并制定相应的生态补偿标准才具有实际意义,并且才有实施生态补偿的可能性。

二、外部性理论

一般而言，外部性可以分为正的外部性和负的外部性。正的外部性是指某人做某项事情使得他人也获得了一定收益，例如园丁在院子里种满了花草，过路人看到后心情十分愉悦，这就是园丁的活动给路人带来了正的外部性。负的外部性是指某人做某项事情导致他人受到了损害。例如一家制药企业向空气中排放废气，使得企业周边空气质量较差从而影响到附近居民的日常生活，这就是该企业的生产活动给周边居民带来了负的外部性。

（一）湿地保护的正外部性

如图2-1所示，在边际成本曲线给定的情况下（湿地资源的供给曲线给定），对湿地资源保护所产生的边际个人收益要小于边际社会收益。如上文所述，湿地的生态功能主要有食物和原材料生产、大气调节、涵养水源、调蓄洪水、生物栖息地、废物处理、水分调节、休闲娱乐以及文化科研等。若地方政府、企业或个人对湿地进行保护，由此所带来的生态效益不仅仅让提供者或保护者获得，其他人也会因此而获得收益。例如，当地政府加大对湿地资源的保护力度，实行退耕还湿或退耕还湖，其使得湿地能够调节洪水的能力增强，从而使得下游地区在丰水期时可以减少或者免除由于洪水所带来的经济损失。同时，当地对湿地实行植树造林等涵养水源的保护措施，在使得当地水质变好的同时，也会使得下游地区能够获得更加优质的水源。另外，以鄱阳湖湿地为例，该湿地每年都有大量候鸟到此越冬，地方政府为保护候鸟进行了大量的投入，其中一部分候鸟是全国乃至全球的珍稀鸟类。鄱阳湖湿地所在的各级政府对候鸟的保护，其实全球都在分享由此带来的好处。总而言之，由于湿地能够带来很多无形的生态服务，从而导致对湿地的保护会产生很强的正外部性。

如图2-1所示，对湿地资源的保护，个人所得到的湿地效益均衡点为 E_1，所对应的收益为 $OP_1E_1Q_1$ 所围成的面积。由于对湿地保护存在正的外部性，对于整个社会而言，湿地所值价格为 P_3，即对于整个社会获得的收益为 $OP_3E_3Q_1$ 所围成的面积。因此，对湿地资源的保护，由于存在正的外部性，使得有一部分收益（收益大小是 $P_3E_3E_1P_1$ 所围成的面积）被整个社会所获得。

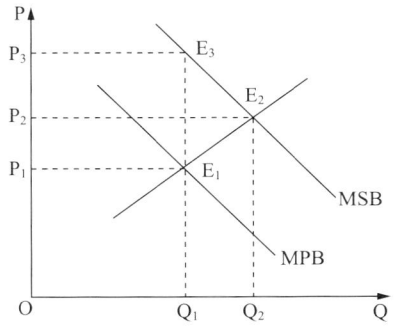

图 2-1 湿地保护的正外部性

（二）湿地利用的负外部性

如图 2-2 所示，在边际收益给定的情况下（对湿地资源的需求曲线给定，即 MPB 给定），对湿地资源的利用所产生的边际个人成本小于边际社会成本。例如，当地政府为了地方经济发展，对湿地资源进行开发与利用导致湿地生态环境遭到了一定的破坏，进而使得湿地的食物和原材料生产、大气调节、涵养水源、调蓄洪水、生物栖息地、废物处理、水分调节、休闲娱乐以及文化科研等生态功能降低，这会造成固定二氧化碳以及释放氧气的量减少、降解污染的能力下降、生物保护的能力降低和供给水源的能力减弱，从而引起一系列生态损失，但是这些损失并不会仅仅由破坏者承担，还有一部分会转移到其他人或整个社会。结合图 2-2，对湿地资源的利用，个人的均衡点为 E_1，所需要的费用为 $OP_3E_1Q_2$ 所围成的面积。由于对湿地利用存在负的外部性，对于整个社会而言，湿地的成本为 P_1，即对于整个社会需要付出的费用为 $OP_1E_3Q_2$ 所围成的面积。因此，对湿地资源的利用，由于存在负的外部性，使得一部分费用（费用大小是 $P_1E_3E_1P_3$ 所围成的面积）被整个社会所承担。

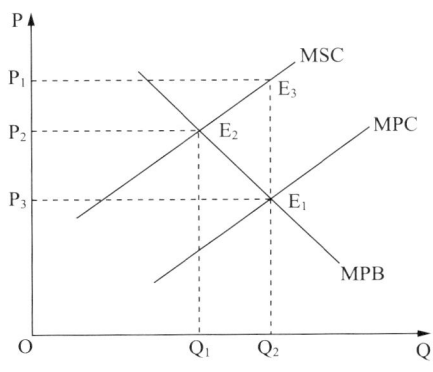

图 2-2 湿地利用的负外部性

(三) 湿地资源外部性的内部化

通过上文的阐述，我们得出对湿地进行利用会产生负的外部性，而对湿地的保护又会产生正的外部性，如果让市场直接对湿地资源进行配置会出现市场失灵的情况。目前，一般对于外部性问题的解决主要有明确产权归属和政府干预两种方式。从产权这一角度看，制度经济学家认为只要限定好资源的产权归属，在交易费用为零的前提下交易双方能自行解决外部性的问题；如果交易费用不为零，可以通过政府制定规章进行交易，也可以解决外部性问题。从政府干预这一角度看，对于湿地资源的破坏者，政府可以采用对其征税的方式来解决外部性的问题，即对湿地资源的损害者或利用者进行征税，使其增加边际个人成本，同时可以将所征的税，通过政府转移支付给受到影响的人，这也是解决湿地资源外部性的一个途径。综上所述，无论是通过确定产权还是政府干预，归根结底都要落实到受益方通过一定方式对受损方进行补偿，即生态补偿是解决湿地保护所产生正外部性以及对湿地利用所产生负外部性的根本途径。

三、激励理论

所谓激励理论就是指通过某种方法或制定一些规则使人的需要可以得到实现，从而调动人的积极性去完成某项任务或事情。激励的目的在于调动人们的主观能动性、创造性，积极地完成某项事情，以达到激励者目的，进而获得大家都满意的结果。基于这一理论，对于湿地的生态保护也是一样的。目前，湿地环境越来越受到人们的关注，要对湿地资源进行保护就需要建立起激励机制，而激励的关键就是要建立生态补偿标准，同时补偿标准的高低会直接影响到是否能够对湿地使用者产生正向的激励，具体含义如图2-3所示。其中，横轴为湿地资源保护的数量，纵轴表示价格。

假设湿地使用方（农户、企业、地方政府等）平均利用湿地的收益为线性函数 P_h，并且平均收益为一固定值；假设湿地保护方为保护湿地对湿地使用方进行的补偿亦为线性函数 P_g，其从原点开始。从图2-3中可以看出，均衡点是湿地资源使用方的收益函数与支付函数的交汇点 E^*，在该点为湿地保护而进行支付的费用与湿地使用方的收益恰好相等。也就是说，湿地保护方支付使用方的补偿与湿地使用方的收益相同，此时湿地使用方才会开始产生正向激励进行湿地资源的保护。如果补偿标准小于湿地利用方的收益，如图2-3中的 E_2 点，在此处由于补偿标准低于使用方对湿地利用产生的收益，这时并不能产生正向激励进而使得湿地使用方不会对湿地资源进行保护,这是由于在这一情形下,湿地使用方会产生 $P_1P^*E^*X^*X_1E_2$ 面积的收益损失。如果补偿标准高于湿地使用方的收益,如图 2-3 中的 E_1 点,在此处由于补偿标准高于使用方对湿地利用产生的收益,这时就会产生正向激励进而使得湿地使用方对湿地资源进行保护,这是由于在这一情形下,湿地保护方支付给湿地使用方的金额高于湿地使用方利用湿地所获得的收益。

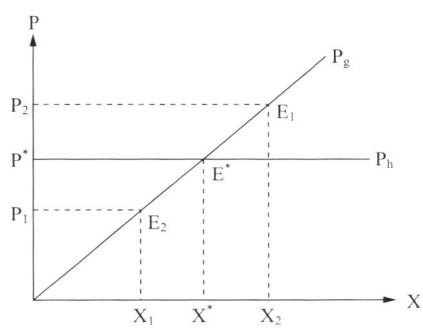

图 2-3　生态补偿标准激励示意

综上所述,如果需要对湿地使用方产生正向激励使其停止对湿地资源开采并对其进行保护,湿地保护方对使用方进行补偿的标准就要大于使用方对湿地利用所产生的收益,但如果湿地保护方对使用方进行补偿的标准过高,会导致增加保护方的资金压力,同时使得对湿地资源保护的效率降低。因此,制定一个合适的补偿标准十分重要,该标准既要满足湿地使用方的收益,又要尽可能降低湿地保护方的支付水平。为解决这一问题,本书试图探索出一套补偿标准,该补偿标准既可以使得湿地使用方能够产生正向激励去保护湿地资源,又能够考虑到湿地保护方的能力而尽可能提高资源保护效率,以达到在补偿金额一定的情况下对湿地资源进行最大化保护的目的。

四、价格理论

价格理论是揭示商品价格的形成和变动规律的理论。其中,以马歇尔为代表的供求均衡价格理论学派,认为商品的价格是由市场的需求与供给决定的。基于这一理论,假设对湿地资源的市场需求曲线为一条斜率为负的曲线 D,市场对湿地资源的供给曲线为一条斜率为正的曲线 S，如图 2-4 所示。从该图中，我们可以发现均衡点为 E^*，其所对应的价格为均衡价格，所对应的资源量为均衡资源量。也就是说，通过市场需求和供给来决定湿地的价格与产量，会同时得出单位湿地的均衡价格 P^* 和市场上提供的均衡湿地量 Q^*。

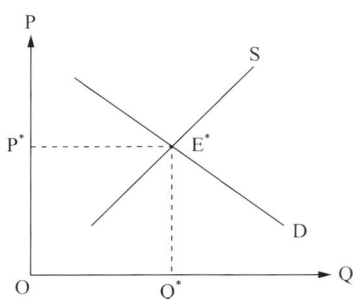

图 2-4 湿地资源供需示意

由于在我国湿地资源属于公用资源，所有权归国家或者集体所有，一般湿地的供给者主要有地方政府、村集体或相关保护湿地的机构等，而湿地的需求者主要有中央政府、企业和机构等。湿地资源一般通过行政区域进行划分，每个行政区域或村集体所拥有湿地的大小、物质出产等生态价值都不尽相同，从而导致湿地提供者对于其提供的湿地面积、质量等不同，那么根据价格理论湿地资源的需求者支付给不同湿地供给者的费用也应该是不同的。也就是说，需求者给每个供给者的补偿标准应该是不同的，补偿标准应该根据湿地供给者提供湿地的面积大小、湿地生态价值等因素共同决定。

根据上述讨论，湿地资源的补偿标准应该依据价格理论，根据湿地提供者对提供湿地资源面积及生态价值的大小等多种因素共同制定不同的生态补偿标准，即补偿标准不能"一刀切"，应根据不同地区的具体情况进行补偿。本书通过对不同区域湿地情况的不同进行分区讨论，并制定具有差异化的生态补偿标准，使得在补偿金额一定的情况下，补偿效用能够尽量达到最高水平。

综合湿地补偿标准的理论基础，湿地生态系统日益退化的本质在于湿地的外部性，导致湿地生态系统服务功能的供给主体和受益主体利益关联环节缺失。建立生态补偿机制并制定、实施生态补偿标准，就是为了改善、维护和恢复生态系统的服务功能，调整相关利益者因保护或破坏环境活动产生的环境利益及其经济利益分配关系，以内化相关活动产生的外部成本为原则的具有经济激励特征的制度。如图2-5所示，在传统的粗放湿地利用方式下，湿地利用者所能获取的收益为A，但湿地的过度利用会造成湿地功能下降、生物多样性丧失、全球气候变暖等灾害，从而产生损失D。在保护性湿地利用方式下，由于对湿地的使用作了限制，湿地利用者所能获取的收益下降为B。如果此时不提供相应的补偿以弥补湿地利用者所造成的损失，在缺乏有力的外部激励情形下，湿地利用者不会主动采用保护性湿地利用方式。只有引入生态补偿机制，对湿地利用者进行生态补偿C，才能达到激励其采用保护性湿地利用方式。另外，根据上述理论研究，要激励对湿地进行保护性开发和提高湿地补偿效率，就需要使得制定的补偿标准具有差异性并高于湿地利用者开发湿地获得的收益。

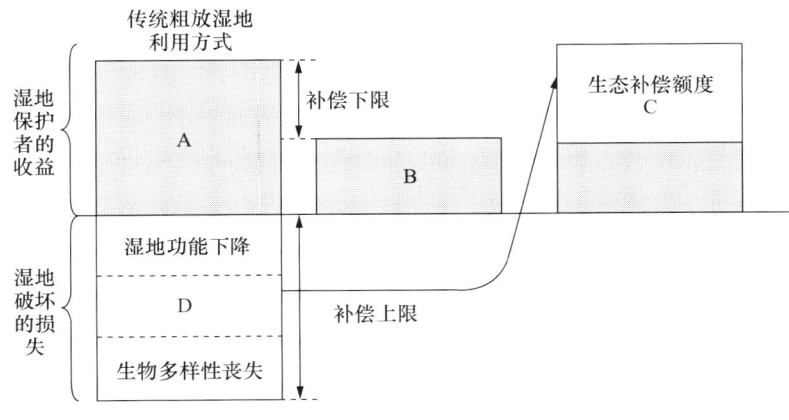

图2-5 湿地生态补偿的基本原理

资料来源：作者根据Pagiola等的研究进行相应修改而得。Pagiola S., Platais G.. Payments for Environmental Services: From Theory to Practice, World Blank, Washington, 2007.

五、公共物品理论

（一）公共物品的含义

公共物品理论是公共经济学中的一个重要部分。对公共物品做出严格的经济学定义的是美国著名经济学家保罗·萨缪尔森。他认为，所谓公共物品是指某一消费者对某种物品的消费不会降低其他消费者对该物品消费水平的物品。以后的经济学家在萨缪尔森研究的基础上对公共物品基本特征进行了扩展研究,概括起来主要包括消费上的非排他性、非竞争性、外部性和效用不可分割性四个方面。公共物品在使用过程中容易产生"公地悲剧"和"搭便车"问题。

布坎南在《俱乐部的经济理论》一文中明确指出,根据萨缪尔森的定义导出的公共物品是"纯公共物品",而完全由市场决定的产品是"纯私有产品"。现实世界中大量存在的是介于"纯公共物品"和"纯私有产品"之间的商品,称作准公共物品或混合商品。在此基础上,有的学者根据竞争性和排他性的有无,把物品分为纯公共物品、公共资源、俱乐部产品、私人产品四类。

(二) 公共品的供给方式

公共品的提供一般可分为政府提供、市场提供和自愿提供三种方式。这三种方式各有自己特定的适用条件,搞清这些适用条件,对于实现公共品供给方式多元化和提高公共品供给效率具有重要意义。

第一,纯公共品具有严格意义上的不可分割性、非竞争性和非排他性。市场渠道是难以向社会提供公共品的,因为对纯公共品来说,既没有买者也没有卖者,若没有产品的供求双方,自然就不会有供求双方共同作用所形成的市场价格。而价格是市场配置资源的最基本的要素,因此对纯公共品的供给,的确存在"市场失效"。但对于社会成员来说,根源于人本质的社会属性的公共需要是必须要加以满足的,否则会使其遭受巨大的福利损失,因此客观上需要有一种新的机制代替市场机制来向社会提供公共品,这就是所谓的政府财政机制,与之相对应的公共品的供给方式一般称为公共品的政府提供。

第二,公共品的自愿提供方式在特定的假定条件下也是客观存在的,这可以分为两种情况:一是所谓的"林达尔均衡"所描述的情况。假定两个消费者都需要消费同种公共品,每个人都清楚自己从该公共物品消费中得到的边际效用,并且愿意按照自己所得到的边际效用的大小来分担公共品的生产成本,那么此时就可以在没有任何政府干预和市场调节的状态下形成公共品的自愿提供机制。二是通过个人的自愿捐赠和各类志愿者所提供的服务而实现的公共品自愿提供。

第三,公共品除纯公共品外,还有准公共品,也称为混合产品。混合产品大致分为两类:一类是具有竞争性的同时还具有非排他性的产品;另一类是具有排他性的同时在一定程度上也具有非竞争性的产品。对于前一种产品,由于不具有排他性,私人无法定价收费,所以通常不能通过市场渠道提供;对于后一种产品,则完全可以通过市场渠道提供。

(三) 湿地生态系统的公共物品属性

普遍认为，自然资源环境及其所提供的生态服务具有公共物品属性。根据经济学上的定义，生态系统服务功能也是一种较为典型的公共物品。首先，一般情况下，对生态系统服务功能效益的消费具有完全非排他性。例如，由于湿地的碳汇功能具有减缓温室效应的作用，全球都从这一生态系统服务中获益，一国不能阻止其他国家从中获益。其次，生态系统服务功能的效益在消费上也存在完全的非竞争性，不存在拥挤成本和边际生产成本。例如湿地具有净化空气的服务功能，增加或减少一个人对于这项服务功能是没有影响的。最后，无论这些人本身意愿如何，他们在客观上都享受到了湿地所提供的空气净化这一服务功能。

同时，我们也了解到由于湿地生态系统本身的复杂多样的特性，其所提供的湿地生态系统服务功能更是相当惊人。湿地生态系统服务功能效益本身也具有交叉性，比如各种动植物的存在，除了提供人类赖以生存繁衍的生物多样性外，对于单位个体而言又具有物质产品的功能，而这部分产品带有明显的私人物品的性质。因此，从一般意义上来讲，湿地的生态效益和社会经济效益构成了其公共物品的属性。按照湿地生态系统服务受益人的范围可以划分为地方性公共物品、全国性公共物品和全球性公共物品，这给湿地生态补偿的实现途径提供了思路。

湿地资源及其所提供的生态服务所具有的公共物品属性决定了其面临供给不足和过度使用等问题，而湿地生态补偿可以通过相关制度安排，调整相关者利益关系来激励湿地生态服务的供给和限制共同资源的过度使用，从而促进生态环境的保护并促进自然与社会生产力的发展。

对湿地公共物品的属性和受益范围的划分，可以帮助我们确定在不同生态补偿问题类型下补偿的主体是谁，其权利、责任和义务是什么，从而确定相应的政策途径。对于纯公共物品来讲，主要的提供者是政府，如果我们不对其进行生态补偿，那么就必然走向"公地悲剧"的结局。因此，为了实现湿地资源的可持续利用，政府应该采取公共财政政策对湿地进行生态补偿。此外，在我国现行的湿地保护体制下，湿地公共物品的提供者还包括社会组织和个人。通常情况下，理性的经济人不会自愿地提供公共物品，因此国家同样应该对提供公共物品人员予以补偿，这样才能保持公共物品提供的可持续性。对于准公共物品来讲，其介于纯公共物品和私人物品之间，理论上应采取政府和市场共同供给的方式，政府在这一方式下的责任是，构建市场并界定市场主体的权利和义务，制定必要的政策法规引导公共物品市场的发育和完善。

六、公共管理理论

政府作为公共管理的主体，保障生态环境安全、保持生物多样性，既是对国民的义务，也是履行国际责任的选择。湿地所具有的公共物品属性决定了应当由政府或政府引导市场主体保障湿地生态系统的可持续发展。因此，有必要从公共管理的角度对湿地生态补偿制度进行理论分析。

（一）公共管理的含义

从公共管理所包括的基本内容出发，公共管理可以定义为政府与非政府公共组织在运用所拥有的公共权力和处理社会公共事务的过程中，在维护、增进与分配公共利益以及向民众提供所需的公共产品（服务）时，所进行的管理活动。公共管理包含两方面要素：管理性与公共性。法约尔等早就指出，为实现管理的高效，需要通过"计划、组织、指挥、协调、控制"等手段，达到资源的有效配置。管理是通过计划、组织、控制、激励和领导等环节来协调人力、物力和财力资源，以期更好地达到组织目标的过程。毫无疑问，公共管理需要研究计划、组织、控制等问题，同时人们已从大量的管理学著作中对此非常熟悉。对社会公共事务实施管理的主体（政府与非政府公共组织），他们拥有公共权力并承担着与企业目标不同的公共责任。这些目标是向民众有效、公平地提供公共产品与服务并维护社会的公共秩序。为了实现这一目标，公共组织需要不断制定与实施相应政策，旨在有效增进与公平分配社会公共利益。为了保证达到这些目的，需要强化公共监督并倡导高尚的公共道德。

（二）湿地资源公共管理的构成及管理手段

公共管理是一种公共物品供给的手段。政府部门对于湿地资源的管理包括三个方面。第一，湿地公共管理需要资源。不论是自然资源还是社会资源（包括湿地保护资金的供给和对湿地资源的管理），都需要有资源的投入。第二，湿地资源公共管理需要相关法律约束。法律约束是措施实施的根本保障。只有通过制定相关法律，才能规范利益相关者对湿地进行合理保护和利用活动，并对社会经济活动进行有效的控制。第三，湿地资源公共管理需要相关部门的协调。湿地生态系统作为一个整体，其并不是割裂的、独立的，而是相互联系、相互影响的。由于湿地资源的多样性，其资源分属于不同部门管理，因此对湿地的管理需要各个相关部门的协调。

第三节 文献综述

一、生态系统服务功能的研究回顾与评述

(一) 国外研究现状

国外从19世纪末就开始有学者对生态系统服务功能价值进行分析与评估。在西方发达国家或地区的学者较早了解并进行生态系统服务功能的相关研究,评估并得出森林、湿地、海洋、草地等多种生态系统类型的服务功能价值。

生态系统服务(Ecosystem Service)是指维系并保证人类生存和发展所需生活与生产资料的自然环境效用和条件。George 于1864年开始对生态系统服务进行研究,并在1965年出版的 *Man and Nature* 上最早给出了生态系统服务的定义。重要环境问题研究组织(SCEP)在1970年发表的研究报告中第一次公开提到生态系统服务功能,同时在该报告中还涉及了调节洪水、大气调节、水土保持等生态系统服务功能,从而使得"生态系统服务功能"逐渐被学者所认可。另外,Holder 在1974年公开发表的《人口与全球环境》文章中,也阐述了"生态系统服务功能"这一概念。

采用这一概念,Costanza 等(1997)在 *Nature* 上发表"世界生态系统服务和自然资本价值",衡量了全球生态系统服务功能的价值。该文章分别对海洋(开放水域、海滨)、陆地(森林、草地、湿地)、河流湖泊、沙漠、冻原、冰体(裸岩)和庄稼地生态系统,从气候调节、水分调节、大气调节、水分供给、原材料、娱乐文化、土壤形成等17个方面进行生态系统服务功能价值估算,通过计算得出每年全球自然系统产生的生态价值在16万~54万亿美元,均值约为33万亿美元。1997年,Pimentel 等(1997)从氮气固定、废物处理、调节水源、大气调节等18个方面对全球生态系统服务功能价值进行分析与评估,最终得出全球生态系统每年的生态价值约为2.9万亿美元。通过以上研究发现,两组学者对全球生态系统的服务功能价值计算结果相差较大,Pimentel 等的研究结果不到 Costanza 等的研究结果的1/10。虽然两者对于全球生态价值的估测结果不尽相同,但该种研究方法却是开创性的,为确定生态补偿标准提供了重要依据,与此同时也拉开了对生态系统服务功能价值测算的序幕。

此后，许多学者试图对某一国家或某一地区的流域、湿地、森林、物种等生态类型的服务功能价值进行估算。在流域研究方面，Gren 在 1995 年对多瑙河流域的生态价值进行分析与估测，Loomis 在 2000 年运用条件价值评估法对美国的普拉特河的生态价值进行评估，Pattanayak 在 2004 年测算印尼芒卡莱流域对缓解干旱所带来的生态价值；在湿地研究方面，Turner 在 2000 年对湿地的生态价值进行分析，并为管理和政策制定提出意见和建议；在森林研究方面，Hanley 等在 1993 年采用条件价值评估法对森林文化娱乐和景观价值进行评估，Lal 在 2003 年对红树林（太平洋沿岸）的生态价值及其政策制定进行分析与评价；在物种价值研究方面，Jakbosson 在 1996 年运用 CVM 估测了维多利亚州濒临灭绝动植物的生态价值，Costanza 等在 2003 年以巴西的三种濒临灭绝的物种为例研究生物多样性的价值。同时，Bandara 等在 2004 年采用条件价值评估法估测保护亚洲象的净收益，并对政策制定进行了研究。

另外，由联合国组织的"Millennium Ecosystem Assessment"（千年生态系统服务评估）从 2002 年开始直到 2005 年结束，最终发表了全球生物多样性的综合报告（U.N.，2005），这一研究使生态系统服务功能这一理论得以转变到实践运用中，将对生态系统服务功能的研究推向了一个新的高度。Costanza 等 2006 年又一次在 Nature 上发表关于"新泽西州生态系统服务和自然资本的价值"的文章，该文从污染治理、水分供给、干扰缓冲和动植物栖息等方面计算出新泽西州每年的生态价值在 116 亿~194 亿美元，这无疑为生态系统服务功能价值的研究做出了巨大的推动作用。近些年，关于生态系统服务功能的研究越来越多，也有越来越多的研究成果运用到实际决策中。生态系统服务支付（PES）越来越受到大家的好评，被认为是一种很有前途的工具，以确保对全球生态系统的保护以及帮助缓解生态系统服务功能价值丰厚地区的贫困程度。MacDonald 在 2014 年的研究表明对生态系统服务功能的研究结果能够被用来对澳大利亚的"Murray – Darling Basin（MDB）"进行决策制定。

（二）国内研究现状

国内关于生态系统服务功能及其价值的研究始于 20 世纪 90 年代，相较于发达国家而言起步较晚。1997 年许国平将 Costanza 在《自然》杂志上刊登的关于生态系统服务功能的文章翻译成中文并发表，这让中国学者开始了解并关注生态系统服务功能（ESF）及其价值。欧阳志云等在 1999 年开始对生态系统服务的理论概念进行分析与研究，而赵景柱等（2000）对 ESF 的价值量和物质量两种估测方法从理论上进行比较研究，得出应该根据生态系统的评价目的、空间尺度和服务价格三个方面来合理选取价值量还是物质量的估测方法。张志强等（2001）基于ESF的内涵以及评估方法的概述，得出对ESF和自然资源价值测算研究是生态价值转化为经济价值的关键内容和核心一环的结论。以上研究都具有较为重要的理论价值，为后来的实践研究做了较好的铺垫。

在ESF及其价值的实践研究方面，欧阳志云等（1999）结合我国实际情况从物质生产、大气调节、水土保持、涵养水源等六个方面率先对中国陆地ESF及其经济价值进行估测，得出每年其经济价值约为30.49万亿元，该研究具有开创性意义。肖寒等（2000）对森林（海南尖峰岭）ESF及其生态价值进行研究，并计算得出每年森林ESF价值约为6.64亿元。根据这一研究结果，吴钢等（2001）在结合价值量与物质量估计方法的基础上也对长白山森林1999年的ESF价值进行测算，得出其生态价值每年约为3.38万亿元。2001年，谢高地等（2001）和张志强等（2001）借鉴Constanza等的研究成果，分别对我国草地和黑河流域的ESF价值进行估测，得出每年价值量分别约为1497.9亿美元和21.62亿美元。自此之后，关于ESF价值的研究逐渐增加，尤其是在2004年之后，相关研究呈现爆发性增长。

在研究尺度方面，有学者（潘耀忠等，2004；朱文泉等，2007）从国家级尺度上研究中国各类生态系统服务功能价值，而区域尺度上以及流域尺度上的研究亦呈现活跃态势（欧阳志云等，2004；于德永等，2006），基于行政区的生态系统服务功能价值定量估算研究也在逐渐增多（张淑英等，2004；金艳，2009）。随着遥感技术和GIS技术的发展，把遥感技术和GIS技术应用于生态系统服务功能价值评估越来越受到学者的青睐，国内已有不少学者利用遥感技术和不同的遥感数据源进行了生态系统服务功能价值评估（潘耀忠等，2004；张淑英等，2004），取得了一系列具有重要价值的研究成果。毫无疑问，遥感技术为生态补偿定量估算奠定了坚实基础（金艳等，2009）。

在生态系统服务功能的研究类型方面，主要集中在森林、湿地、草地等生态系统。关于森林ESF及其价值研究是最早开始，也是最为完善的。有学者从国家尺度对其价值进行研究，例如，赵同谦等（2004）和余新晓等（2005）先后对我国森林ESF价值进行评价，测算得出其每年生态价值分别为14060.05亿元和30601.20亿元，两者由于计算方法和选择类型不同导致研究结果出现较大差距；也有学者（林媚珍等，2009；王兵等，2010）对江西、广东、云南等以行政区域为单元进行生态功能价值评估,另外还有学者以保护区为单元进行生态功能价值评价,例如胡海胜(2007)和刘永杰等(2014)分别对庐山和神农架自然保护区的森林 ESF 进行评价,分别估算得出每年生态价值约为26.11亿元和204.33亿元。这些研究都对补充与完善森林 ESF 及其价值分析做出了巨大贡献。关于草地 ESF 及其价值研究,谢高地等较早对我国草地生态系统服务功能价值进行研究,之后赵同谦等(2004)对我国草地 ESF 间接价值进行估测,得出其每年生态价值约为8803.01亿元,而姜立鹏等(2007)利用遥感技术测算得出我国草地每年 ESF 价值约为17050.25亿元。近些年,学者还对天然的较大规模草地(藏北、三江源地区以及呼伦贝尔)的 ESF 价值进行测算和分析(石益丹等,2007;陈春阳等,2012;刘兴元、冯琦胜,2012)。对于湿地 ESF 及其价值研究,辛琨等(2002)和崔丽娟(2002)率先对湿地 ESF 进行评价,分别对盘锦地区和扎龙湿地 ESF 价值进行估测,分别得出每年生态价值为62.13亿元和156.47亿元,开创了对湿地 ESF 价值测算与评价的先河。而后学者更多关注湖泊湿地的 ESF 及其价值分析,庄大昌(2004)和崔丽娟(2004)分别对洞庭湖和鄱阳湖湿地 ESF 价值进行评价,分别得出每年 ESF 价值为80.72亿元和362.7亿元。许妍等(2010)对太湖湿地 ESF 价值进行评价,得出其每年生态价值约为112.39亿元。另外,还有关于滨海湿地(张绪良等,2009;孟祥江等,2012)、流域等其他类型湿地的 ESF 价值研究(王春连等,2010;江波等,2011)。

(三)研究述评

从国内外研究综述看,生态系统服务功能价值这一概念是由国外学者提出的,国内学者通过 Costanza 在《自然》上发表的文章逐渐认识到生态系统服务功能的概念及其作用。近些年来,国内外都对生态系统服务功能及其价值进行了大量研究,尤其是我国这几年对其的相关研究呈现爆发性的增长。但国内的研究主要还是以国外的研究为基础,以此对生态系统进行测算与评价。总体而言,生态系统服务功能价值这一概念的出现以及国内外大量对其的实践,是将自然资源转化为货币的关键环节和重要内容,这对于生态环境的价值测算以及环境保护具有理论和实际价值。另外,生态系统服务功能价值目前最主要的作用之一就是为生态补偿标准的制定与实施提供依据。

然而,该方法也存在一定的问题,目前生态系统服务功能价值评价采用的方法很多,主要有价格替代法、影子工程法、市场价值法、条件价值评估法、旅行评价法、能值评价法等,这些方法都有其优势与短处,但其中最为重要的就是所计算出的生态价值往往由于过高（可能超出当年本地区的 GDP），使得该方法所计算出的生态价值在现实生活中并不能直接运用到实际的补偿当中。同时，由于不同学者在计算同一研究对象的 ESF 价值时采用不同的计算方法，这使得所计算出的生态价值会有不同的研究结果。笔者认为，若采用生态系统服务功能价值法估测生态价值，并以此作为生态补偿的依据，应该还要结合当地的财政支付能力以及当地居民的意愿，这样计算得出的生态价值才可能具有实际意义。

二、条件价值评估法研究回顾与评述

（一）国外研究综述

条件价值评估方法（CVM）是当今十分流行的研究方法，并已被各国学者广泛使用，其可以被用来估测商品和项目价值，尤其是被用来估算非市场商品和社会公共项目的价值（Mitchell and Carson，1989；Carson and Hanemann，2005）。条件价值评估法通常采用调查问卷等方式直接向被调查者询问其愿意对非市场商品或服务进行支付/受偿的数额，例如调查者对被调查者进行环境治理/环境保护的愿意支付/受偿数额。人们被问到愿意获得补偿/支付的数额，使得他们愿意放弃/接受某一种商品或者服务，这种方法被称为条件估测法。由于人们被要求在某一个特定的假设场景或环境中，陈述他们的支付（受偿）意愿，故 CVM 属于陈述偏好模型，与显示偏好模型不同的是，该方法要求人们直接给出他们需要的价格，而不是通过选择来推断其价值。另外，条件价值评估法（CVM）被认为是估算公共物品和环境产品最有价值的方法之一（Mitchell and Carson，1989；Pearce and Turner，1990；Arrow et al.，1993；Casoni，1998）。

Davis 在 1963 年为测算美国缅因州边远地区户外休闲益处的价值，首次将条件价值评估法投入实际研究中。16 年后，美国政府机构（水委会）在颁布的水资源规划中将条件价值评估法和旅行成本法认作为评价休闲娱乐等非市场价值最有效的方法，同时对条件价值评估法分析费用—收益的原则与步骤进行了阐述（Loomis，1999），这一举措大大推动了其他政府部门对条件价值评估法的运用。20 世纪 80 年代后期，美国内政部认为条件价值评估法（CVM）是评价生态环境非利用价值的一般方法（Loomis，1999）。20 世纪 90 年代初，"National Oceanic and Atmospheric Administration"（U. S.）成立以诺贝尔奖得主（Arrow and Solow）为核心的研究委员会，评价条件价值评估法对环境资源非市场价值测算的有效性，并提出了对"支付意愿"调查应优先选用面对面采访或投票问卷方式（Arrow et al., 1993; Loomis and Walsh, 1997; Bateman et al., 1999)。美国政府机构对条件价值评估法的一系列研究，大大推动了该方法测算生态环境价值的广泛应用。条件价值评估法在 20 世纪 80 年代逐渐被引入英国、法国和德国等欧洲国家，虽然欧洲国家在采用条件价值评估法测算生态价值比美国起步晚，但截至 1999 年，运用该方法对生态价值进行评估的相关研究成果已经达到 600 多例，发展速度十分迅猛，同时也对 CVM 的发展做出了巨大的贡献。

进入 21 世纪后，条件价值评估法的研究领域不断扩大并且发展更为迅猛，从最早其仅被用来测算生态环境的休闲娱乐等单一价值，现已被世界各国广泛运用到各种实际价值测算中（Vatn, 2004; Spash, 2006）。条件价值评估法不仅用于测算环境收益（Knetsch, 2005）、文化产品（Aabø and Strand, 2000）、保健服务的价值（Protiere et al., 2004），而且还被用来估测公共物品和生物多样性的价值、历史文物和古老建筑的存在价值（Loomis and Ekstrand, 1998; Garrod and Willis, 1999）、娱乐服务价值（Scarpa et al., 2000）、森林火险与水质量价值以及公共卫生保健服务价值（Brox et al., 2003; Riera and Mogas, 2004; Tambor et al., 2014）、垃圾填埋场矿业项目价值（Marella and Raga, 2014）、森林生态系统的经济价值等（Tao et al., 2012）。总体而言，国外学者不断扩大条件价值评估法的研究范围，不断拓展 CVM 的内容以及不断完善 CVM 的方法，并将其广泛运用到研究生态经济、生态环境、经济管理以及社会管理等科研领域。

条件价值评估法的引导方式随着 CVM 的发展也在不断演进，目前已经有开放式、二分式、投标式以及支付卡等引导方式。20 世纪 80 年代后期，由 Bishop 创出的二分式选择格式将条件价值评估法问卷形式从单边界限制演变为多阶段、多边界限制 WTP/WTA 研究。近年来，西方国家主要采用开放式双边界二元选择作为 WTP 的诱导方式，这是因为其同时具备开放式和封闭式的长处，在获得被调查者实际 WTP 的基础上可以最大限度地降低研究偏差。另外，条件价值评估法通过直接对被调查者的支付意愿或受偿意愿进行调查，能够获得大量的一手和真实的数据，这使得其被学者广泛运用到生态环境的费用、效益等研究中，为制定生态环境政策做出巨大贡献。

（二）国内研究综述

条件价值评估法在 20 世纪后期逐渐被引入到国内，经过 20 多年的发展，该方法已经被国内学者广泛运用到各个领域的研究中。从研究内容方面来看，2001 年，林英华率先使用该方法对野生动物价值进行评估，开创了 CVM 投入实际研究的先河。张志强等（2002）在《生态学报》上发表运用条件价值评估法对黑河流域张掖地区生态系统服务恢复价值进行评估，国内学者借鉴这一研究分别对城市内河（赵军、杨凯，2004）、流域（张志强等，2004）、海湾（汪永华、胡玉佳，2005）、草地（曹建军等，2008）、森林（王勇等，2009）、湿地等生态系统服务功能价值进行评估与分析（王小鹏等，2009）。近几年，运用 CVM 进行研究的文献增长速度非常快，先后被运用对轨道交通社会效益（林逢春、陈静，2005）、灌区农业水价（陈丹等，2005）、公共图书馆（殷沈琴，2007）、旅游资源（熊明均等，2007）、医院荣誉（李林等，2007）、生命（梅强、陆玉梅，2008）、生物多样性等价值的评估（陈珂等，2009）。因此，目前国内对条件价值评估法的使用已经非常普遍，同时研究领域也已经相当广泛。

条件价值评估法的引导技术对研究结果起到了非常重要的作用，张志强（2003）对条件价值评估法的引导技术进行了系统的梳理，具体如图 2-6 所示。条件价值评估法主要分为连续型和离散型两种。其中，连续型 CVM 可以细分为开放式、重复投标以及支付卡的问卷格式，离散型 CVM 主要为封闭式问卷格式，其又主要由二分式和不协调性最小化组成（屈小娥、李国平，2011）。

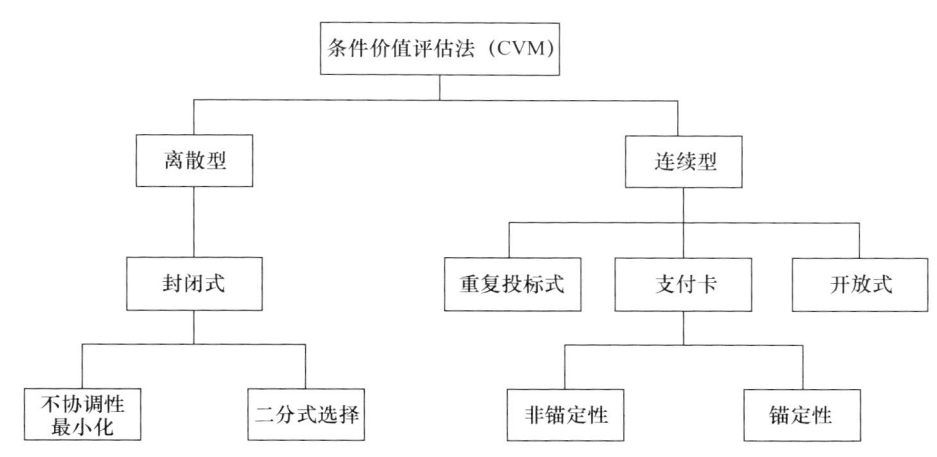

图 2-6　CVM 的支付意愿（受偿意愿）引导技术示意

学者对连续型和离散型条件价值评估法的二分式选择、支付卡格式、不协调性最小化等引导技术进行了较为详细的阐述并分析了其优势和劣势，如表 2-5 所示。

表 2-5　条件价值评估法引导技术基本概念以及优劣势

条件价值评估法基本类型	问卷格式		基本概念	优势	劣势
离散型条件价值评估法	二分式选择		被调查者只需对调查者提出的 WTP/WTA 值给出"愿意"或"不愿意"回答，目前该问卷格式运用较为广泛，同时根据实际的运用，也演变出了单边界、双边界、多边界等多种二分式形式	该种问卷形式与市场定价行为相近，被调查者比较熟悉，能较有效地提高被调查者的回答精确度	由于询问被调查者之前需要给定 WTP/WTA 范围，提出恰当的 WTP/WTA 范围较为困难，同时对回答的结果计算、分析都相对复杂。另外，该问卷格式也可能造成肯定性偏差
	不协调性最小化		被调查者只需对调查者提出的 WTP/WTA 值给出"愿意"或"不愿意"回答，以此来确定最为合适的 WTP/WTA。另外，调查者还会给出五种可供选择的与回答相关的评述	该种问卷格式能够有效降低肯定性偏差	由于询问被调查者之前需要给定 WTP/WTA 范围，提出恰当的 WTP/WTA 范围较为困难，同时对回答的结果计算、分析都相对复杂
连续型条件价值评估法	支付卡	锚定	给予被调查者关于调查的相关资料，并询问被调查者相似产品/服务的 WTP/WTA，以此作为本调查的限制性数据	由于给出了一组从高到低或从低到高排列值供被调查者选择，这样就可能解决"开放式"中的"信息偏差"	由于一系列支付/受偿价格是由调查者提出的，容易造成起点偏差
		非锚定	调查者对被调查者列出一组从高到低或从低到高排列的价格，被调查者从中选择认为最合适的 WTP/WTA 值，或也可以直接给出自己认为最适合的 WTP/WTA 值		
	开放式		调查者对被调查者进行提问，被调查者自由给出其认为最适宜的支付/受偿水平	问卷内容简单，获取、分析数据较易	当被调查者对问题不清楚时，容易造成被调查者的回答结果不准确，即容易引起信息偏差
	重复投标		调查者对被调查者进行首次报价，根据被调查者的意愿不断调高和调低价格，直到达到其愿意的支付/受偿水平	当面询问被调查者意愿时，较为容易得到价格	由于起始价格由调查者提出，容易造成起点偏差

注：以上均来自于张志强（2003）和屈小娥（2011）等相关研究文献。

(三) 研究评述

目前，国内外学者运用条件价值评估法估测公共物品或自然环境价值的案例不胜枚举，虽然伴随着CVM的诞生和使用一直有很多学者对其提出了尖锐的质疑，但绝大多数学者对该方法用于自然环境或公共物品生态价值的测算是普遍认可的，同时这些质疑也推进了条件价值评估法对WTP/WTA引导技术的改良（Ajzen et al.，1996），从当初的开放式、二分式、重复投标等引导方式发展到多边界二分式、开放式两边界二元选择模式等更为科学的引导方法。

国内近些年来对条件价值评估法的研究较多，但国内学者对WTP/WTA的研究基本上是以国外学者的研究为基础，尤其是WTP/WTA的引导技术几乎都是由国外学者改良之后被国内学者直接运用到实际研究中，从而使得我国在研究深度、广度以及成果推广方面比西方发达国家弱。国内学者目前在调查WTP/WTA用得较多的诱导方式为简单二分式和支付卡式，而国际上运用较多的开放式二元选择等引导技术虽然近几年有一些学者在用，但相关研究都较少，研究深入仍然不够。同时，国内运用条件价值评估法研究问题选择的样本数较少，大部分研究的抽样不科学，造成所抽到的样本很可能不能代表总体，使得研究没有意义。还有，国内文献在分析支付意愿/受偿意愿影响因素主要是采用二元Logistic模型、Linear模型和Probit模型等，而国际上运用较多同时也较为先进的Heckman两阶段模型、排序（或多元）Logistic模型等运用得较少。另外，国内学者通常使用平均值的方法来对WTP/WTA进行估计，而在研究中用到四分位数的较少，加之对所得WTP/WTA数据整理、计算方法不完善，造成对问卷调查所获得结果的准确性大打折扣。综上所述，国内关于条件价值评估的研究相比国外而言，在研究方法的改良、研究内容的深度和样本数据抽样科学性等方面仍然有一定的差距。

三、生态补偿的研究回顾与评述

(一) 国外研究回顾

国外文献没有生态补偿这一概念，而一般称为"生态系统服务付费"（Payments for Ecosystem Services，PES）。PES是指提供给农户或土地主一定的货币补偿等激励措施，以换取他们对土地管理而提供"大气调节""污染治理""生物栖息地"等一系列的生态服务，其已经成为为人类福祉而对生态系统服务功能进行管理和保护的以激励为基础的政策工具（Angela，2015）。PES可以起到维持或提高生态资源的服务功能价值、高效发挥经济手段以及解决贫困目标等作用

(Vijay et al.，2015）。在过去10年中，生态系统服务支付（PES）和生态系统服务（ES）的概念受到越来越多的学者关注。Gomez-Baggethun对生态系统服务（ES）以及其纳入市场付款方式的发展历史进行了较为详细的描述（Gomez-Baggethun et al.，2010），Jack对相关文献进行梳理并总结出经济社会环境和政治环境是如何影响PES计划的结果（Jack et al.，2008）。然而，生态系统服务支付（PES）仍然没有一个公认的定义。Wunder一直专注于市场交易，并对PES给出了一个具有开创性的定义。PES被Wunder阐释为在一个对生态系统服务有明确定义的环境下，购买者（至少一个）从生态系统服务提供者（至少一个）那儿对生态系统服务进行购买，但购买双方必须是自愿的，同时当且仅当ES提供者能够确保对生态系统服务的供应（Wunder，2005）。该定义由于过于狭窄而一直受到批评，从而导致许多支付方案由于不符合其条件而被排出在PES之外。其中，交易的自愿性（至少在买家方面）这一条件尤其让学者质疑，这是由于很多生态系统服务支付（PES）的案例都有政府的关注和公共支付计划的参与（Vatn，2010）。Wunder对PES的定义依赖于Coasean市场概念，这导致"纯PES"和"似PES"的区分（Muradian et al.，2010）。Muradian也给出一个PES的定义，而其主要关注于生态系统服务的公共物品属性以及由此产生PES外部性内部化的结果。生态系统服务支付（PES）应该建立对提供公共物品的激励机制，从而改变个人或集体行为，否则会导致生态系统和自然资源的过度恶化。因此，Muradian将PES定义为提供者和购买者之间的资源转移是有助于资源便利移动，其旨在管理自然资源使得个人或集体土地使用决策对社会利益产生一致的激励（Muradian et al.，2010）。该定义没有排除政府的支付方案，这通常被称为PES的庇古（Pigouvian）概念（Vatn，2010）。Vatn（2010）对PES的定义与Wunder认为支付基于市场行为这一概念截然相反，Vatn对生态系统服务支付（PES）和生态/环境服务市场概念进行了详细区分，"市场需要支付，然而不同阶层和团体也会使用支付，例如国家税收、补贴或社区补偿等，因此，我发现了广义的生态系统服务支付（PES）概念和狭义生态环境服务市场（MES）的概念之间的区别"。

另外，国际上对生态系统服务支付（PES）的实践也较早，爱尔兰于20世纪20年代就对森林所有者进行分期付费，从而促进其对森林资源的保护。随着时间的推移，全球变暖、土壤污染和湿地退化等环境问题不断涌现，国际上关于生态系统服务支付（PES）的文献内容包含了湿地、流域、森林等几乎所有自然资源。过去的10多年也有很多关于生态系统服务支付（PES）的案例被出版和讨论，现对哥斯达黎加、墨西哥、欧盟、美国、南非和巴西等国家或地区的生态系统服务支付案例进行详细叙述与讨论。

1. 哥斯达黎加

哥斯达黎加的国家"生态系统服务付费"项目，也被称作为"Por Servicios Ambientales（PSA）"，该项目于1996年成立，在一年后予以执行（Rodriguez, 2002; Sanchez-Azofeifa et al., 2007）。该项目基于政策支持、植树造林和森林管理支付系统，在20世纪70年代被开发（Araya, 1998; Pagiola, 2008）。PSA项目的建立主要是为达到温室气体减排、更好水文服务、良好风景以及保持生物多样性四点目标（Sanchez-Azofeifa et al., 2007）。基于保护区以外环境保护的目的，私有林的土地主进行森林保护或者植树造林都会被付费（Pagiola, 2008）。最初，土地所有者也会因为可持续的土地管理被付费，但是这项措施在2000年的PSA项目中被终止。

支付的费用在全国都是一样的，不同的是，签订森林保护还是植树造林合同（Pagiola, 2008）。注册地区的95%签订了森林保护合同，2005年底大约有哥斯达黎加森林总面积的10%被涵盖到了PSA项目当中。由于该项目缺乏目标、未进行差异化支付、未考虑机会成本以及缺乏附加条件等，而饱受争议与批评（Sanchez-Azofeifa et al., 2007; Daniels et al., 2010）。PSA项目的大部分资金来源于对化石燃料的强制性征税，每年筹措约1000万美元（Sanchez-Azofeifa et al., 2007; Pagiola, 2008）。同时，全球环境基金（GEF）、世界银行、国际保护基金会或德国援助机构也会对这一项目进行支助，这是因为该项目会对生物多样性进行保护并会产生对全球有利的碳减排（Pagiola, 2008; Blackman and Woodward, 2009）。还有就是，国内用户会对获得的水服务进行付费，2005年特殊保护费被加入到强制性水价，这意味着水保护费从自愿性转变为强制性（Pagiola, 2008）。另外，2001年挪威向哥斯达黎加购买了200万美元的碳抵消费，由于其在《京都议定书》清洁发展机制中只有植树造林的资格（Subak, 2000; Corbera et al., 2009）。

虽然哥斯达黎加这一项目表面上看是"生态系统服务付费"项目，但是该项目却背离了PES计划应该以市场为主导的基础。PSA项目不符合Wunder对PES的定义（Wunder, 2005），这是因为对环境付费的承诺是基于政府的强制性方式而不是基于买者或者提供者自愿的情况下，同时不满足PES计划的限制性

2. 墨西哥

墨西哥国家 PES 项目在 2003 年启动，其最初被称为"Pagos por Servicios Ambientales Hydrologicos（PSA – H）"（Southgate and Wunder, 2009）。该项目在国家层面被执行是为了阻止对地下水的过度开采，支付主要针对现有森林的保护，支付的金额依照统一的支付方案，支付款数额的不同仅在于云雾林和其他林之间（Munoz – Pina et al., 2008）。墨西哥的 PES 项目计划主要是对私有土地所有者和合作农场①进行付费（Alix – Garcia et al., 2009）。

该项目的资金主要来自一个强制性的水资源保护货币基金，其使得水受益者与提供者之前有一定联系。水的这种良好公共属性促使墨西哥政府选择建立货币基金，同时其扮演水供应者和使用者的中介，而不是仅仅建立一个框架让需求者与供给者进行私人交易（Munoz – Pina et al., 2008）。但是，该项目缺乏对解决过度开采地下水和边远地区居民的更为具体目标（Alix – Garcia et al., 2009；Corbera, 2010），结果被登记的水域要么仍然是过度开采，要么仅仅是适度开采，从而导致该项目的成本与收益情况饱受争议。这是因为支付水平高就足以吸引大量的参与者，但是有很多加入该项目的参与者起初就没有砍伐森林的初衷（Alix – Garcia et al., 2009），就算支付水平更低也是一样的结果。

在成功游说了农民以及拥有森林的组织之后，2004 年 PSA – H 项目改为 PSA – CABSA 项目（Corbera, 2010）。PSA – CABSA 是一个全国性的政策项目，主要对森林固氮和阻止气候变化、农村地区对生物多样性保护以及农林复合经营系统的发展进行付费（Kosoy et al., 2008）。2006 年所有国家的森林保护项目都被涵盖到一个共同的生态系统服务支付（PES）政策框架中，被称作"Pro – Arbol"（Kosoy et al., 2008；Corbera, 2010）。

3. 欧盟

在欧盟，对生态系统服务支付（PES）作为一种外部性内部化的讨论可以追溯到 20 世纪 70 年代，因此比拉丁美洲讨论和实施 PES 要早很多。最早关于 PES 相关研究的文章被出版于 1974 年，其对奥地利农业生态系统服务支付的不足进行研究（Kaiser, 1974）。Giessubel – Kreusch 在 1998 年讨论了通过对农业进行支

---

① 合作农场是当地进行土地管理的一种组织形式，其考虑到土地和森林是公共财产。合作农场占到所有合同的 47% 以及注册土地的 93%，其对 PES 项目发挥着主导作用（Alix – Garcia et al., 2009）。

付,从而产生对环境保护的正向影响(Giessubel‐Kreusch,1998)。Pevetz 在 1992 年讨论了农业政策支付的必要性,Pevetz 还阐述了其并不仅仅作为一种社会援助,而是一种真正的生态系统服务支付(Pevetz,1992)。20 世纪 80 年代,国家级 PES 项目正式实施(Baylis et al.,2006)。1992 年的 MacSharry 改革导致一个超国家层面的欧盟整体政策的形成(Baylis et al.,2008)。欧共体的 2078/92 号法规引入农业环境项目(AEPs),其作为整个欧盟成员国共同农业政策工具的一个补充(Baylis et al.,2008)。AEPs 提供给农户薪资让农户实施保护措施以改善环境或是维护农村面貌,但这一切都基于自愿的基础之上。

在欧盟,农户若想获得单一的农业补偿,需要符合一个最低的"优良农场经营情况"(GFP),超出 GFP 基线的部分能够从 PES 支付中自愿获得补偿(Baylis et al.,2008)。AEPs 由一系列不同的农业环境保护方案和措施组成,根据农业环境保护方案,负外部性(比如硝酸和农药污染)的减少和正外部性的提供都会给予付费(Baylis et al.,2008)。在欧盟大约有所有农田的 20% 根据农业环境保护方案减少了现代农业的负外部性,这一成本约为 15 亿美元(Scherr et al.,2007)。Scherr 强调最大的公共生物多样性 PES 项目是美国和欧洲的农户环境保护支付项目,其对农户提供一系列环境友好的土地使用和管理实践进行补偿(Scherr et al.,2007)。另外,由于 AEPs 对重要领域缺乏有针对性的补偿方法,从而导致一些不令人满意和低效率的结果发生(Uthes et al.,2010;Haaren and Bathke,2008;Bertke et al.,2005;Groth,2005)。

4. 美国

美国政府实行激励措施促进环境保护工作的历史比欧盟要长。20 世纪 30 年代,美国政府就制订了现代保育休耕计划(Conservation Reserve Program,CRP)的前身,规定要保护土壤并试图减少某些农作物产量以防止生产过剩(Baylis et al.,2008)。1985 年出台的农业法案(*Farm Bill*)扩大了美国农业政策以使环境保护和农业收入问题得到协调处理,"Swampbuster"和"Sodbuster"被整合到农业法案为阻止湿地资源被开发以及防止易遭腐蚀的土地改作农田(Baylis et al.,2008)。而后,保育休耕计划(CRP)中对易腐蚀土地的保护被取消(Dobbs,2006)。1996 年,环境质量激励计划(Environmental Quality Incentives Program,EQIP)引入农业法案并不断被修改,在 2002 年农业法案扩大了融资以及创立了保育休耕计划(CRP)。其中,EQIP 和 CRP 都是为保护耕种土地的农业环境保护计划(AEPs),同时也是联邦政府向农业购买环境服务的必要规章(Dobbs,

2006）。

5. 南非

南非水利建设项目（WfW）是由政府于1995年建立，同时也是一个公共扶贫项目。该项目之所以被认为是生态系统服务支付（PES）项目，是由于其致力于恢复山体流域多样性以及水文服务（Sarah and Bettina，2013）。WfW项目不会对土地管理进行付费（即使该管理使得土地利用更为高效或保持某种生态价值），取而代之的是与失业人员签订合同，进而让他们去清除山体流域和沿河区域外来物种和恢复被火烧过的植被（Sarah and Bettina，2013）。WfW的主要资金来源于水务税（Swallow et al.，2010；Turpie et al.，2008）。

根据生态系统服务支付（PES）的定义，WfW项目并没有依靠经济手段对生态系统服务进行价值分配，这仅仅是一种就业工程来保持或获得生态服务。不过，该项目存在一种财政转移，给予保护生态系统服务功能者一定的酬劳（Sarah and Bettina，2013）。

6. 巴西

在2009年前（包含2009年），巴西既没有一个国家级的生态系统服务支付（PES）项目，也没有生态系统服务的相关法律，对各种生态服务也并不具备经济价值的认识（Costenbader，2009）。然而，2010年巴西政府就在讨论一个专门为定义生态系统服务概念的国家政策并建立一个国家级的生态服务支付（PES）项目（Farley and Costanza，2010）。

如果获得批准，巴西的生态系统服务支付（PES）概念将会借鉴 Proambiente 项目对生态系统服务的定义（Costenbader，2009）。Proambiente 是一种"社会环境服务项目"，其资金主要来源于"社会环境基金"，以此资金向小型生产商进行支付为报答他们对生态系统服务的保护或恢复（Hall，2008b）。该项目是在2000年首先由民间机构（农村合作社、社会团体以及非政府的环保组织）在亚马逊地区建立，而后在2004年该项目的主要实施及推动者从民间机构转变到环保部（Hall，2008a）。在 Proambiente 项目中，小农支付计划被利用向提供生态系统服务或减少其损失的农户付费（Boerner et al.，2007），其中，生态系统服务包括减少或避免森林砍伐、固碳、恢复生态系统的水文功能、水土保持、保护生物多样性和减少森林火灾（Hall，2008a）。另外，待开发的巴西国家级 PES 项目将包括碳封存、减少伐林、林地恢复引起的碳减排（REDD）（Costenbader，2009）。

(二) 国内研究回顾

近年来,国内学者和各级政府越来越关注生态补偿及其应用,很多学者也给出了生态补偿的定义,但因为其自身的复杂性和学者研究角度的不同,直到现在也没有被普遍认可的定义。2008年出版的《环境科学大辞典》中将"生物有机体、种群、群落或生态系统受到干扰时,所表现出来的缓和干扰、调节自身状态使生存得以维持或者可以看作生态负荷的还原能力;或是自然生态系统对由于社会、经济活动造成的生态环境破坏所起的缓冲和补偿作用"作为"自然生态补偿"的定义。除此之外,本书还列举出几位学者具有代表性的生态补偿定义。毛显强等(2002)较早就对生态补偿的定义进行研究和探讨,认为其本质是一种环境经济手段,该手段使环境产生的外部性问题通过经济转移达到内部化,主要包括补偿主客体、补偿标准和补偿方式三个核心内容。吕忠梅(2003)将生态补偿分为广义和狭义两个方面,狭义的生态补偿是指因人类活动导致自然资源的损毁或破坏而对其进行的治理、补偿等活动的总称。广义生态补偿除了包含狭义生态补偿的含义之外,还有另外两方面的内容:一是指由于对环境的保护而导致某一地区民众失去经济发展机会,而对其进行实物、货币、技术等补偿;二是指为提升某一地区民众对环境保护的认识,从而增强环保水平而在教育、科研方面的经费投入。贺思源(2006)认为,生态补偿是一种制度安排,该制度主要是调动生态保护积极性、增强补偿活动的一系列规则、协调和激励。曹明德(2004)认为,生态补偿是一种法律制度,该制度让环境资源的使用者或破坏者,向环境资源的所有者或保护者进行付费。

从最新的研究文献来看,国内学者针对我国国情,追踪和比照国际上的研究热点,比较集中地从生态建设和生态保护两个方面展开生态补偿研究,其研究对象可以归纳为四大类型:①生态要素补偿研究,主要包括森林、湿地、草原等生态补偿的研究;②区域生态补偿研究,且主要集中在对西部经济欠发达地区和以行政省域为单元的生态补偿研究;③生态功能区补偿研究,主要包括水源涵养区生态补偿的研究和自然保护区生态补偿的研究;④流域生态补偿研究,主要集中于跨行政区域(省域、市域和县域等)的流域生态补偿研究。具体如表2-6所示。

我国政府非常重视环境资源的保护问题,已经建立相对完备的资源法和环境保护法体系,出台了很多关于生态补偿的政策条例。具体如表2-7所示。

表2-6 国内生态补偿研究

生态补偿类型		主要内容	参考文献
生态要素补偿	森林	初步探讨森林补偿标准，将其分为新造林和现有林两部分，其中新造林基于成本和生态系统服务的补偿标准分别为每年每公顷4300元和19880元，而现有林基于成本和生态系统服务的补偿标准分别为每年每公顷2350元和19880元。同时，建议对森林补偿应采用先完善森林补偿基金，再实施生态税和补偿基金，最后以生态税为主的补偿形式	李文华等，2007
	湿地	崔丽娟在2002年对扎龙湖湿地生态价值进行探索性评估，得出其每年生态价值约为156亿元；熊鹰等2004年综合生态系统服务功能价值、农户经济损失和农户意愿三个方面得出洞庭湖湿地补偿标准约为每户6084.6元/年；同年，庄大昌测算出洞庭湖湿地价值每年约为80.72亿元；倪才英等对鄱阳湿地生态价值进行评估，得出其每年总价值约为326.53亿元	崔丽娟，2002；熊鹰等，2004；庄大昌，2004；倪才英，2010
	草地	刘兴元等对藏北高寒草地按照空间特征将其划分为生产、恢复和禁牧三个区域，并分区对其生态价值进行评估，得出共需补偿5年，每年补偿金额约为7.16亿元；贾卓等对甘肃省玛曲县草地优先级划分为一类、二类和三类，并分别计算其生态价值（一类优先级最高、三类优先级最低），同时按照优先级进行差异化的补偿和制定补偿政策	贾卓等，2012；刘兴元，2013
区域生态补偿	西部民族地区	虽现已建立对西部的财政补偿机制，然而其仍有短期、效率较低、不稳定等特性，钟大能试图研究一套较为可行、高效并长期的财政补偿机制	钟大能，2006
	山东省	王女杰等依据生态补偿优先级对山东省区域生态补偿进行评估与分析，得出鲁西南平原湖区和鲁东丘陵、鲁中南山地丘陵生态区分别应为优先补偿区域和优先支付区域。同时得出，山东省的主要城市的补偿优先级低于其周边县（市）的补偿优先级	王女杰等，2010
	江苏省	李智等依据PES模型对江苏省所有县（市、区）生态价值进行评估，得出苏北县（市、区）的经济水平最低而生态价值最高，为生态补偿区域；苏中、苏南县（市、区）的经济水平较高而生态价值较低，为生态支付区域	李智等，2014

续表

生态补偿类型		主要内容	参考文献
生态功能区补偿	水源涵养区	靳乐山等对贵阳鱼洞峡水库生态补偿标准进行评估与分析,估算得出鱼洞河上游的环境保护和维护成本每年在89万~168万元,而采用CVM对下游(贵阳市)用水居民支付意愿进行测算得出其每年愿意的支付额约为847万元。通过测算出的数据,可以选择一个在上游和下游之间的补偿金额作为补偿标准,这在理论上是可行的	靳乐山等,2012
	自然保护区	陈传明采用CVM对闽西梅花山国家自然保护区居民进行意愿调查,得出居民每年每户愿意获得的补偿金额在3800~5000元,补偿主体主要为各级政府、受益组织或机构等	陈传明,2012
流域生态补偿	黄河流域	葛颜祥等采用条件价值评估法对黄河流域(山东省)居民的支付意愿进行测算与分析,并得出人均WTP约为184.38元/年;同时,运用Logistic模型和线性回归模型分别对居民的支付意愿和支付水平影响因素进行分析和评价	葛颜祥等,2009
	辽河中游	徐大伟等采用条件价值评估法对沿岸居民支付意愿和受偿意愿进行测算,得到其支付意愿水平和受偿意愿水平分别为每年人59.39元和248.56元	徐大伟等,2011

注:以上为生态要素补偿、区域生态补偿、生态功能区补偿和流域生态补偿的学术研究回顾。

表2-7 国内生态补偿政策研究

政策名称	相关部门	相关文件	主要内容
生态环境补偿费政策	国家环保局	《关于确定国家环保局生态环境补偿费试点的通知》	确定山西、陕西、内蒙古、云南、河北等14个省(自治区)的18个市、县(区)为试点单位,开展有组织地征收生态环境补偿费的试点工作。征收生态环境补偿费的主要目的是利用经济激励手段,促使生态环境资源的使用者、开发者和消费者保护和恢复生态环境,有效制止和约束自然资源开发利用中损害生态环境的经济行为,保证资源的永续利用。同时,所征收的补偿费纳入生态环境整治基金,用于生态环境的保护、治理与恢复,可以弥补生态环境保护资金的不足,实现国家对生态服务功能购买的目的;征收主体是环境保护行政主管部门;征收对象主要是那些对生态环境造成直接影响的组织和个人;征收范围包括土地开发、旅游开发、矿产开发、自然资源开发、药用植物开发和电力开发等领域;征收方式多元化,可按投资总额、按单位产品收费、产品销售总额付费方式、使用者付费和抵押金收费的方式征收生态环境补偿费

续表

政策名称	相关部门	相关文件	主要内容
退耕还林（草）政策	国务院	《退耕还林条例》	对退耕还林（草）原则、工作重点等内容做了明确规定，并于2003年在全国实施退耕还林（草）政策。退耕还林坚持生态优先，对那些水土流失严重的耕地，沙化、盐碱化、石漠化严重的耕地，生态地位重要、粮食产量低而不稳的耕地实施退耕还林。退耕还林遵循政策引导和农民自愿退耕相结合，谁退耕、谁造林、谁经营、谁受益，对退耕的农户和地方政府分别提供补偿，补偿期限一般为5～8年。政策实施以来对长江和黄河上游地区生态环境的改善发挥了积极的作用，退耕还林后这些地区森林面积大幅度增加，植被得到了恢复，减少了水土流失，形成了以山兴林、以林涵水的良好生态环境基础
生态公益林补偿金政策	财政部和国家林业局	《中央森林生态效益补偿基金管理办法》	明确提出为保护重点公益林资源，促进生态安全，财政部建立中央森林生态效益补偿基金。同年，财政部和国家林业局在广泛调查研究的基础上，选择了11个省区的658个县和24个国家级自然保护区，先行开始森林生态效益补偿资金的试点，涉及1330万公顷重点防护林和特种用途林。中央森林生态效益补偿基金对重点公益林管理者发生的营造、抚育、保护和管理支出给予一定补助的专项资金，补偿范围包括国家林业局公布的重点公益林林地中的有林地，以及荒漠化和水土流失严重地区的疏林地、灌木林地、灌丛地，平均补偿标准为每年每公顷75元，其中68.5元用于补偿性支出，8.5元用于森林防火等公共管护性支出
天然林保护工程政策	国家林业局	—	天然林保护工程从1998年开始试点，最本质的目的是要为以天然林砍伐为主要生产方式和谋生手段的林场职工提供有关资金补偿，彻底、有效地实现对天然林资源的保护。实施范围主要是保护长江上游、黄河中上游和东北内蒙古等地的天然林，涉及18个省（区、市）、734个县、167个森工局（场）。补偿对象包括森林资源管护、生态公益林建设、森工企业职工养老保险社会统筹、森工企业社会性支出、森工企业下岗职工基本生活保障费补助等方面。该政策在1998～1999年的试点过程中，国家投入了101.7亿元。2000～2010年工程期内，国家计划投入962亿元，其中中央补助80%，地方配套20%。2002年又新增富余职工一次性安置经费8.1亿元，总投入达1069.8亿元

续表

政策名称	相关部门	相关文件	主要内容
退牧还草政策	农业部、国家林业局等部门	《退牧还草和禁牧舍饲陈化粮供应监管暂行办法》	该政策针对我国天然草场的主要分布地区，通过采取经济补偿的手段实现对退化草场的修复和保护。主要目的是为保护和恢复西北部、青藏高原和内蒙古的草地资源，以及治理京津风沙源，补偿方式是为"退牧还草"的牧民提供粮食补偿，补助期限均为5年，饲料粮（指陈化粮）补助最高标准为全年禁牧每公顷每年补助饲料粮 82.5 千克，季节性休牧每公顷每年补助饲料粮 20.6 千克
矿产资源税及矿产资源补偿费	国务院	《矿产资源补偿费征收管理规定》	旨从保障和促进矿产资源的勘查、保护与合理开发，维护国家对矿产资源的财产权益的角度出发，规定对在我国领域和其他管辖海域开采矿产资源的采矿权人征收矿产资源补偿费。征收金额为"矿产品的销售收入、补偿费费率、开采回采率系数"三者之积。矿产资源补偿费纳入国家预算，实行专项管理，主要用于矿产资源勘查。矿产资源税和矿产资源补偿费政策在全国各地已普遍实施，是各地在矿产资源开发中执行的最为广泛的生态补偿政策之一
水资源费政策	国务院	《取水许可和水资源费征收管理条例》	水资源费实施的一个重要目的是通过水资源费的经济调节作用进行调配水资源，是国家行使水资源所有权的一种形式。《取水许可和水资源费征收管理条例》规定了取用水资源的收费对象、征收标准、管理与使用、农业用水的水资源费有关规定等内容。在水资源费标准的制定过程中应考虑到各地社会经济发展的实际情况，对不同的用水单位制定不同的水资源费标准
矿产资源开发的有关补偿政策	全国人大常务委员会	《中华人民共和国矿产资源法》	规定"开采矿产资源，应当节约用地。耕地、草地、林地因采矿受到破坏的，矿山企业应当因地制宜地采取复垦利用、植树种草或者其他利用措施。开采矿产资源给他人生产、生活造成损失的，应当负责赔偿，并采取必要的补救措施"。同时，《中华人民共和国矿产资源法实施细则》对矿山开发中的土地复垦、水土保持和环境保护的具体要求作了明确规定，对不能履行上述责任的采矿人，应向有关部门缴纳生态环境修复保证金

续表

政策名称	相关部门	相关文件	主要内容
三江源保护工程政策	国务院	《三江源自然保护区生态保护与建设总体规划》	从2005年开始，总投资75亿元，计划用7年时间对三江源地区开展生态保护与建设。截至目前，已全面完成三江源生态保护与建设、农牧民生产生活基础设施建设和支撑项目三大类项目，包括退耕还林、退牧还草、已垦草原还草、草地鼠害治理、生态恶化土地治理、森林草原防火、水土保持和保护管理设施与能力建设、草地保护配套工程和人畜饮水工程、生态移民工程、小城镇建设、人工增雨工程、生态监测与科技支撑等22项建设内容的实施方案
流域治理与水土保持政策	水利部和财政部	《小型农田水利和水土保持补助费管理规定》	将"小型农田水利和水土保持补助费"的专项资金纳入国家预算，用于补贴扶持农村防止水土流失、发展小型农田水利、建设小水电和抗旱等方面的投入

注：以上内容是对相关文献（刘丽，2010）整理而得。

同时，国内关于生态补偿实践从最早仅仅作为对生态环境的损毁而进行处罚，到后来出于对生态环境的保护而进行的补偿措施或活动，到目前为止已有较多的案例，案例涉及农田、森林、水源地、流域等领域（李文华等，2006）。具体生态补偿实践如表2－8所示。

表2－8 国内生态补偿实践研究

生态补偿类型		主要内容	级别
森林	重点公益林补偿	为保护生态环境，2004年我国开始对各个省、自治区以及直辖市的国家级重点公益林进行现金生态补偿，该资金主要由中央财政进行拨付	国家级
	天然林资源保护工程	1998年发生的特大洪水灾害，造成我国东北和长江流域地区巨大的经济损失，这也使得我国开始逐渐重视森林保护的重要性，2000年国家正式开启"天保工程"，采取禁止天然林砍伐、加大对林区保护以及资金投入等措施	国家级
耕地	退耕还林工程	本工程主要是将土地较为贫瘠的耕地逐步转化为林地，使其增强对土地沙漠化治理，以起到保护环境的目的；本工程投资规模巨大，光中央财政就最少花费4300亿元，涉及全国所有的省（直辖市、自治区），主要的补偿客体是受到影响的耕地农户，而主要的补偿主体是各级人民政府	国家级

续表

生态补偿类型		主要内容	级别
耕地	耕地占补平衡	该举措是国家为了保护"18亿亩"耕地"红线",对于侵占农田进行建设的情况,由建设方(占用耕地方)进行补偿(开垦)相同的耕地面积,所用的资金也是主要由项目方承担。同时,国家为此还出台了"耕地占用税",以对占用农田的行为人进行收税	国家级
	退田还湖	我国湖泊主要分布在长江流域,对长江洪汛具有较好的调节作用,但由于对湖泊(鄱阳湖、洞庭湖)的围垦造田,使得这一功能逐渐在消退,这是导致1998年特大洪水暴发的一大诱因。因此,国家大力推进退田还湖(湿)工程,使得更多的农田转变了湿地,从而更好地发挥湖泊的调节洪水的作用。该举措的主要补偿客体是受到影响的耕地农户,而主要的补偿主体仍然为各级政府	国家级
水源地	北京密云水库	该水库是我国首都唯一一个饮用水水源地,对北京具有极其重要的作用;北京市不断出台各种措施(对库区农户进行生态移民或雇用当地村民进行生态保护等)来保护其生态环境,到目前为止已经建立了一系列的生态补偿措施和方法。其中,主要的生态补偿主体是北京市政府,主要的补偿客体是库区居民	省级
	江西东江源区	东江源生态环境的好坏,直接影响到下游广东省居民饮用水的安全。国家以及江西省对其都高度重视,对东江源区域进行封山、关闭企业等措施,国家财政以及江西省财政都对其进行补偿,但是由于补偿资金优先,造成该区域的县(市、区)经济发展严重滞后,目前遇到了对东江源区的保护瓶颈,未来应该加强省域补偿,更大程度地保护源区水质和生态环境	国家级
流域	墨水河流域生态补偿	青岛市为保护墨水河水质,专门拿出市财政资金用于对墨水河水质保护,所有资金全部用来对水污染的治理与防护工作;目前,青岛市环保局也给出了具体的补偿办法和实施方式,具体如《2014～2016年墨水河流域水环境质量生态补偿办法》	市级
	黑河流域生态补偿	黑河作为我国第二大内陆河,率先进行水权改革,即以市场为主导的方式进行水的生态补偿。黑河上游农户拥有用水权和水权证,农户可以将自己多余的水进行市场交易,而政府仅充当为水权交易的中介	国家级
	保山苏帕河流域生态补偿	建立了水电开发公司,利用其对水资源的利用产生的经济收益,对因其而受到损失的流域周边农户或居民进行生态补偿;生态补偿的主体就是保山苏帕河水电开发有限公司,而生态补偿客体主要是流域周边的农户或受其影响的居民	省级

注:以上仅列举出一些关于森林、耕地、水源地以及流域的生态补偿实践,并对其进行了简单的叙述。

对于鄱阳湖湿地的研究非常多,从文献看,由于鄱阳湖湿地生态补偿对象的多样性以及范围的不确定性等原因,目前在学术界并没有形成对其公认的生态补偿标准的确定方法。①生态系统服务功能价值法。王晓鸿等(2004)的计算结果表明,鄱阳湖湿地生态系统服务功能总量约为432.4亿元/年,单位面积的生态系统价值约为7619元/亩,这可作为鄱阳湖湿地生态补偿的最高上限。②支付意愿法。李芬等(2009)认为,鄱阳湖区农户的平均生态补偿的标准为292元/(亩·年);韩鹏等(2012)的研究显示,鄱阳湖湖区湿地周边农户的理论受偿意愿为1132元/(亩·年),农户受偿意愿期望值与其单位耕地产值基本一致;世界自然基金会在一项关于长江中游农民对退田还湖耕地的经济补偿意愿调查发现,鄱阳湖地区农户的生态补偿期望值为3309.09元/(户·年);中国生态补偿机制与政策研究课题组对鄱阳湖农户的问卷调查显示,农户的平均受偿意愿为3300元/(户·年)(中国生态补偿机制与政策研究课题组,2007),与王晓鸿等(2003)提出的每年每户3000元较为接近。

从实践研究看,2009年中共中央国务院《关于促进农业稳定发展农民持续增收的若干意见》明确要求启动湿地生态补偿试点。2009年6月召开的中央林业工作会议再次要求建立湿地生态补偿制度。2010年,国家财政部建立了中央财政湿地保护补助专项资金,会同国家林业局开展湿地保护补助工作。2011年10月,国家财政部、国家林业局联合印发了《中央财政湿地保护补助资金管理暂行办法》。2010年和2011年两年,中央财政共安排预算4亿元开展了湿地保护补助项目。2012年5月1日,《江西省湿地保护条例》规定,县级以上人民政府应当逐步建立健全湿地生态补偿机制:对依法占用湿地和利用湿地资源的,按照国家有关规定收费,用于湿地生态保护;对因保护湿地生态环境使湿地资源所有者、使用者的合法权益受到损害的,应当给予补偿。同日实施的《鄱阳湖生态经济区环境保护条例》也规定,省人民政府应建立健全鄱阳湖生态经济区生态补偿机制,设立生态补偿专项资金;湖区专业渔民因禁渔期造成生活困难的,应当给予必要的生活补助。

同时,鉴于鄱阳湖湿地的重要地位和保护现状,鄱阳湖采取的湿地保护和恢复措施主要有以下几点:一是退田还湖。1998年特大洪水后,江西省人民政府规划将湖区389座圩堤实现退田还湖,圩区总面积达1234平方千米,将居住在22米高程以下的洪泛区居民全部迁移到23米高程以上的高地,共搬迁20万户,83万余人,并给予鄱阳湖区移民一次性建房安置费1.5万元。二是禁渔。为了保护生物多样性，保护丰富的鱼类资源，政府规定每年10月1日至翌年3月30日为鄱阳湖候鸟越冬期，候鸟越冬期间在湿地自然保护区内禁止捕捞。每年3月20日至6月20日为鄱阳湖水域禁渔期，渔民不允许下湖捕鱼。三是封洲禁牧。为切断血吸虫病的传染途径，有效控制血吸虫病蔓延，对鄱阳湖周边有螺易感草洲全面实行封洲禁牧，对家畜进行舍饲圈养，杜绝粪便污染草洲。鄱阳湖湿地保护措施的实施给湖区群众带来了明显的经济损失。据不完全统计，为保护鄱阳湖湿地，仅九江市湿地地区农、渔民直接经济损失超过4亿元，其中粮食生产损失1.2亿元，牧业损失0.8亿元，湖泊水产损失1.9亿元。尽快建立湿地生态补偿制度，通过生态补偿，改变人们的资源利用方式，防止鄱阳湖生态环境破坏和生态功能的退化，是促进鄱阳湖湿地生态系统的保护工作和社会经济可持续发展的重要手段。

（三）生态补偿研究述评

从最新的研究文献看，国内学者针对我国国情，追踪和比照国际上的研究热点，比较集中地从生态建设和生态保护两个方面展开生态补偿研究，其研究对象可以归纳为生态要素补偿研究、区域生态补偿研究、生态功能区补偿研究和流域生态补偿研究四大类型。此外，我国较早开始的排污收费制度的研究以及传统的环境价值研究，可以看成是生态补偿机制研究的一部分，但它们还不是明确意义上的生态补偿研究。

应该说，近十几年来，我国学者对建立我国生态补偿机制的重大理论和现实问题进行了卓有成效的艰苦探索，取得了不少有重要价值的研究成果，为后续研究提供了很好的借鉴。由于生态补偿机制问题的异常复杂性，从我们力所能及的文献阅读和分析情况来看，我国生态补偿机制的科学研究仍存在较大的拓展空间。

（1）在研究内容上需要深化。国内研究的重点集中在生态补偿理论依据、生态补偿原则、补偿主体、补偿对象、补偿依据、补偿标准、补偿办法、资金筹措、资金管理以及运行机制研究等方面。生态补偿标准始终是生态补偿机制的核心内容，至今仍未形成学界和决策层能够普遍接受的方法体系，因此也成为学术研究的重点和难点，是需要深化研究的重要内容之一。当前，需要找到适当的函数关系，将生态系统服务功能价值转变为生态补偿标准，这是生态补偿标准研究的重要选择。生态补偿空间定位及优化研究至关重要，因为这是影响生态补偿机制有效性的关键内容，但目前的研究还处于起步阶段。因此，生态补偿空间选择理论和方法研究是未来重要的创新内容。探索并明确影响补偿空间定位的关键因子，确定生态补偿的区域优先序列，是区域生态补偿空间选择研究的必然趋势。

（2）在研究方法和手段上有待创新。国内生态补偿机制研究以人文社会科学理论为基础的定性研究为多，基于生态学和遥感技术的生态系统服务功能价值定量评价的研究成果十分丰富，但从多时空尺度进行动态评价研究相对较少。补偿空间选择研究侧重于生态学原理和技术方法对特定生态系统的定量模拟，有少量融合社会经济因素的学术成果。但定性研究和定量研究的结合并不紧密，生态学、信息技术和经济学、社会学等交叉研究成果不多，这影响了定量评价成果向社会经济系统的有效转化。上述问题，是未来研究需要着力解决的关键问题之一。

（3）在研究尺度和对象上需要进一步拓展。基于全球、国家和省（市）等尺度，学界对森林、水、湿地、草地以及耕地等生态系统服务功能评价和生态补偿做了大量研究，且主要为在流域和自然保护区尺度上的案例研究，大尺度的空间区域研究尚不足（李晓光等，2009），有关鄱阳湖生态经济区的定量研究还刚刚起步。整体上看，现有研究与国家区域重大发展战略的需求结合得不够紧密。以国家战略区域生态补偿机制的重大现实问题为立足点，加强区域生态补偿机制关键科学问题的研究，使之能在区域资源科学配置的政府决策中发挥实际支持作用，将是未来研究需要探索的方向之一。

另外，若根据生态系统服务功能价值来确定湖泊湿地的生态补偿标准，虽然综合考虑了生态系统的供给服务、文化服务、调节功能和支持功能，但所得到的补偿标准数额巨大，无法在实际中转换为现实的决策参考（孔凡斌等，2013）。而支付意愿法的实际补偿值则往往高于所计算的理论值，这是因为农户失去了土地资源的保障，扩大了其受偿意愿。因此，在制定补偿标准时，应综合考虑当地农户维持基本生活标准、政府财力、湿地保护造成的损失以及农户受偿意愿等多方面的因素。同时，鉴于各类补偿对象的性质和利益实现方式的不同，在确定总体补偿标准的基础上，应坚持突出重点和统筹兼顾的原则，分类确定具体的补偿标准。如按湿地的重要性，对国际重要湿地、国家重要湿地、湿地自然保护区、国家湿地公园和一般湿地区别对待。湿地保护成效大、成果显著的区域，能发挥更大的生态效益，应作为生态补偿的重点区域。另外，还要建立一整套的湿地生态功能评估和生态补偿考核指标，评估生态功能的大小，考核生态补偿的成效，据此不断调整完善，从而实现补偿效益最大化。

为了协调流域及区域各利益相关方生态保护与经济发展的权责关系，推动鄱阳湖生态经济区"两区一带"生态经济格局的形成，《鄱阳湖生态经济区规划》将建立和完善生态补偿机制作为流域和区域生态环保机制创新的重要内容予以强调。当前，以鄱阳湖湖滨湿地类型自然保护区为先行试点对象，探索建立鄱阳湖生态经济区湿地生态补偿机制已经提到政府的议事日程上来。但是，从已有的研究文献看，基于生态系统服务功能价值的鄱阳湖生态经济区湿地生态补偿标准及补偿对象选择研究依然停留在抽象的理论水平，研究成果无法转化为现实政策参考，主要表现在：一是理论公式计算出的生态系统服务功能价值量作为直接的补偿标准数量过大，存在计算科学依据不足，计算结果缺少现实经济社会可接受性；二是有关补差标准的空间差异性和补偿主体差异性的研究均近于空白，无法提出基于效率和不同对象的具体生态补偿标准。这些关键问题研究的缺失或不足，必将制约鄱阳湖生态经济区生态补偿机制的建立、完善和有效实施。针对上述问题，现参考我国建立和完善生态补偿机制面临的共性问题，提出在鄱阳湖生态经济区建立湿地生态补偿机制过程中必须先行解决的关键科学问题及关注重点。

1. 需要着力解决的两个关键科学问题

（1）揭示鄱阳湖生态经济区湿地不同生态系统服务功能价值与社会经济系统特征之间的时空关系，探索建立普适性的区域湿地生态补偿价值定量估算函数转换模型，为实施多尺度区域湿地生态补偿标准提供理论和技术支撑。

（2）探索建立以鄱阳湖生态经济区县（市）为基本行政单元的生态补偿对象及空间选择模型，为实施区域生态补偿效益最大化的优化方案提供理论和技术支持。

2. 需要高度关注的研究重点

第一，进一步完善区域生态补偿机制理论与评价方法。以国内外相关研究为基础，研究生态补偿机制的概念、特征、领域和范围，分析世界生态补偿机制理论研究和政策实践经验，以及中国的战略选择、关键领域、政策需求，总结建立生态补偿机制的关键科学问题、研究进展和发展趋势，重点分析生态补偿标准和空间选择方面的理论研究成果及其应用，为后续研究提供理论基础。

第二，建立鄱阳湖湿地主要生态系统服务功能价值时空格局。基于生态系统服务功能评价方法，计量鄱阳湖各规划单元和市、县行政单元的湿地生态系统等服务功能价值。在此基础上，从不同土地覆被类型、生态系统服务功能价值、不同研究单元等方面，分析研究时段内生态系统生态系统服务功能价值的时空格局特征及其影响因素。

第三，建立鄱阳湖湿地生态补偿价值的时空格局。生态补偿的经济模式只有与生态系统多尺度的自然特性相匹配，才能发挥其最好效果。本研究将基于生态系统服务功能价值的多尺度时空特性，分析服务功能价值的时空变化与社会经济统计数据之间的相关关系，创建具有多时空尺度内涵（功能区和县级）的生态补偿理论体系和定量评价模型。该模型适用于不同时空尺度的区域生态补偿价值量评价，为建立多尺度的生态补偿价值量评价提供理论依据和技术支撑。以各研究单元为基础，分析鄱阳湖湿地多级尺度（功能区、县）区域生态补偿价值量的空间分布特征。

第四，优化鄱阳湖生态经济区生态补偿对象的空间选择。基于补偿资金效率最大化考虑，以鄱阳湖湿地所含县（市）行政单元为基本研究单元，通过模型测算，对鄱阳湖生态经济区进行生态补偿区域优先序进行层次划分，对不同等级补偿区特征进行比较分析，得出预算约束下的区域生态补偿空间优化方案。

第五，探索鄱阳湖湿地生态补偿实施机制。生态补偿定量研究的最终目的是为生态补偿实施提供技术支撑，促进区域经济和生态的协调发展。

为解决以上问题，本书首先对相关文献进行研究回顾与评述，并对生态补偿理论基础进行梳理与回顾。其次基于生态系统服务功能来估测鄱阳湖湿地生态价值，并得出鄱阳湖湿地生态价值的空间分布，采用条件价值评估法分别对农户的支付意愿、受偿意愿及其水平进行测算，并利用 Heckman 两阶段模型和排序 Logistic 模型分别对农户支付意愿、支付水平以及受偿意愿的影响因素进行分析。再次构建鄱阳湖湿地内部和外部生态补偿标准估测模型，利用计算得出的鄱阳湖湿地生态系统服务功能价值和农户的支付与受偿意愿值，计算并得出鄱阳湖湿地的内部和外部补偿标准。最后依据所计算出的补偿标准以及农户支付与受偿意愿的影响因素分析的实证结果，对鄱阳湖湿地的生态补偿主客体以及补偿方式进行分析与研究。

总而言之，开展湿地保护虽然能在缓解水资源枯竭、保护生物多样性和维护全球生态安全等方面发挥重要作用，但湿地保护往往影响当地群众的经济利益。建立湿地生态补偿机制有利于调节湿地保护者和受益者的利益关系，实现区域经济、社会和环境协调发展。但目前鄱阳湖湿地生态补偿机制尚在初建阶段，有很多不完善的地方等待改进。鄱阳湖湿地建立生态补偿机制的思路是，首先，根据

"受益者补偿"的原则,运用利益相关者分析工具,确定鄱阳湖湿地生态补偿的主体和客体;其次,在综合考虑当地农户维持基本生活标准、政府财力、湿地保护造成的损失以及农户受偿意愿等方面因素的基础上,确定鄱阳湖湿地生态补偿标准范围;最后,补偿方式除直接资金补偿外,还可结合当地劳动力转移和产业结构调整现状及发展趋势,构建具有造血功能、强化农户自我发展能力的生态补偿模式,如通过大力发展乡镇企业、旅游业以及家畜、肉鸭、水产养殖和旅游工艺品加工等产业,将补偿转化为地方生态保护或提升地方发展能力的项目。同时,应该重视湿地生态补偿机制的规范化与制度化,完善鄱阳湖湿地生态补偿的法律体系和制度,加强对湿地生态补偿机制实施效果的监督评估,可以借鉴哥斯达黎加 NGO 监督整个保护和管理运作的方式,以加强对湿地生态补偿政策的落实,为建立统一的鄱阳湖湿地生态补偿长效机制提供制度支撑。

第三章 我国湿地资源禀赋特征及生态补偿内容

第一节 我国湿地资源的禀赋特征

湿地资源的禀赋特征是由湿地生态系统的自然属性所决定的，根据湿地生态系统各个组成要素发挥的作用及湿地的利用方式，可以将其分为湿地土地资源、生物资源、水资源、矿产资源及能源、景观旅游资源等。湿地资源中的生物群落与其环境相互联系、相互作用，以生态系统的形式存在于自然界中，同时又区别于其他自然生态系统，具有一定的生态、经济和社会属性。这些本质特征既是湿地生态系统服务价值计量的基础，同时也是湿地生态补偿的重要依据。

一、湿地绝对数量巨大

我国地域辽阔、地理环境复杂、地貌类型千差万别并且气候条件多样，是世界上湿地类型齐全、数量丰富的国家之一。《湿地公约》中所包含的12类沿海和海岸湿地，14类内陆湿地和9类人工湿地共35种湿地类型在我国均有分布。此外，我国还拥有世界所特有的青藏高原湿地，分布在海拔3300米以上的大河源区和一些山河谷地以及湖群洼地等。由于气候高寒，同时现代冰川的冰雪融水补给充足，其上分布有大面积沼泽，尤其川西北若尔盖高原的沼泽，连片集中并成为中国面积最大的高原沼泽。

根据第一次全国湿地资源调查结果，全国湿地类型有五大类、28个类型，湿地总面积3848.55×10^4公顷（湿地斑块面积在100公顷以上的湿地面积总和），其中自然湿地共3620.05×10^4公顷，占国土面积的3.77%，如表3-1所示。根据《联合国千年生态系统评估：湿地与水》的报告显示，全世界湿地面

积约为 1280×10^6 公顷（Finlayson，2005），约占世界陆地面积的 8.6%，如表 3-2 所示。由此可见，我国湿地具有绝对数大、相对数小的特征。湿地总面积约占世界湿地面积的 3%，仅次于俄罗斯、加拿大和美国，居世界第四位，然而湿地覆盖率仅为 3.77%，与世界平均 8.6% 的湿地覆盖率还有一定差距。

表 3-1 全国湿地面积统计

湿地类型	面积（$\times 10^4$ 公顷）	比例（%）
滨海湿地	594.17	15.44
河流湿地	820.70	21.32
湖泊湿地	835.15	21.70
沼泽湿地	1370.03	35.60
库塘湿地	228.50	5.94
合计	3848.55	100

资料来源：国家林业局 2003 年《全国湿地资源调查报告》。

表 3-2 全世界各地区湿地面积统计

地区	1999 年全球湿地资源（$\times 10^6$ 公顷）	比例（%）
非洲	121~125	9.45~9.76
亚洲	204	15.93
欧洲	258	20.16
新热带地区	415	32.42
北美洲	242	18.91
大洋洲	36	2.81
合计	1280	100

资料来源：Finlayson C., Davidson N. Global Review of Wetland Resources and Priorities for Wetland Inventory [R]. Gland：Ramsar Convention Bureau, 1998.

二、湿地是水资源载体

水是重要的战略性经济资源，而湿地是人类最主要的饮用水源地。广义的水资源概念是指湿地中以固态、液态、气态等各种形式存在的水，包括地面水体、池塘水体、湖泊水体、河水和水库水体等。地球上的水在地球表面的覆盖率为

70.8%。然而,其中近97.5%的水是咸水,无法直接饮用。在余下的2.5%的淡水中,有89%是极地和高山上的冰川及冰雪,人类难以利用。因此,人类能够直接利用的水仅仅占地球总水量的0.26%(李广贺,2002)。在2005~2014年的十年间,全国平均降水量、地表水资源、全国水资源总量和全国总用水量分别为636毫米、25857亿立方米、26917亿立方米、5966亿立方米,具体如表3-3所示。水资源全部蓄存于湿地之中,因此湿地水资源是人类生存和社会发展不可缺少的生态要素,湿地水资源是工业用水、农业用水和城市生活用水的主要来源,也是湿地的基本特征之一(邓伟,2000)。我国湿地维持着约2.7万亿立方米淡水,占全国可利用淡水资源总量的96%。但我国人均水资源量只有230立方米,约为世界人均水平的1/4,因此我国是一个水资源相对贫乏的国家(姜宏瑶,2010)。湿地是水资源的承载,在农业蓄水灌溉、地下水源的补给、水资源净化等方面起到了至关重要的作用,保护和维持湿地的基本功能,也是保障我国水资源可持续利用的必然选择。近10年来,我国水资源总量保持在2.69万亿立方米左右,但用水总量却呈持续增长的态势,对我国湿地形成较大的压力,如图3-1所示。

表3-3 2005~2014年我国水资源变化情况

年份	全国平均降水量 (毫米)	地表水资源 (亿立方米)	全国水资源总量 (亿立方米)	全国总用水量 (亿立方米)
2005	644	26982	28053	5633
2006	611	24358	25330	5795
2007	610	24242	25255	5819
2008	655	26377	27434	5910
2009	591	23125	24180	5965
2010	695	29798	30906	6022
2011	582	22214	23257	6107
2012	688	28373	29529	6131
2013	662	26840	27958	6183
2014	622	26264	27267	6095

资料来源:《2005~2014年中国水资源公报》,全国水资源总量不包括地表水与地下水重复的部分。

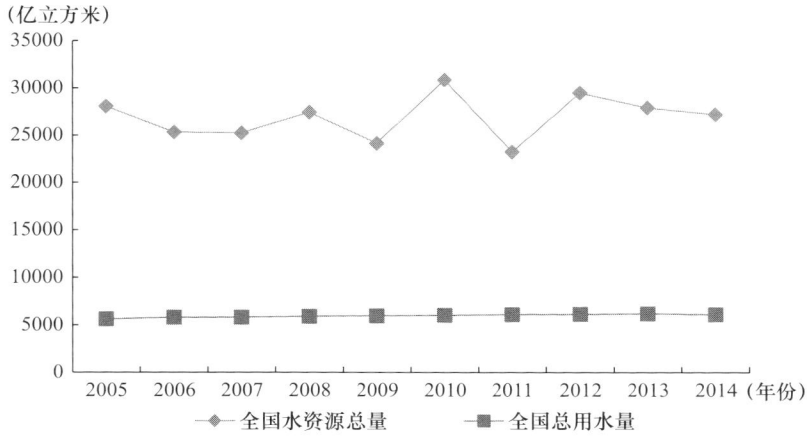

图 3-1　全国水资源总量和全国用水量变化趋势

三、生物多样性较丰富

湿地具有巨大的食物链及其所支撑的生物多样性，为众多的野生动植物提供了独特的生境，具有丰富的遗传特性，人们称湿地为"生物超市"。中国湿地植物具有种类多、生物多样性丰富的特点，如表 3-4 所示。据统计，我国湿地高等植物约有 225 科 815 属 1560 种（亚种），分别占全国高等植物科、属、种数的 63.7%、25.6% 和 7.7%。湿地是动物栖息的主要场所之一。据 Nelson（1994）报道，全世界共有鱼类 24618 种，占脊椎动物种数的一半以上，在动物界中仅次于昆虫，41% 的硬骨鱼类生活在面积极其有限的淡水水体里面。中国湿地的动物资源极其丰富，我国已记录到的湿地动物有 1740 种，约占全国哺乳动物总数的 8%，其中两栖类动物全部来自于湿地，鱼类 1040 种约占全国总数的 27.4% 和世界淡水鱼总数的 80% 以上（姜宏瑶，2010）。

表 3-4　中国湿地动植物统计

分类		湿地（种）	中国（种）	比例（%）
植物	藓类植物	270	2200	12.3
	蕨类植物	70	2400	2.9
	裸子植物	20	250	8.0
	被子植物	1200	30000	4.0
	植物总计	1560	34850	4.5

续表

分类		湿地（种）	中国（种）	比例（%）
动物	哺乳动物	30	580	5.2
	鸟类	270	1250	21.6
	爬行类动物	120	380	31.6
	两栖类动物	280	280	100
	鱼类	1040	3860	26.9
	动物合计	1740	6350	27.4
总计		3300	41200	8.0

资料来源：湿地动植物数据来源于国家林业局《全国第一次湿地资源清查报告》，中国数据来源于国家环保总局《中国生物多样性报告》。

四、自然生产能力极高

自然湿地是具有极高生物生产力的生态系统，其生产力甚至超过高度集约经营的农业生产系统。从湿地产品中获得的效益，就单位土地而言，比其他生境（包括湿地排干后形成的生境）要高得多。每年每平方米湿地平均生产 9 克蛋白质，是陆地生态系统的 3.5 倍，有些湿地植物生产量比小麦的平均生产量高 8 倍。其中，淡水沼泽的净初级生产力（NPP）平均约为 1000 克/（平方米·年），最高可达 2000 克/（平方米·年）以上，仅次于热带雨林。

目前，全国稻田总面积已达 3446.7×10^4 公顷，稻田占我国可利用土地的 1/4，稻米产量则占粮食总产量的 2/5。除稻田外，由于湿地土壤含有丰富养料和充足的水分，可以为微生物和植物的生长、繁育提供丰富的营养和良好的环境，因此成为农作物种植的沃土。我国从远古开始，尤其是新中国成立以来，发育在河流区域的汇合点、古河道及河流泛滥地中的洼地、湖泛低地、沙丘间甸子地、洪积扇、冲积扇的扇缘和扇间洼地以及坡麓洼地等，还有冻土发育地区、山间封闭的沟谷盆地、海岸低洼滩地及江河入口的三角洲地带等各类型湿地均受到大规模的开垦和开发，许多地区已成为国家重要的商品粮基地。如三江平原地区是我国最大的沼泽区，新中国成立初期，该区仅有耕地 78.6×10^4 公顷，目前耕地面积已达 367.8×10^4 公顷，开垦湿地 289×10^4 公顷（刘兴土，1995），各市县和国营农场从 1994 年累积向国家上交商品粮豆 5480×10^4 吨。长江中下游是我国淡水湖泊集中分布区，也是国家重要的水稻和棉花生产基地。

湿地是各种鱼蟹类、虾类、贝类等渔业资源的栖息地，2008年中国的渔业产量已达4895.6万吨，已经跃居为世界上最大的渔业生产国，其中80%的渔业经济靠湿地来支撑①。另外，天然的湿地还可提供芦苇、木材、藕、莲等植物产品。在我国造纸原料中，芦苇占26%（郎慧卿等，1998）。在内蒙古的科尔沁地区，大面积湿地植物为当地人们在半干旱环境中提供了畜牧业所需的草料，畜牧业收入已占当地经济总量的49%。

五、湿地能源潜力惊人

（一）矿物质资源

湿地中有各种矿砂和盐类资源。中国青藏地区的碱水湖和盐湖中，不仅蕴藏有大量的食盐、芒硝、天然碱、石膏等普通盐类，而且还富集着硼、锂等多种稀有元素。中国的重要油田大多分布在湿地区域，作为中国第二大油田——胜利油田位于黄河三角洲湿地自然保护区内。在长江中下游和黄河中下游流域内，湿地中沉积的砂石资源非常丰富，是工业建筑的重要原材料，我国河流多年平均输沙量均值达到16.9亿吨，如表3-5所示。

表3-5 中国河流年平均输沙量

流域	2005年输沙量（万吨）	多年平均输沙量（万吨）
长江	21600	41400
黄河	32800	111000
淮河	847	1170
海河	6.16	1870
珠江	3630	7590
松花江	2430	1270
辽河	261	1690
闽江	737	656
塔里木河	2230	2340
总计	64700	169000

资料来源：中华人民共和国水利部编《2006年中国河流泥沙公报》。

---

① 2008年我国渔业总产值41804789元，占我国GDP的10%，除海洋捕捞外的所有渔业捕捞和养殖产值均来自于我国的自然湿地和人工湿地资源，由此推出我国渔业产值的79%来自我国湿地资源的物质产出。

(二) 水能和水运

河流湿地蕴藏着势能,能够提供能源和水运,其中水电在中国电力供应中占有重要的地位,中国的水能蕴藏量居世界第一位,达 5.42×10^8 千瓦,经济可开发装机容量4.02亿千瓦,是仅次于煤炭的常规能源。我国水力发电发展迅猛,截至2012年底,全国水电装机容量达到2.49亿千瓦(见表3-6),年发电量达到8657亿千瓦时。湿地还有着重要的水运价值,沿海、沿江地区经济的快速发展,很大程度上受惠于此,特别是长江流域,其航运产业直接带动了长三角经济快速发展。中国约有 10×10^4 千米内河航道,内陆水运承担了大约30%的货运量。

表3-6 我国水能资源开发趋势

年份	全国水电装机($\times 10^4$ 千瓦)	全年发电量(亿千瓦时)
2007	14523	4870
2008	17090	5614
2009	19686	5055
2010	21157	6813
2011	23007	6507
2012	24881	8657

资料来源:《2012年全国水利发展统计公报》。

(三) 泥炭资源

泥炭是沼泽形成和发育过程的产物,它不仅是宝贵的非金属矿产资源,又是蕴含巨大价值的土地资源。中国泥炭资源比较丰富,据统计其总资源量约为 46.87×10^8 吨,湿地中蕴含的泥炭资源占全国泥炭资源总量的80%(尹善春,1992)。从湿地中直接采挖泥炭用于燃烧,将湿地中的林草作为薪材,是湿地周边农村重要的能源来源。据测算,我国湖泊和沼泽湿地总的固碳潜力为7.19吨/年,其中沼泽湿地占到72.32%,远大于湖泊湿地的固碳潜力(段晓男等,2008)。

表3-7 沼泽湿地的固碳速率和固碳能力

沼泽湿地类型	面积（km²）	固碳速率 [gC/(m²·a)]	固碳潜力（GgC/a）
泥炭和苔藓泥炭沼泽	42349	24.80	1050.26
腐泥沼泽	24977	32.48	811.25
内陆盐沼	22369	67.11	1501.12
沿海滩涂盐沼	1717	235.62	404.56
红树林沼泽	2561	444.27	1137.78
总计	93973		4904.97

资料来源：对相关文献（段晓男等，2008）整理而得。

六、生态功能独具特色

与森林、海洋以及其他陆地生态系统相比，湿地的生态功能独特而强大，在保护与维护区域生态环境乃至国土生态安全中发挥着不可替代的作用，主要表现在以下四个方面：

（一）调蓄洪水并防止自然灾害

湿地在控制洪水、蓄水、调节河川径流、补给地下水和维持区域水平衡中发挥着重要的作用，是蓄水防洪的天然"海绵"。湿地具有低洼特性和特殊的介质使得拥有巨大的持水能力，如泥炭层的饱和含水量为500%~800%，高者可达到900%，沼泽湿地的蓄水能力可达到8100立方米/公顷。因此，湿地对水的调蓄空间巨大（黄锡畴，1988）。在天然条件下，湿地在汛期可以蓄存大量洪水，在干旱季节通过蒸散和地下水转化等方式调节和维持局部气候与局部生态系统水平衡。中国科学院研究资料表明，三江平原沼泽湿地蓄水达38.4亿立方米，由于挠力河上游大面积河漫滩湿地的调节作用，其将下游的洪峰值削减50%。在沿海，许多湿地抵御风浪和海潮的冲击，有效地防止了海岸被侵蚀。

（二）调节区域气候

由于湿地有大面积水面、植被和湿润土壤的存在，水面、土壤的水分蒸发和植物叶面的水分蒸腾，使得湿地与大气之间不断进行着广泛的热量交换和水分交换，因此在增加局部地区空气湿度、削弱风速、缩小昼夜温差、降低大气含尘量等大气调节方面具有明显的作用。如三江平原的原始湿地比开垦后的农田贴地层平均相对湿度高5%~16%。新疆干旱地区的博斯腾湖湿地面积为1410平方公里，湿地通过水平方向的热量和水分交换，使博斯腾湖比其他干旱地区气温低1.3℃~4.3℃，相对湿度增加5%~23%，沙暴日数减少25%。湖沼系统对周边气候的调节，为当地居民的生活和生产创造了良好的条件。

（三）降解污染

湿地被称为"地球之肾"，它具有强大的净化污水能力，湿地是自然环境中自净能力最强的生态系统之一。湿地是同等地域森林净化能力的1.5倍。在湿地中生长、生活着多种多样的植物，降低了湿地水流的速度，有利于沉积物沉降。同时，湿地富含众多微生物，生活和生产污水排入湿地后，通过湿地植物和微生物的共同作用，水中污染物可被储存、沉积、分解或转化，使污染物消失或浓度降低。据估算，湿地水生植物体内富集的重金属浓度比水中浓度高出10万倍以上，水葫芦、香蒲和芦苇都能有效吸收水中有毒物质，并能有效处理含有毒物质的污水。研究表明，湿地中的芦苇对铁、锰、铅的净化能力分别为92.78%、94.54%和50.18%（郎慧卿等，1998）。

（四）旅游、教育和科研功能

湿地是一类独特的自然景观，具有自然观光、旅游、娱乐等方面的功能，中国有许多重要的旅游风景区都分布在湿地区域。如扎龙湿地、洞庭湖、鄱阳湖、洱海、太湖、杭州西溪都是国际著名的风景区，除可直接获得经济效益外，还具有重要的文化价值。而三江源、可可西里和青海湖等湿地生态系统，动植物群落，濒危物种以及这些湿地中保留的生物、地理等方面演化进程的信息，在研究环境演化、古地理方面有着重要价值。此外，作为具有较高生物多样性的湿地，是开展生物多样性研究的重要基地，也是进行环境教育的基地。

第二节 湿地生态补偿内容和模式

湿地生态补偿是协调湿地生态环境保护者、湿地生态服务受益者、湿地生态环境建设者、湿地生态环境破坏者之间利益关系的一种制度安排。本节的内容主要包括湿地生态补偿的必要性、湿地生态补偿的研究内容、湿地生态补偿的实质与特征以及湿地生态补偿的模式。

一、湿地生态补偿的必要性

湿地面积急骤减少、湿地生态功能严重退化、湿地资源保护与利用矛盾的日益尖锐以及国家对湿地资源保护的投入不足决定了我国亟须建立以湿地为补偿对象的生态补偿机制。

（一）解决当前湿地资源利用与保护矛盾的需要

湿地资源所在地的经济通常是以第一产业为主的农业经济，农业经济对自然资源的依赖性较强，而自然资本的存量是有限的，对湿地资源进行持续、高强度的开发必然会对湿地生态系统造成破坏。

近些年来，湿地生态系统的健康状况已经引起了国家和众多学者的重视。一方面，国家投入到湿地资源保护工作的资金日益增多；另一方面，湿地所在地的居民渴望提高生活质量的愿望愈加迫切，当地居民要求开发利用湿地资源。因此，湿地资源的保护和利用就形成了尖锐的矛盾。政府建立了湿地自然保护区，使当地居民对湿地资源的开发利用行为受到限制，然而这也导致当地居民的生存权与发展权受到限制。建立湿地生态补偿制度，旨在补偿那些为保护湿地生态环境做出牺牲的个人或群体的经济利益，使他们受损的经济利益得到一定补偿，从而调动他们保护湿地生态环境的积极性。

（二）实现湿地生态系统与经济系统协调发展的需要

湿地生态系统是由湿地植物、湿地动物、湿地微生物及非生物环境构成的统一体，它有着复杂的结构。多种生物在湿地生境中共存，构成湿地区域所特有的生物链。这决定了在湿地开发、利用过程中，各种资源、资金、科技的使用必须遵循湿地特有的特点，必须保护各种生物的生存环境，以维持湿地生态系统的稳定（陆维研等，2007）。维持湿地生态系统结构的稳定性，对于湿地所在区域的经济社会发展有着十分重要的意义。建立湿地生态补偿机制，使湿地生态效益价值在市场经济中得到实现，深化人们对湿地生态效益价值的认识，从而调动湿地生态服务提供主体进行湿地生态建设的积极性。

生态补偿机制是一种具有经济激励特征的制度，该制度通过一定的政策手段实行生态保护外部性的内部化，让生态保护成果的"受益者"支付相应的费用，并让"受损者"得到一定补偿，解决在保护者与受益者、破坏者与受害者之间的不公平分配问题（宋敏等，2008）。因此，只有建立湿地生态补偿机制，制定相应的政策，并设立湿地生态补偿专项基金，支持湿地生态补偿项目的实施，从而解决湿地资源保护者与受益者、破坏者与受害者之间的利益失衡问题。

二、湿地生态补偿的研究内容

湿地生态补偿的研究内容包括湿地生态补偿的范围、湿地生态补偿的主体、湿地生态补偿的标准和湿地生态补偿的方式。

（一）湿地生态补偿的范围

明确湿地生态补偿的范围，是建立统一、规范的湿地生态补偿机制的需要。我国目前只建立了森林生态效益补偿制度，并未将湿地纳入生态补偿的范围。但在建立生态补偿机制方面，苏州市开了先河，于2010年颁布了《关于建立生态补偿机制的意见（试行）》（以下简称《意见》），该《意见》把湿地也纳入了生态补偿的范围。《意见》中明确提出湿地生态补偿主要是针对重要生态湿地以及重要生态湿地所在地的农民进行的补偿。

在湿地生态补偿实践中要明确界定湿地生态补偿的范围，首先要组织专家对湿地的生态功能进行评估，那些具有重要生态功能的湿地是我们重点保护的对象，也是我们优先补偿的对象。

（二）湿地生态补偿的主体

湿地生态补偿关系的主体涉及湿地生态补偿的核心问题，即"谁补偿谁"的问题。依据刘玉龙对生态补偿的定义，湿地生态补偿的主体应该是消费（消耗）湿地生态服务功能的人类社会经济活动的行为主体。由于湿地生态补偿是一种给付关系，因此湿地生态补偿的主体涉及两个方面：支付主体和责任主体。支付主体是指直接支付补偿款给补偿对象或其代表（代理）人的主体，其支付补偿的经济责任最终由责任主体承担；责任主体是指补偿支付经济责任的直接承担者（尹少华，2010）。

湿地生态补偿支付主体的确定，依据以下四个原则：

（1）破坏者付费原则。破坏者付费原则要求对湿地生态环境产生不良影响从而导致湿地生态系统遭到破坏、湿地生态服务功能退化的经济主体承担给付责任，要求他们出资解决其经济活动对湿地生态系统产生的负外部性问题。即由湿地生态环境破坏的责任主体来承担湿地生态补偿给付责任，消除或减轻其经济活动对湿地生态环境产生的负外部性。

（2）使用者付费原则。湿地资源属于社会公共资源，随着我国经济的进一步发展，自然资源中的不可再生资源的资本存量持续减少，这使得自然资源稀缺性的特征十分明显。按照使用者付费原则，由湿地资源的占有者或开发利用者根据其对湿地资源使用情况向当地政府、机构或个人进行补偿。

（3）受益者付费原则。在区域之间或流域上下游之间，应该遵循受益者付费原则，即湿地生态服务的受益者应向湿地生态服务的提供者支付相应的费用。

如鄱阳湖湿地提供的生态服务的受益范围十分广泛，小到湿地所在区域，大到省域甚至国家，那么地区、江西省乃至国家层次的不同受益者都应按照鄱阳湖湿地提供的生态服务价值量的大小支付费用。

（4）保护者得到补偿的原则。对湿地资源的保护和建设做出贡献的集体和个人，对其直接投入的直接成本和因为湿地资源保护而丧失发展机会的机会成本应给予补偿。这里的保护者不包括自然保护区管理部门的工作人员，因为保护湿地是他们本身的工作职责所在。

（三）湿地生态补偿的标准

确定湿地生态补偿的标准，从理论层面与实际操作的两个方面来看，应综合考虑以下四个方面：

（1）对保护湿地生态环境的直接投入。管理、看护、修复湿地生态系统退化的某项功能等方面投入的人力、财力和物力。

（2）保护湿地生态环境而使经济发展受到限制或放弃发展机会而产生的机会成本。由于国家要求保护湿地生态环境，使得当地对于湿地资源的利用受到限制，甚至在部分地区完全禁止利用湿地资源，从而影响当地的社会经济发展。在确定湿地生态补偿的标准时，务必要考虑当地人为了保护湿地生态环境而放弃经济发展所造成的区域集体利益的损失。

（3）湿地生态系统服务的价值量。在确定湿地生态补偿的标准时，湿地生态系统每年提供的生态服务价值量的大小是一个重要的参考标准。依据生态系统服务理论，建立湿地生态系统服务价值评估指标体系，对湿地生态系统每年提供的生态服务进行定量评估。

（4）区域的经济发展水平。从理论上讲，湿地生态补偿的标准应与湿地生态系统每年提供的生态服务价值量的大小等值。但现实是，采用不同的生态系统服务评估方法得到生态系统服务价值量的大小是不同的，而且当前湿地生态补偿资金不足也是现实难题。这使得我们在确定湿地生态补偿的标准时必须考虑当地的经济发展水平。如果确定的补偿标准太高，补偿资金不足不能支持我们进行湿地生态补偿实施。

（四）湿地生态补偿的方式

湿地生态补偿的方式很多，按照不同的分类准则有不同的分类。从地理尺度，湿地生态补偿可分为国际湿地生态补偿和国内湿地生态补偿，其中，国内湿地生态补偿按照补偿方式的不同又可分为资金补偿、实物补偿、政策补偿和智力补偿。按照湿地补偿主体和运作机制的差异，湿地生态补偿可以分为政府补偿和市场补偿两大类（安消云，2011）。

（1）市场补偿方式。市场补偿即市场交易主体在各项环境法律、法规和政府政策许可的范围内，运用经济手段参与湿地生态环境市场的产权交易，通过市场方式调节湿地资源的开发利用活动，以达到对湿地资源的合理利用。在湿地资源开发与利用的过程中，当受益人与受害人可以明确界定时，双方可以通过谈判的方式来解决，当然在这个过程中，必要时政府也要出面予以干预。

（2）政府补偿方式。政府补偿是指以国家或上级政府为实施和补偿支付主体，以区域、下级政府或农牧民为补偿对象，以维持区域生态安全、维护社会稳定、经济与湿地生态环境协调发展等为目标，通过财政补贴、政策优惠、工程实施、税费改革等为手段的一种湿地生态效益补偿方式。湿地生态服务是一种公共物品，政府是公共物品的提供主体。因此，在对湿地生态服务进行补偿时，政府应承担主要的责任。就目前我国亟须建立的湿地生态补偿机制而言，政府应该是而且一定是湿地生态补偿活动的实施主体和组织主体。政府补偿的方式又包括财政转移支付、差异性的区域政策、生态保护项目的实施、环境税费制度等多种形式。我国目前的湿地生态补偿应该还是以政府补偿为主，这是由我国独特的土地产权制度和非政府组织发展迟缓的国情决定的。

三、湿地生态补偿的实质与特征

对湿地生态补偿的实质与特征的科学认识，有助于深化我们对湿地生态补偿实践的认知，同时有助于我们构建并完善湿地生态补偿的理论体系。

（一）湿地生态补偿的实质

湿地生态补偿的实质是对湿地生态补偿制度进行设计，并通过湿地生态补偿实践的开展把湿地生态效益对社会经济系统的正外部性内部化，同时也对湿地生态环境的负外部性内部化。湿地生态效益具体地讲，是指湿地生态系统为人类提供的各项生态服务功能，它主要包括调蓄洪水、净化水质、保护土壤肥力、调节气候、生物多样性改善等方面。如洞庭湖湿地调节径流、调蓄洪水生态功能的发挥，对于确保地区生态安全有着十分重要的作用。长江中下游沿岸的村民是直接的受益人，他们每个人都在享用这一生态服务功能，但每个人都不用付费就可以免费享受这种服务。这说明湿地生态服务具有典型的公共物品特性。在市场经济条件下，湿地生态服务对外部经济系统的正外部性并不能反映到经济系统的成本—效益分析中，即产生了不反映到私人收益中的社会效益。

解决外部性问题有两个途径：一是征收庇古税，二是科斯手段。庇古认为可以让政府通过征税的方式，将污染引起的外部成本加到污染企业的产品价格中，使之企业内部化解决（刘庸，2001）。征收庇古税的目的在于通过向把私人成本转嫁给社会的企业收税，让他们知道企业这种转嫁成本的做法会受到惩罚，通过惩罚警戒企业减少这样的做法。科斯定理的基本内容包括：①具有明确的产权，即当事者双方无论谁拥有产权，最终结果都相同；②无须政府出面，由当事者双方通过协商、交流等手段自行解决；③交易成本为零时，当事者双方的边际收益达到最大化。科斯的该种方式通过界定湿地资源的产权，由市场机制自动调节当事人的利益，无须政府的介入。我国目前虽然走的是市场经济之路，但我国特有的土地与自然资源所有权制度决定了，在我国仅依靠税收手段或者市场方式均无法实现对湿地资源的优化配置。

（二）湿地生态补偿的特征

借鉴尹少华教授《森林生态服务价值评价及其补偿与管理机制研究》的研究成果，湿地生态补偿主要具有如下的特征：

（1）补偿对象的确定性。依据苏州市颁布的《关于建立生态补偿机制的意见（试行）》，其明确指出湿地生态补偿的对象是重要生态湿地所在地的农民。当然，湿地生态补偿的对象不仅包括当地的农民，还应包括在湿地资源保护工作中有较大贡献的集体和个人、人工湿地的建设者、由于湿地资源遭到破坏的直接受害人（如造纸厂向河口湿地排污，水质被污染，耕牛饮水致病给受害人带来的损失）。

（2）补偿机制的二元性。市场和政府都不是万能的，其本身各自具有的缺点导致生态环境的保护成为一个难题。市场主要通过价格机制调节生态环境资源的利用，但正如前文所述，以湿地生态产品为原材料的商品价格中并不包括环境成本，商品的成本是低于其实际成本的，此时市场交易虽然可以顺利实现，但这并不能反映湿地资源的价值，即市场在湿地资源的配置中是低效率的（也就是我们通常说的市场失灵）。政府在湿地资源保护的过程中也会出现低效率的现象。如在制定经济政策时的决策失误、地方政府的部分领导人在带领团队促进当地的经济发展的过程中出现的顾此失彼、湿地资源的保护与管理部门的工作人员可能工作不力等都会造成政府失灵。市场失灵与政府失灵现象的客观存在决定了我国的湿地生态补偿机制要包含行政机制与市场机制两个方面，任何单个的机制都不能完全解决问题。就湿地生态补偿的资金筹集而言,政府财政的支持与社会资本的融入相结合才能很好地解决湿地生态补偿资金的来源问题。

(3)补偿手段的多样性。长期以来,我国政府对于农户的补偿或补助多以现金和实物的形式。最近几年,国家大力支持农业的生产与发展,对农户有各种补贴(如种子补贴、为建大棚从事农业生产的农民提供建棚材料等)。现今不少学者都意识到现金和实物补偿的缺点(有些地方政府截留补助资金)。因此,大多数学者提倡"造血型补偿"方式,例如使用技术补偿、劳务输出服务补偿等。另外,政府也在积极提倡使用多种补偿手段,多管齐下以便在有限的补偿资源情况下最大限度提高生态补偿的效果。

(4)补偿的法定性。我国的森林生态效益补偿制度在2000年发布的《森林法》中有明确的法律规定,同理我国的湿地生态补偿制度也需要有法律的支撑。因为湿地生态补偿也会涉及补偿资金的筹集与使用问题,与金钱有关的都必须有法律的规范和外在的监督。因此,全国性的《生态补偿法》是十分必要和亟须的,我们相信在不久的将来此法定会正式颁布并实施。到时,《生态补偿法》中必定会对湿地的补偿范围、补偿对象、补偿标准、补偿资金如何使用及谁来监督等问题做出明确规定。

四、湿地生态补偿的模式选择

在我国,只有市场化补偿方式与政府补偿方式相结合,才能使得在有限补偿资金的前提下补偿效果达到最好。因此,湿地生态补偿的模式也包括政府模式和市场模式。具体而言,湿地生态补偿的模式有公共支付模式、私人交易模式、市场交易模式和生态标记模式(陈兆开,2009)。

(一)公共支付模式

公共支付模式(即政府补偿模式),是指国家或上级政府以政府财政作为资金支持,以下级政府或农户为补偿对象,通过政府转移支付、政策倾斜、技术支持、项目实施等手段的一种生态效益补偿模式。目前,补偿湿地生态服务价值的政府补偿模式主要有禁渔、建立自然保护区、实施退田还湖工程等。江西鄱阳湖、湖南洞庭湖、湖北洪湖都实施了禁渔政策,在禁渔期间渔政部门给渔民发放生活补助。对于具有重要生态功能的区域,政府出资按照保护的重要程度建立不同级别的自然保护区,在自然保护区设立专门的管理机构。实施退田还湖工程是在经济上补偿湖泊周边的居民,通过退田的方式以改变当前湿地面积不断减少的局面。

（二）私人交易模式

私人交易模式是指湿地生态服务的受益方与受损方之间的直接交易，是一对一的交易。这种模式适用于那些湿地生态服务的受益方较少并能明确界定，湿地生态服务提供方能够被组织起来或者不多的情况。交易双方经过谈判或通过中介确定交易的条件和价格。私人交易主要是得益于较为明晰的产权和可操作的合同，该模式常见于产权比较明确的森林生态系统与其周边受益地区以及小流域的上下游之间。

（三）市场交易模式

选用开放的市场贸易模式，其前提是当生态服务市场上买方和卖方的数量比较多或者不确定，同时湿地生态系统提供的生态系统服务是可以被计量的。在满足上述条件情况下，生态服务买方和卖方可以通过开放的市场，对生态系统服务进行自由交易。

（四）生态标记模式

生态标记（Ecological Mark），即给环境友好型的产品贴上标记，这个标记用于证明该产品的生产过程是环保并健康的，以区别于其他一般的产品。通常经过认证贴上标记的产品的价格要高于一般商品的价格，消费者通过选择购买有生态标记的产品，在消费的同时也就支付了附加在产品上的那部分生态服务的价格。生态标记是消费者间接支付生态服务价值的一种实现方式。

生态标记模式在我国尚处于探索阶段，部分地区对野生动物产品的生态标记正在进行试点。国家林业局、国家工商管理总局于2003年发出了《关于对利用野生动物及其产品的生产企业进行清理整顿和开展标记试点工作的通知》。2006年上海市报经国家林业局批准使用"野生动物经营利用管理专用标识"的野生动物制品有象牙及制品、蟒皮及制品、皮具及制品、麝香及制品、熊胆及制品五大类13小类产品，申报野生动物制品标记数量1363万件，2006年上半年标记产品的销售额达2.04亿元。丹麦制定了一项生态耕作法，它允许对农业产品贴上正式生态产品标记。我国也可以尝试对湿地生态产品如药材、食品、木材贴上生态标记，这些有生态标记的产品的价格可以略高于同类产品的价格，消费者在选择消费此类产品时支付了较高的价格，高出的那一部分价格就体现了湿地生态服务的价值。

第四章 我国湿地生态补偿动因和可行性分析

第一节 我国湿地生态补偿动因分析

我国丰富多样的湿地资源为社会经济发展做出了巨大的贡献，这也从另一个侧面反映出湿地生态系统正承受着来自社会经济系统的巨大压力，目前我国湿地生态系统已经呈现出日趋退化的现象。从一般意义上讲，我国一切资源环境问题的根源都在于人口的快速增长以及社会经济的高速发展，湿地也不例外。然而，更深层次的原因则在于，一方面是由于湿地生态效益外部性的存在，导致市场对湿地资源配置的无效或低效，社会经济对湿地资源过度利用，而湿地保护贡献者得不到应有的补偿，即市场失灵；另一方面是由于湿地保护体制及制度的不健全，导致政府对纠正市场失灵的作用有限，进而无法实现对湿地生态系统的有效保护，即政府失灵。两方面因素的共同作用导致了我国湿地生态系统逐渐衰退的趋势（见图 4-1），如果任由这一趋势发展下去，还将引发更大的生态灾难，甚至威胁我国社会经济的可持续发展。也正是在这一背景下，近年来越来越多的学者呼吁建立我国湿地生态补偿机制。生态补偿作为发达国家普遍运用的经济和政策手段，被证明可以有效调节自然资源保护与利用之间的利益关系，纠正市场失灵。同时，这也是在满足我国社会经济可持续发展的前提下，实现湿地资源可持续发展的必然选择。

一、湿地退化的现状及成因分析

目前，湿地生态系统退化已经成为全球范围内的普遍现象。联合国《千年生态系统评估报告》指出，全球湿地退化和丧失速度超过了其他类型生态系统退化

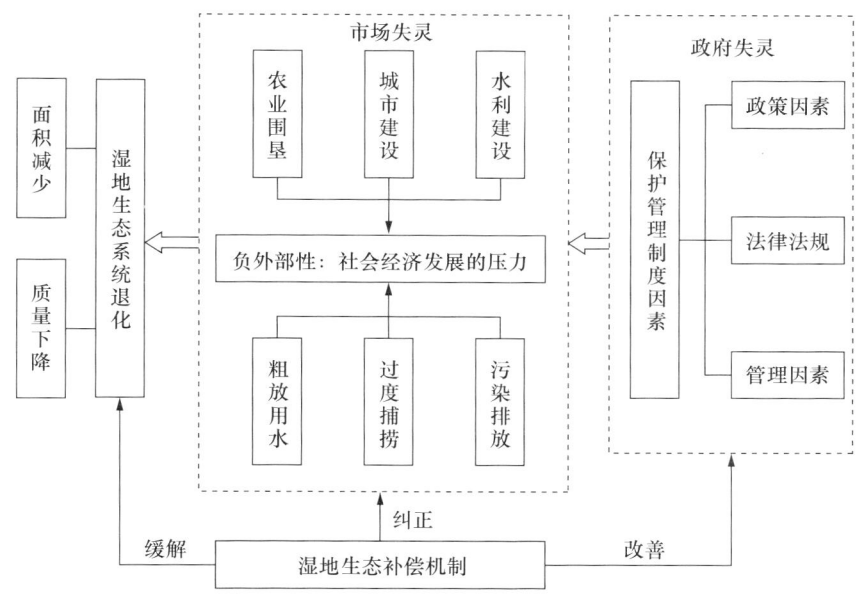

图 4-1 我国湿地生态补偿机制的驱动因素分析

和丧失速度。湿地生态系统的退化主要指由于自然环境或人类对湿地自然资源过度以及不合理地利用而造成的湿地生态系统（主要指天然湿地）结构破坏、功能衰退、生物多样性减少、生物生产力下降以及湿地生产潜力衰退、湿地资源逐渐丧失等一系列生态环境恶化的现象。由此还可能导致水资源短缺、气候变异、各种自然灾害频繁发生等。下面先从湿地面积和质量两方面对我国天然湿地生态系统退化的现状进行剖析，再对湿地退化的成因进行分析。

（一）湿地面积减少

湿地面积的多寡是最直观地反映湿地资源丰裕程度的指标，面积的减少可以作为湿地退化的重要依据。尽管我国的土地资源非常丰富，但由于我国人口众多，人均土地资源却相对贫乏，因人口增长和经济发展所带来的土地资源需求压力非常巨大。特别是近50年来，在沿海地区、长江中下游湖区和东北沼泽湿地区，随着对土地资源需求量的增大，各类工农业用地和城市建设用地等都在向湿地要地，湿地面积丧失非常严重。

据统计，近50年来全国湿地面积的损失率约为21.6%，如表4-1所示，其中沿海滩涂湿地是中国所有湿地类型中受破坏最严重的，其次是淡水沼泽湿地。

中国海岸自20世纪50年代以来全线开展了围海造地工程，至80年代末，全国围垦的海岸湿地达 119×10^4 公顷，围垦湿地面积的81%改造成农田，19%用于盐业生产；另有城乡工矿用地占用 100×10^4 公顷，两项合计占用湿地 200×10^4 公顷以上，相当于沿海湿地总面积的50%（李凤娟、刘吉平，2004）。我国东南沿海的红树林湿地也遭受巨大破坏，其面积已经由1986年的 2.12×10^4 平方千米减少到1995年的 1.01×10^4 平方千米，丧失率超过50%（姜宏瑶，2010）。根据遥感影像显示，在我国沼泽湿地分布最广泛的三江平原地区，1980~2000年湿地面积减少了53.4%，其中，20世纪80年代湿地面积降幅较快，1980~1985年的5年间减少了37.8%，1980~1996年，沼泽湿地面积的年减少率为3.21%（汪爱华等，2002）。在我国湖泊资源最丰富的长江中下游地区，由于农业生产的影响，湿地也大面积地减少。长江中游地区的湖泊面积由1949年的 2.6×10^4 平方千米，减少到现在的 1.05×10^4 平方千米，仅剩原有湖泊面积的59.4%。其中，洞庭湖、江汉湖群和四湖地区湿地面积的丧失率均超过了50%。

湿地是水和水生动植物资源的承载体，湿地面积的大量减少，将严重影响湿地生态系统服务功能的发挥，削弱湿地调蓄和缓冲洪水的功能，进而引发一系列生态灾难。正是由于长江中下游湿地面积的大量减少，使得长江流域洪涝灾害变得更为频繁。特别是1998年的特大洪灾，给沿江人民生命财产造成重大的损失，受灾人口2.23亿人，直接经济损失达1666亿元。同样1998年，嫩江、松花江流域和2003年淮河流域的特大洪水，也与流域内湿地的减少和丧失有直接关系。

表4-1 近50年中国天然湿地面积损失率

湿地类型	1950年面积（10^3 平方千米）	2000年面积（10^3 平方千米）	面积损失（10^3 平方千米）	损失率（%）
淡水沼泽	178	137	41	23.0
湖泊	143	120	23	16.1
河流	95	82	13	15.3
近海与海岸	43	21	22	51.2
总计	459	300	99	21.6

资料来源：Shuqing An, et al. China's Natural Wetlands: Past Problems, Current Status, and Future Challenges [J]. Ambio, 2007, 36 (4): 335-342.

(二) 湿地质量下降

1. 湿地生产力和生物多样性降低

湿地生态系统的结构和功能取决于生物多样性的状况，一般来说在生物群落结构中，生物种类越多、数量越大、食物链的结构越复杂的湿地，其发展越成熟。湿地退化导致湿地生态系统的结构破坏、功能衰退，进而使得其抗干扰能力下降，不稳定性和脆弱性增大，生物多样性和生产力降低。湿地是我国生物多样性丧失最严重的生态系统，截至 2010 年，我国湿地动物中濒危物种的数量约 340 种，占全国濒危动物物种总数的比例高达 62.4%，其中，湿地鱼类和爬行类所占全国濒危鱼类和爬行类物种总数的比例更是高达 75% 和 85%（姜宏瑶，2010）。由于湿地破坏使得野生生物丧失了栖息环境，进而导致绝大多数湿地物种灭绝。

湿地植物特别是藓类和蕨类植物处于生物界食物链的末端，是构成湿地生物多样性的基础资源，然而这两类湿地植物的现状令人担忧。此外，还有许多过去为常见的湿地植物已经濒临灭绝。三江平原沼泽湿地系统因长期受到人类活动的影响，其资源已经处于过度开发状态。目前，该区湿地的缓草、马先蒿等已是濒危和稀有植物，而多见于林缘、灌丛和草甸中的东北龙胆，由于连年的采挖和湿地的大面积开发，其数量也已经日趋贫乏。

除了植物资源外，鱼类天然捕捞产量的下降也是湿地退化的最直观反映。目前，中国许多海域的经济鱼类年捕获量明显下降且种类单一、种群结构趋于低龄化，其他湿地如湖泊湿地、沼泽湿地等的鱼类资源和生物多样性同样也受到严重威胁。以我国几大重要渔业资源产区为例。20 世纪 70 年代，长江每年鱼类的捕捞量为 20×10^4 吨，而最近几年的捕捞量下降到 10×10^4 吨，不足最高年份的 1/4。鄱阳湖鱼类总捕捞量近 20 年间已经减少了 43.9%，洞庭湖鱼类捕捞总产量由 1949 年的 3.0×10^4 吨降到现在的 1.1×10^4 吨，减少了近 63%，且杂食型和小型鱼类比重占 50% 以上（吕宪国，2008）。另外，许多大型哺乳动物和鱼类，如白鳍豚、中华鲟、达氏鲟和江豚等已成为濒危物种，而长江鳗鱼、鲥鱼、银鱼等经济鱼类的种群数量已变得十分稀少。庄大昌等（2003）对洞庭湖湿地渔业产品多年平均损失的直接经济价值进行了评估，得出洞庭湖渔业产品多年平均损失的价值为 7800 多万元。

2. 湿地物质能量流失衡

湿地系统物质能量流主要表现为系统内外水的动态变化和地球的化学循环过程，也可以称为 C、H、O、N、P、S 以及各种生命必需元素在湿地土壤和植物之间进行的各种迁移转化和能量交换过程。湿地生态系统的退化表现为湿地内部化学物质（主要是碳和氮）循环平衡被打破，湿地吸收和固定污染物的功能降低。最直观的表现有两方面：一是湿地固碳能力降低，由大气 CO_2 的"汇"转变为"源"，如图 4-2 和图 4-3 所示，这种"源"和"汇"之间的转化已经在世界上一些极冷地区发生。二是中国原有 1.3×10^4 平方千米的泥炭地，分布在青藏高原（79%）和东北地区（21%）（郎慧卿等，1998），在过去的 50 年间，我国有大量泥炭地以惊人的速率消失。根据学者的估计，2000 年我国碳排放的 0.8% 是由于泥炭开采和沼泽丧失导致。

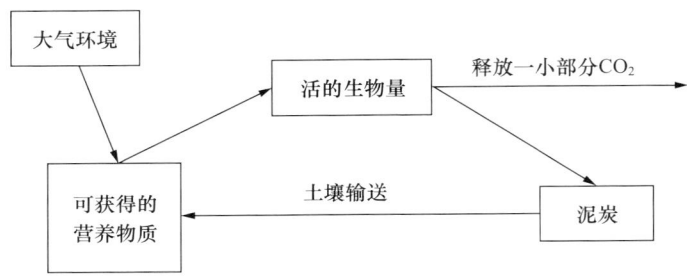

图 4-2 湿地作为碳的源

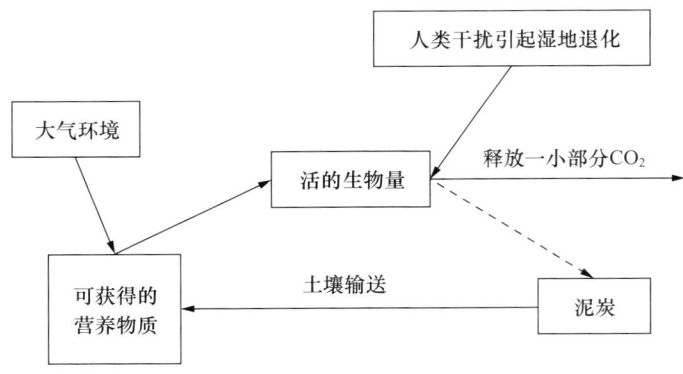

图 4-3 湿地作为碳的汇

另外，湿地固定和分解氮、磷、硫等污染物的能力降低，湿地水环境质量下降，甚至富营养化。根据《2008 年中国环境状况公报》，我国七大水系水质总体为中度污染，71.4%的重点大型湖泊失去了饮用水源的功能，其中50%污染严重（水质Ⅴ类或劣Ⅴ类）。湖泊、水库重要渔业水域主要受到总氮、总磷和高锰酸盐指数的污染，湖泊（水库）富营养化问题突出。

3. 生态调节功能减弱

湿地的生态调节功能包括多个方面，但湿地的水文调节功能是湿地的基础功能，也是湿地具备其他功能的前提条件，湿地环境问题产生的关键即是生态水文格局的紊乱。以吉林省向海国家级自然保护区为例，由于湿地水源的不足导致原有湿地的水环境结构遭到破坏并且湿地蓄水能力、调节径流能力严重退化，同时湿地的调蓄功能也大幅度下降。根据1989年、2001年遥感解译成果，仅十年间向海湿地面积减少735.61平方千米，盐碱化土地增加了930平方千米。向海湿地调节径流功能大大下降的同时，该地区旱灾、水灾交替发生更为频繁。由于蓄水能力的下降还导致湿地上的动植物种类减少，湿地自净能力降低。我国华北地区具有重要水源调蓄功能的白洋淀湿地，近年来最大水面面积和水量不断减少，1996年最大水面面积已经减少到不足1970年的一半，而最大水量减少到约为1963年的1/10，生物多样性也随之急剧减少，其中藻类减少了15.5%、鱼类减少了44.4%。在安徽省安庆沿江湖区由于湖泊面积的减少，多数湖泊的调蓄能力由原来的15%下降到8%，并形成连年的洪涝灾害（卢松等，2004）。

（三）湿地退化的成因分析

湿地退化是生态环境脆弱性的具体表现，而脆弱性是生态环境的自然属性。湿地作为一个完整的自然生态系统，对外界的干扰具有一定的免疫能力，这种自身的免疫能力包括湿地的集水能力、系统内植被生态保护能力和湿地水体的自净能力等。当其免疫能力不足以抵御外界影响时，生态系统受到破坏并使得湿地发生退化，如无法及时进行补救则会彻底消失。对湿地生态系统造成伤害的外界因素可以分为自然因素和人为因素。

自然因素主要是指全球和区域气候变化所造成的影响，全球气候变暖、持续的高温干旱使降水量降低，地表水面积减少（甚至发生枯水），导致矿物质富集、水体矿化度增高并形成盐碱化湿地。需要指出的是，自然因素所造成的湿地退化通常是在较长的时间段内形成的，并且其影响局限于某些特殊区域或中小尺度范围内。

人为因素是我国湿地退化最根本的原因。随着人口增长以及人类对物质需求不断提高，迫使人类不断建造城市、开辟农田、兴建水利、发展农牧业与工业以及相关的服务产业。又由于人们对湿地生态价值缺乏必要的认知,对保护生态环境重要性认识不足等,长期以来未能正确处理社会经济发展与湿地生态环境保护之间的关系。

因此,自然因素和人为因素的共同作用导致在过去的50年间我国湿地资源被过度利用,进而使得湿地生态环境逐步恶化以及生态系统服务功能日益衰退。

二、社会经济发展的负外部性影响

(一) 农业围垦

农业垦殖是湿地的最大威胁,对湿地环境的影响巨大,大面积自然湿地不断被改造为农业用地,造成湿地的大幅度萎缩。在我国,为了满足国家粮食生产需求和"向湖要粮"的思想影响,大量湿地无偿转变为耕地。近40年来,全国围垦面积已超过五大淡水湖面积之和,失去调蓄容积325亿立方米,每年损失淡水资源约350亿立方米。

这些问题主要集中于东北沼泽湿地地区和长江中下游湖区。我国最大的沼泽集中分布区(三江平原)原有沼泽湿地534.5×10^4公顷,共经历了四次湿地开荒高潮,1975~1983年,耕地面积扩大1倍,到1994年经TM卫星图像解译,耕地面积已经扩大了5.82倍。我国长江中下游的洞庭湖、鄱阳湖、洪湖等湖区水面面积急剧减少,仅湖南、湖北、江西、安徽、江苏五省就因围垦造田使湖泊面积减少1.2×10^4公顷,容水量减少60~70立方千米,相当于损失数百座大型水库。根据湖北调研显示,湖北省在新中国成立初期有湖泊1332个,总面积达85.28×10^4公顷。由于20世纪50年代末和60年代初大规模的围垦,到2000年面积在100公顷以上的湖泊仅有261个,总面积为28.85×10^4公顷。

(二) 城镇化建设

城镇化建设是我国社会经济发展的最主要的特征之一,也是导致湿地面积减少和退化的主要原因之一。据《中国城市发展报告2008》显示,截至2008年底,我国的城镇人口已突破6亿人,城镇化水平达45.68%。改革开放30年来,我国的城镇化水平逐步提高,全国设区市从193个增至655个,建制镇从2174个增至2万多个,城镇人口由1.7亿人增至5.9亿人。

城镇化建设需要发达的道路交通体系、大量的民用与商用房产、工厂及科技园区,大规模、高密度的城市扩张必然会占用大量的土地,这些土地除了未利用地外,大部分是农村和郊区耕地及湿地。其中,公路建设是一项占地面积较大的开发行为，高速公路和一级公路平均每千米占地约 80 亩。如果公路建设经过湿地又不采取措施，就会占用大量湿地。公路建设占用面积主要包括公路路基和场站的占压，弃土、弃渣的占压以及施工过程中对湿地的临时占用（包括各种施工机械的停放、筑路材料的堆放、施工队伍的生活区等）。已有研究表明，公路建设带来的城镇化效应也会使公路两侧的湿地改变用途，造成湿地面积的减少。黑龙江省林业厅在 2004 年对扎龙湿地状况进行过一次调查显示，大庆和齐齐哈尔两市在扎龙湿地共修建各类大小工程 21 项，仅在扎龙保护区核心区内的道路开发建设的项目就有 3 项，这些工程是中引八支干工程，约 60 千米；唐土岗子、林齐岛至 301 国道公路 16 千米；唐土岗子石家店公路 6 千米。特别是横穿扎龙湿地的 301 国道，在湿地内总长为 42 千米，严重阻碍了湿地两侧水的流通性。按照我国《公路工程技术标准》中规定二级公路的最小宽度 7 米计算，这些道路最少侵占了扎龙湿地 86.8 公顷的面积。

由于计量上的困难和我国现有统计资料缺乏，无法确切统计由于城市建设占用湿地的面积和数量。但湿地与耕地具有许多共同之处，二者都广泛分布于地租低廉的农村地区，且具有同样重要的资源产出功能，为社会经济发展提供了必不可少的资源产品，因此我们可以通过城镇化建设占用耕地的变化趋势间接地反映湿地占用的情况。众所周知，我国实行的是世界上最严格的耕地保护制度，然而即便如此，根据 1998~2006 年《中国农业统计年鉴》，由于城市建设平均每年占用耕地的面积为 17.6×10^4 公顷，平均约占每年净减耕地数量的 19.92%，且近几年建设占用耕地面积的增长率极速上涨（姜宏瑶，2010）。尤其值得注意的是，与保护措施严格的耕地相比，在现行的全国土地分类中，湿地并没有被列为重要的生态用地，而是长期被当作荒滩、荒地、荒水来对待，无限制地开发和改造，尤以沿海地区最为明显。在一些地方，沿海滩涂湿地是该地区重要的土地开发后备资源。据不完全统计，由于城市建设，我国沿海地区累积已丧失滨海滩涂湿地约 219×10^4 公顷，而城乡工矿占用的湿地约有 100×10^4 公顷，二者相当于我国沿海湿地总面积的 50%（姜宏瑶，2010）。因此，城镇化建设对湿地破坏巨大。

（三）水利水电建设

近几十年来，由于社会经济发展、清洁能源以及节能减排的需要，我国大力开展水利水电建设，而水利水电开发对湿地生态环境影响巨大，已经成为对湿地生态系统健康影响最广泛的人类活动之一。到目前为止，我国只有极少数的河流上未建大型水电设施，而长江、岷江、金沙江等河流从干流到各级支流均已建设水电设施。据初步统计，我国现有8万多座水库，水电装机已超过1.72亿千瓦，30米以上的大坝4000多座。

水利水电的开发固然对社会经济发展做出了巨大贡献，但水利水电开发也对湿地造成了致命的威胁。首先，建闸筑坝等水利建设活动，将直接导致天然湿地面积的减少，或改变了自然湿地的原始生态结构，甚至直接将天然湿地转变为人工湿地。以河流为例，截至2003年，我国水坝侵占了14834.77公顷的河流面积。其次，水利设施建设对湿地生态环境造成巨大破坏，位于我国12大水电基地之首的金沙江小江流域，由于泥沙淤积和水土流失导致地面每年上涨0.2米，目前这一地区已彻底变成了无人区。在漫湾水库，由于库区水流速的减慢导致泥沙淤积严重，水库蓄水运行3年后整个库容淤损率已达18.1%。最后，水利设施改变了江河生态结构，破坏了动植物栖息地，对湿地资源构成威胁。如洪湖在20世纪50年代的自由通江使其年平均鱼产量可达到154.5千克/公顷，60年代建闸节制后下降到132.0千克/公顷，70年代更下降到114.0千克/公顷。由于江河阻隔，已经导致我国从海水到淡水洄游的珍贵鱼类和淡水哺乳动物如白鳍豚、江豚及中华鲟等珍稀物种濒临绝迹。据调查，目前我国白鳍豚的数量仅为20头左右。由于水利水电建设获得的经济收益并未对其造成生态环境的破坏进行合理的补偿，湿地生态退化的现状无法得到缓解，因此水利水电建设与湿地保护的矛盾越发激烈。

（四）水资源粗放利用

我国90%以上的供水来源于地表水（即湿地蓄存的水），水资源的过度利用以及效率较低等问题，严重影响了我国湿地的蓄水、供水能力，导致许多湿地区面积锐减或急剧萎缩。自1949年以来的60多年，我国社会经济用水迅速增长，近年来虽逐渐趋于稳定但年用水总量仍维持高位。

总体来讲，我国水资源总体利用方式较为粗放，以生产单位国内生产总值（GDP）所用水量作为评价综合用水效率的指标，2000年我国万元GDP用水量为4797立方米，约为同期世界平均水平的4倍，日本的25倍。一方面，我国工业用水效率偏低，2000年我国的万元工业增加值用水量为2419立方米，是世界平均水平的3倍，日本的23倍；另一方面，农业用水数量大、效率低并浪费严重。我国的天然湿地全部位于农村地区，湿地周边的农户灌溉、饮用水皆来源于湿地，因此，农业水的过度利用和效率低下是我国湿地退化的直接原因。50年来，我国农业用水量始终占据总用水量的60%以上，然而全国农业的水利用效率比先进国家低 1 倍，每生产 1 千克粮食需耗水 1000 千克。

目前，湿地水资源的过度利用已导致区域性生态缺水问题的出现，并引发了地面沉降和海水入侵等灾害。据统计，华北地区浅层地下水漏斗面积达到 2×10^4 平方千米，漏斗中心水位下降最大达到 40 厘米；深层地下水漏斗面积更达 2.2×10^4 平方千米，漏斗中心最大埋深达 75.7 米。超采地下水使承压水位连年下降，从而导致区域性的地面沉降。

（五）渔业资源过度利用

湿地中利用最广泛的经济资源是鱼类，截至 2009 年，我国已经成为世界上最大的渔业生产国。湿地支撑着我国渔业产业的发展，但渔业资源的过度捕捞也严重威胁着我国湿地资源的可持续发展。新中国成立多年来，我国渔业产业迅猛发展，特别是在新中国成立后的前 30 年，天然捕捞渔业占我国渔业产量的 50% 以上，但粗放型生产方式也导致渔业资源日趋枯竭和衰退，捕捞量下降就是最直观的反映。在经历了 1979～1999 年天然捕捞产量迅猛增长后，渔业资源遭到了极大的破坏，以致 2000 年后我国天然渔业的捕捞量呈现了负增长的趋势。也是在这个时期，我国许多的重要经济型鱼类如鳡鱼、中华鲟、胭脂鱼、银鱼资源濒临灭绝，渔获量呈低龄化和个体小型化方向变化。由于渔业资源的枯竭，国家需要大量、持续地投入资金进行渔业资源增殖放流，促进渔业可持续利用。仅 2009 年上半年，我国已投入增殖放流资金 3.47 亿元，同比增加 57%，内陆各省的投入均在 1000 万元以上，沿海各省更是达到 1500 万元以上。

（六）污染物的排放

区域污染物的排放是影响我国湿地质量的主要因素。随着我国工农业的发展和城市化的拓展，农药、化肥、工业污染物（废渣、废气、废水）、生活污水等污染物排放越来越多，大量未经处理的污水直接向湿地排放，污染物的含量远远超过湿地的降解能力。

工业和生活污水排放。工矿企业废水和城镇生活污水是湿地污染的来源之一。1980 年以来，全国废水排放总量不断上涨，且生活污水增长迅猛，1998 年工业废水已经成为主要污染源。更重要的是，我国的污水处理率极低，全国约有 30% 以上的工业废水和 90% 以上的生活污水未经处理直接排入江河湖泊，致使全国七大流域近 50% 的河段受到不同程度的污染，其中 10% 的河段污染极为严重，已丧失了水体的使用功能，75% 的城市河段已不适宜作为饮用水的水源。

农业面源污染。农业面源污染会直接导致湖泊和河流的富营养化，根据刘润堂等的调查结果,我国湖泊环境处于严重的富营养化状态。在被调查的130多个湖泊中,有75%的湖泊受到明显污染,处于富营养状态下的湖泊有51个,占调查总数的39%,占湖泊总面积的33.8%。水的富营养化也进一步加剧了我国水资源短缺的紧张局势。

三、湿地保护管理中的政府失灵

（一）湿地保护资金投入不足

同森林一样,湿地生态系统保护作为事关国家生态安全的大事,目前的投入主要来源于国家的公共财政,即政府投入是湿地保护的主要资金来源。据有关统计,2000年以前中国湿地保护总投入为1.9亿元,即每平方千米湿地保护的投入约为106元,一般发展中国家的投入为1256元,发达国家该值则为16464元。因此,我国对湿地资金投入与其他国家相比明显偏低。随着2005年《全国湿地保护工程实施规划2005~2010》的实施,国家加大了湿地保护的资金投入力度,旨在通过湿地保护、恢复、可持续利用等工程建设加强湿地保护。五年间计划总投资90亿元,其中中央财政计划投资42亿元,然而实际资金到位情况较不理想（姜宏瑶,2010）,远远不能满足与湿地保护和恢复的需要。主要问题表现在以下两个方面：

第一,中央财政资金投入结构不合理,地方资金无配套。根据《全国湿地保护工程实施规划2005~2010》可以看出,湿地保护资金投入的主要对象是国际重要湿地和国家级自然保护区。由于国家财政能力的限制,以及地方级湿地保护资金没有纳入同级财政预算,致使一些非保护区的湿地处于保护和管理的真空地带,极易受到社会经济活动的影响。从资金的用途上看,多是用于重点湿地区生态保护和恢复等工程建设,而在湿地调查、湿地监测与研究、人员培训、执法手段与队伍建设等方面缺乏必要的资金支持,湿地日常保护经费不足。

第二,湿地保护社会投入不足,尚未形成多渠道、多元化、多层次的全社会参与湿地保护的资金投入机制。政府投入是湿地保护资金的主要来源,但不应该是唯一的来源,由于社会长期以来对湿地的认识不足,人们对湿地的生态效益意识淡薄并缺乏湿地投入的积极性。在江西、湖南、湖北、福建、河南、云南、辽宁7省份中,只有湖北省成立了全国首家湿地保护基金会,共募集基金400万元,然而这与我国湿地保护事业面临的形势相比显得十分微薄。国际组织也对我国湿地进行了一些投入,如全球环境基金（GEF）通过"中国湿地生物多样性保护与可持续利用项目"投入资金 1168.9 万美元,国际鹤类基金组织投入 400 万美元用于拯救世界濒危物种白鹤,但目标多是生物多样性保护,针对湿地生态系统保护的投入不足。

(二) 国家层面的湿地保护专项法律缺失

综观世界各国和我国生态保护的实践,完善的政策和法律是规范相关利益者行为的重要手段。但我国湿地相关的立法不完善,在一定程度上难以保障和支撑湿地保护事业的发展。湿地是与森林和海洋并称的全球三大生态系统之一,在我国海洋、森林都有专门的法律加以保护,然而迄今为止还没有一部关于针对湿地生态系统的全国性立法。因此,湿地的保护和管理只能比照或参照多部法律执行,由于立法目的不同,很多湿地保护的重要原则、制度无法在现行法律法规中得以体现,湿地生态系统的整体保护方面仍存在法律空缺。

由于湿地保护专项法律的缺失,也使得湿地保护管理工作举步维艰。首先,在涉及"湿地"相关概念时,我国《水法》、《土地管理法》、《环境保护法》、《渔业法》、《水污染防治法》等多部法律的定义各不相同,大多是以水域、养殖水面、滩涂等湿地资源的要素或功能属性来界定,将湿地生态系统割裂对待,忽略了湿地生态系统的完整性。其次,由于涉及湿地资源相关法律的执行机构不同,各部门间立法多注重湿地经济价值的开发和利用,而忽视对湿地生态功能的保护。最后,由于这些法律出台的时间不相同,在执行的过程中常常面临法律法规的交叉及冲突的问题,增加了湿地保护管理的难度。

(三) 保护方式单一及市场手段缺乏

建立各级湿地自然保护区是我国湿地保护的主要手段,但这种依靠国家财政为主要投入的保护方式,其资金来源单一、保护效率不高的弊端逐渐显露。由于我国自然保护区的划建需要地方政府先规划再上报国家主管部门审批,极易造成在一些经济发展条件较好的区域,由于地方政府没有建立湿地自然保护区的积极性,而导致那些自然条件好、生产力高的湿地往往被用于开发,以获取经济利益。根据基层湿地管理者调研发现,在沿海城市福建,各级地方政府出于经济利益的考虑,多是利用沿海滩涂湿地条件好、地理位置优越等优势,盲目地将建设用地转向湿地,并鼓励大规模的沿海养殖,而通过建立保护区进行湿地保护的积极性很低。我国湿地生态系统退化的现状也足以证明,单纯依靠划建自然保护区的方式很难取得良好的保护效果。

发达国家的实践证明,与建立自然保护区这种传统的政府主导型相比,基于市场的经济手段对湿地进行保护更加灵活也更加有效。国际上通用市场化途径有财政补贴、生态补偿税费、保证金、基金捐款、优惠信贷等多种方式。然而，我国湿地保护在市场经济手段的运用上基本处于空白，针对日益稀缺的湿地资源，我国尚未统一征收任何资源使用和保护性税费，也没有征收因占用、开垦建设等造成环境破坏的惩罚性税费，仅有零散的一些部门事业性收费，即便如此也是由不同政府部门收取和使用。诸如针对水资源的使用费、排污费和针对沿海滩涂的海域使用费，这些资金的收入也并未用于湿地的保护和恢复。由于对湿地资源被占用、使用以及破坏进行收税（费）等经济手段的缺位，一方面使湿地资源的市场价格造成扭曲，另一方面容易造成湿地资源低价的误导，在某种意义上起到了鼓励使用和破坏湿地资源的行为，加速了湿地资源的锐减。

（四）实体资源分部门的多头管理体制

目前，我国的湿地保护采取的是针对不同资源类型和管理要素的分部门管理模式，可以分为资源管理部门和环境保护部门。在资源管理方面，林业部门负责组织、协调全国湿地保护和有关国际公约的履约工作，并对湿地内的野生动植物资源进行管理；农业及下属的渔政部门负责指导宜农滩涂、宜农湿地的开发利用工作以及渔业资源管理；水利部门负责统一管理水资源；能源管理部门对湿地内的矿产资源进行统一的开发；海洋管理部门负责监督管理海域使用、海洋生物多样性和海洋生态环境保护，监督管理海洋自然保护区和海洋特别保护区；国土资源管理部门负责组织编制和实施国土规划、土地利用总体规划，统一指导土地开发利用；环境保护方面，环保部门负责监督检查湿地环境保护工作。

这种分部门的资源管理体制主要有两方面的影响。一是管理的低效，由于各个部门均根据自身权限制定管理制度和规范，部门间缺乏统筹协调，使得湿地资源难以得到有效配置，导致保护经费分散、结构重复建设、管理能力不均衡，降低了保护管理的效果。二是种针对不同资源类型和管理要素的管理方式，导致了各个实体资源管理部门多关注于通过湿地开发利用推动资源经济价值的实现。由于资源的利用效率与持续性下降，又加之实体资源分部门管理模式，最终导致湿地生态系统的经济功能和生态服务功能都难以得到较好实现，进而致使湿地生态系统破碎化。

这种针对不同资源类型和管理要素的分部门管理模式，也给保护区的保护管理工作增加了许多难度。以江西省鄱阳湖国家级自然保护区为例，该保护区作为鄱阳湖重要的国家级自然保护区，对维持当地生态安全，保护典型湿地生态环境有着非常重要的作用。但是,由于保护区部分土地权属不归保护区管理局所有,而是由地方政府及村集体拥有,同时渔政的管理归属于渔政管理部门,保护区管理局对于保护区内大部分区域的过度捕捞、竭泽而渔的现象无法制止。此外,由于水资源和沙石资源的管理权限归水利部门,保护区管理局无法制止违法违规的挖沙行为,从而造成了对湿地生态系统不可逆的破坏。在福建,沿海滩涂湿地的使用审批权在海洋部门,林业部门设立的自然保护区需要向海洋部门申请海域使用证。在黄河沿岸地区,黄河河务管理局拥有湿地的使用审批权,湿地保护区的基础设施建设和保护界桩设立都需要经过河务管理局批准。因此,我国对湿地资源的多头管理制度,使得对湿地环境的保护困难重重。

(五)保护区与周边社区矛盾冲突严重

一方面,从湿地产权权利初始分配和法律责任的角度看,湿地保护区所在地政府和社区居民有法律责任和义务保护当地生态并维持生态平衡,或者说至少不主动地破坏生态。然而,我们在强调这些地区的当地政府和社区居民遵守其义务的同时,需要考虑到这些主体具有利用其所实际占有或使用的自然资源或生态要素,来满足其基本需要的权利以及实现其利益最大化的权利(即与生态服务功能的其他享受者平等地具有发展的权利)。但由于其所处地区的特殊性(生态服务功能的提供地区),国家对其自然资源或生态要素利用的法律约束更严格,如对生物多样性保护的要求、对渔业资源利用的限制等,这种限制自然使这些地区政府和社区居民部分或完全地丧失了其与生态服务功能其他享受者或受益者平等发展的权利,从而出现由于生态利益的不平衡而产生的经济利益的不平衡,形成事实上的社会不公平。

另一方面,从湿地保护的正外部性问题特性看,湿地保护的正外部性不同于森林、荒漠等其他类型的自然保护区而产生的外部性,其矛盾更为尖锐且管理难度更大。这是因为自古以来人类就逐水而居,湿地存在的最大价值是进行经济利用,甚至是全球最权威的湿地保护组织也认为湿地保护管理的目标是实现湿地资源的合理利用。而通过强制性行政手段限制以湿地为生存根本的百姓的生产生活,将给社区百姓带来巨大的经济损失。由于湿地土壤肥沃、地势优越,因此与人们生产生活的联系更加紧密,正如《湿地公约》中的《湿地的合理利用》一文中指出的那样,应特别关注当地人民,如果不考虑当地居民的参与和配合,任何一个湿地管理战略都不会取得成功。也就是说,不考虑政策实施者的利益的政策不仅不会持久,而且也难以实现应有的保护效果。

第二节 我国湿地生态补偿可行性分析

一、湿地生态补偿的政策可行性

湿地生态补偿制度作为国家自然保护制度的重要组成部分,首先应该符合国家环境保护政策的要求,并与现阶段的社会经济发展水平相适应。即在市场经济并不发达的我国,国家的法律法规、制度及政策导向是湿地生态补偿能否有效实施的决定性因素。因此,本节主要从宏观层面上分析我国湿地生态补偿实施的可行性。

(一)国家的生态补偿政策不断完善

近年来,生态补偿已经成为中国社会各界广泛关注的热点问题。一方面,全国人大代表和政协委员多次提案,呼吁尽快建立相关机制和政策;另一方面,政府也对建立生态补偿机制问题给予了高度重视。2005年,我国颁布的《国务院关于落实科学发展观加强环境保护的决定》明确提出:"要完善生态补偿政策,尽快建立生态补偿机制。中央和地方财政转移支付应考虑生态补偿因素,国家和地方可分别开展生态补偿试点。"2011年颁布的《中华人民共和国国民经济和社会发展第十二个五年规划纲要》要求,"按照谁开发谁保护,谁受益谁补偿的原则,加快建立生态补偿机制"。

随着《国务院关于加强湿地保护管理的通知》的发布,我国湿地保护和湿地生态补偿从国家层面上予以正式的确立。特别是于2008年2月新修订颁布并于6月开始实施的《中华人民共和国水污染防治法》第七条规定:国家通过财政转移支付等方式,建立健全对位于饮用水水源保护区区域和江河、湖泊、水库上游地区的水环境生态保护补偿机制。这标志着湿地生态补偿机制在法律层面的正式确立。更重要的是,2009年中央一号文件明确提出,要启动湿地生态效益补偿试点,这为湿地生态补偿机制的出台提供了最重要的契机。因此,可以说我国目前已经具备了建立湿地生态补偿机制的政治意愿。

(二)国家相关法律法规为生态补偿提供了保障

虽然我国尚未出台湿地保护的专项法律和保护条例,但自1988年以来,从中央层面颁布实施的与湿地资源相关的十几项法律法规中,都出现了明确具有湿地生态补偿性质的规定。这些法律法规对湿地生态补偿的征收方式、征收部门、征收标准的制定都有明确的规定,同时一些法律法规中还制定了明确的补偿标准。另外,上述法律还包括的内容有采取湿地生态补偿方式为湿地资源使用费和湿地生态补偿费的税费方式,湿地基金与湿地占补平衡制度等湿地生态系统保护和恢复的经济手段的运用,对湿地保护对周边农户造成损失的机会成本补偿的财政补贴方式。这些法律法规为湿地生态补偿制度提供了重要依据和保障,但现阶段由于缺乏具体的实施办法和细则,导致这些法律规定难以落到实处,因此还需通过法律的完善、制度的创新对湿地生态补偿进行统一的规划和安排。

(三) 国家鼓励环境保护经济手段的运用

各国环境管理的实践表明,基于市场机制的经济手段在环境保护中发挥着越来越重要的作用。随着市场经济的不断完善,我国的环境保护也进入了由单纯的"命令—控制"手段转向采取更为灵活的经济手段的阶段。归纳起来,环境保护的经济手段可以分为六大类22种,如表4-2所示。虽然这些经济手段都在某一区域或小范围内展开了实施,但目前我国主要还是采取以排污收费和矿产资源补偿费为代表的生态补偿费制度,以及以消费税和城市建设维护税为主的环境税收制度。另外,从环境保护税(费)的增长和发展可以明显看出国家对环境保护经济手段的支持力度。近10年来,我国环境保护经济税(费)收入以20%左右的速率增长,已经大大超过的国内生产总值(GDP)的增长速度。

表4-2 环境保护经济手段的基本类型

经济手段类型	主要内容
产权手段	所有权:明晰所有权 使用权:许可权、特许权、开发权
建立市场	可交易的排污许可证 可交易的资源配置
税收手段	针对污染收税、资源利用收税和产品收税;排污费、使用费、管理费、补偿费等
收费制度	财政补贴、优惠贷款、环境基金、周转金
财政补贴	环境、资源损害赔偿责任、保险赔偿、补贴和鼓励金
债务和押金制度	政府和企业债券、押金退款制度

从生态补偿的定义和范畴讲，环境保护的经济手段与生态补偿的内容相一致，生态补偿的重要目的是通过经济手段实现对生态环境的补偿。环境税（费）的收入与支出原则也与生态补偿目标相一致，即环境税（费）的主要功能是刺激降低污染的行为，而不是创造税收收入。同时，其支出则全部用于环境资源的持续利用与保护、污染预防与削减以及补偿有关环境损害活动带来的社会损失。另外，为提高资金利用效率，应从该资金中提取一定比例建立有关的环保基金或环保投资公司，实行有偿使用管理以提高其利用效率。从这个意义上讲，国家广泛开展的环境税（费）制度实际上就是对生态补偿的支持与鼓励。

二、湿地生态补偿的财政可行性

近年来，随着社会经济的高速发展，以及自然灾害、环境污染问题的逐渐加剧，国家对生态环境的需求也日益增加。与此同时，国家也加大力度进行环境保护投入，特别是中国实行积极财政政策以来，环保投入增幅较大。仅在1998～2002年，国家对生态和环境保护的总投资达5800亿元，是1950～1997年总投入的1.7倍。近10年间，国家环境保护的投入增长了5.45倍，环境保护占财政支出和国内生产总值的比重逐年增加，已经分别达到7.17%和1.49%（姜宏瑶，2010）。特别是近年来，国债资金也将生态建设和环境保护作为投资重点，相应地带动了社会资金对生态环境的投入。虽然国家对环境保护的重视程度和环保投入力度快速增长，但与发达国家相比还有一定差距（姜宏瑶，2010），环保投入的增长还有很大的空间。从目前国家的财政能力以及国家对环保投入的资金规模看，完全有能力划拨出一部分资金用于湿地生态补偿建设，为湿地保护提供必要的经济支撑。

三、湿地生态补偿的制度需求

在经济日益全球化的国际背景下，湿地生态补偿的可行性还需要从国内外的市场需求和形势的角度加以分析。当前，无论从国际湿地保护的发展趋势，还是从我国湿地保护与利用的现实矛盾看，都对湿地生态补偿制度有着较为迫切的需求。这种制度需求既是湿地生态补偿开展的动力，同时也是湿地生态补偿的发展方向所在。

（一）国内湿地保护政策的必要补充

我国湿地保护需要采取更加灵活且具有经济惩罚和激励性质的湿地保护措

施,并且运用市场经济的办法缓解目前湿地保护资金投入不足的现状。湿地生态补偿与现有的湿地保护政策和措施并不冲突,而是作为目前湿地保护政策的必要补充,其目的在于纠正在湿地保护管理中的市场失灵,并在一定程度上缓解政府失灵问题。

(二) 缓解贫困和改善环境的重要途径

在国际上,湿地生态环境付费机制(PES)建立的目的之一是缓解湿地周边社区农户的贫困问题(Engela et al.,2008)。而在我国,无论是森林的生态效益补偿,还是耕地的占补平衡补偿,都是针对保护过程中的正外部性问题,将补偿的主体设定为从事农林业生产的农户,补偿的目标是为了弥补由生态保护而造成的农户利益损失,从一定程度上缓解农民因生态保护返贫的问题。

同样,我国湿地保护的过程也存在严重的正外部性问题,湿地自然保护区大多建立在经济不发达、人口众多的广大农村地区,人口的压力导致在我国湿地自然保护区与周边社区之间存在着一些矛盾。一是基于社区土地利用率较低和自然保护区大量占地而产生的社区人口与土地的矛盾;二是基于自然保护区限制资源利用和当地居民迫切对自然资源开发与利用之间的矛盾。随着生态功能区的增加和自然保护区建设进程的加快,将使得湿地保护区周边社区农户的福利水平下降,进而导致贫困问题越发尖锐。所以,从实现环境保护和消除贫困双重目标出发,湿地生态补偿是促使湿地周边社区走可持续发展之路的重要途径。一方面,湿地生态补偿可以实现对湿地保护正外部性的补偿,有效地促进湿地保护地区的基础生活条件改善、产业结构优化、人口素质提高,从根本上消除社区的贫困;另一方面,通过湿地生态补偿机制的引导作用,转变社区的资源利用方式,最终实现环境保护的目标。

(三) 湿地资源合理利用的必然选择

1971年为了保护全球湿地生态系统而建立的《湿地公约》,是目前唯一一个针对单一生态系统而建立的政府间的国际公约,这也体现了国际社会对湿地保护的重视。《湿地公约》(以下简称《公约》)最核心的理念是实现湿地的合理利用,"合理利用"的原则主要体现在维护公共利益和私人利益之间的平衡、维护效益和公正之间的平衡、维护当代与后代之间的平衡三个方面,这充分体现了生态补偿的思想。同时,《公约》的重要指导原则是,在土地和水资源综合性规划和管理方面推行湿地的可持续利用。由此可见,《公约》并没有一味强调湿地的严格保护,而是极为重视将湿地的保护与可持续利用结合起来,并旨在通过湿地的可持续利用为人类的将健康和福利做出贡献。因此，湿地生态补偿制度正是在《公约》的这一核心理念下的必然选择，湿地生态补偿采取的是更为灵活的保护措施，以湿地的合理利用和可持续发展为最终目的，同时注重湿地保护与利用相关社会群体间福利的协调，并重视其在减缓湿地周边农户贫困中的作用。

（四）湿地"零净损失"国际趋势的要求

世界湿地保护政策经历了鼓励湿地利用、湿地保护与限制使用和湿地"零净损失"三个阶段。针对20世纪以来全世界湿地生态系统退化严重的现状，各国纷纷采取措施保护本国现有的湿地资源和湿地生态系统，而湿地"零净损失"政策正是在这样的一个背景下产生的。"零净损失"的实现需要以湿地的占补平衡为依托，并通过湿地资源开发、许可权的审批和交易机制来实现对湿地资源的总量控制，这也是湿地生态补偿在全球范围内最有代表性的体现。我国高速的经济发展而造成的湿地生态系统退化，及由此引发的生态灾难不逊于任何发达国家，且由于国家经济发展的需要，这一趋势还将继续延续。但是，当湿地生态系统的消耗和环境破坏超过其生态阈值（Eco - threshold）时，自然生态系统就会崩溃，受到破坏的生态环境就再也不能恢复到原来的状态。因此，我国应该顺应国际趋势和自然法则的要求，尽快开展"占一补一"的湿地生态补偿措施。

本章小结

本章通过对湿地生态补偿动因分析表明，造成我国湿地生态系统的严重退化及湿地保护效果不显著的深层次原因，是由市场失灵和政府失灵两方面的共同作用而形成的，这也是建立湿地生态补偿机制的驱动力及必要性所在。归纳起来，本章关于生态补偿动因分析的主要结论有以下几点：

首先，农业围垦、城市化建设、水利水电建设，水资源粗放利用、渔业资源的过度利用、污染物的排放对湿地的无偿占用和破坏，是我国湿地面临的最主要的社会经济威胁。

其次，从政府管理的角度，湿地保护的资金投入不足、湿地保护专项法律的缺失、湿地保护手段的单一、多部门的管理体制以及对湿地保护区周边农户的利益侵占等湿地保护政策、法律和管理制度的不完善，造成了政府无法纠正湿地资源配置中的市场失灵，从而无法有效遏制湿地生态系统退化的趋势。

综上所述。抑制我国湿地生态系统退化、有效实施湿地生态保护的核心在于协调湿地利用与保护之间的利益关系，而现有的湿地保护手段和管理方式无法有效解决这一问题，因此亟须通过湿地生态补偿的制度创新来弥补湿地保护中的政府失灵。

另外，本章还从国家政策、财政投入、制度需求三个方面对湿地生态补偿可行性进行综合评析，认为我国已经基本具备了实施湿地生态补偿机制的政治意愿、经济基础和技术保障，湿地生态补偿机制的实行具有一定的可行性。具体来讲，首先，国家有关生态补偿的政策及法律法规为湿地生态补偿提供了发展的契机，而国家促进环境保护经济手段运用也为生态补偿起到了正向的激励作用；其次，国内湿地保护与发展的现实矛盾以及合理利用和"零净损失"的国际湿地保护趋势，都要求我国顺应社会的发展趋势并创新现有湿地保护手段，实现湿地资源的可持续利用。

第五章　研究区概况和数据来源

第一节　研究区概况

一、研究范围界定

如图 5-1 所示，鄱阳湖处于长江中下游地区，是生物多样性非常丰富的国际重要湿地，被列为全球生物多样性关键地区（郭恢财等，2014）。在世界大湖流域的开发浪潮中，作为我国第一大淡水湖的鄱阳湖在全国乃至世界大湖流域开发中占有十分重要的地位。鄱阳湖是由江西省境内的赣江、抚河、信江、饶河、修河"五河"注入鄱阳湖而形成的一个相对完整、独立的鄱阳湖流域水系。鄱阳湖流域面积 16.22 万平方千米，约占长江流域面积的 9%，江西省流域面积的 97%；其水系年均径流量为 1525 亿立方米，约占长江流域年均径流量的 16.3%。鄱阳湖是亚洲最大的候鸟越冬地、洄游鱼类和大型水生哺乳动物迁徙重点区、江河鱼类产卵后幼鱼洄游通道，它对保护全球生物多样性（特别是鸟类和鱼类等重要类群）、确保长江下游地区生态安全以及实现国家水资源合理配置等方面具有举足轻重的作用。

2009 年 12 月 12 日，国务院正式批复《鄱阳湖生态经济区规划》，建设鄱阳湖生态经济区上升为国家战略。《鄱阳湖生态经济区规划》对鄱阳湖生态经济区的发展定位是：全国大湖流域综合开发示范区、长江中下游水生态安全保障区、中部崛起重要带动区、国际生态经济合作重要平台。因此，保护中国第一大淡水湖湿地（鄱阳湖湿地），将会对推进鄱阳湖生态经济区建设并保障长江中下游水安全发挥巨大的作用。

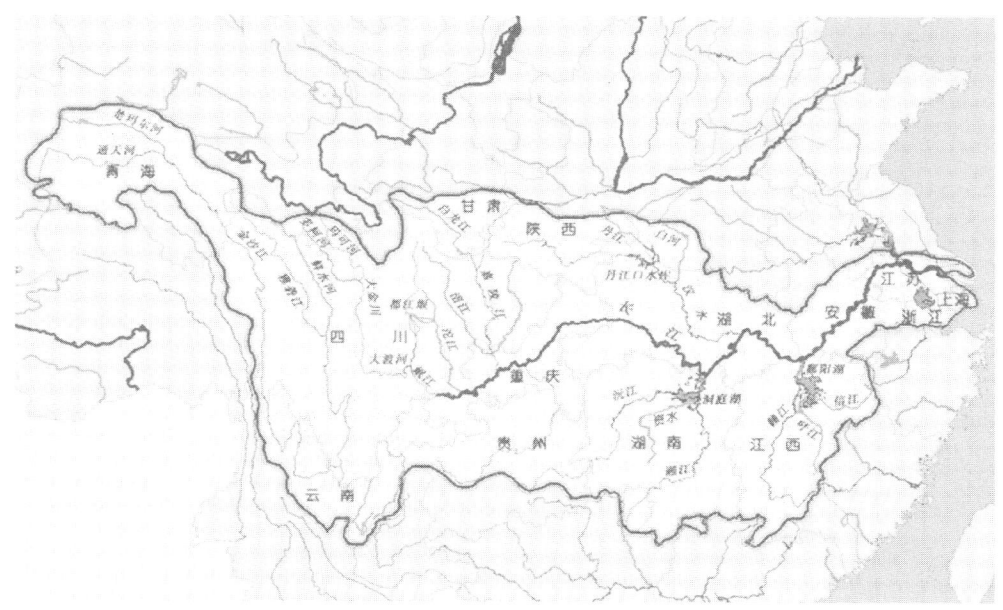

图 5-1 长江流域示意图

湿地被誉为"地球之肾"(陈兆开,2009),对缓解环境污染发挥着极其重要的作用(尚海洋,2011)。湿地不仅是一个重要的自然生态系统,而且还具有巨大的经济价值(刘红玉等,1999),其在蓄水防洪、调节气候、降解污染、保护生物多样性、休闲与旅游及提供动植物经济产品、水运等方面,为人类提供各种重要的功能和服务(刘影、彭薇,2003)。我国是湿地大国,湿地面积约6940万公顷,占世界湿地的11.9%(陈兆开,2009),居亚洲第一位,世界第四位(刘红玉,2005)。鄱阳湖湿地是永久性淡水湖湿地(崔丽娟,2004),湿地面积达到31.3万公顷。鄱阳湖湿地是我国第一大淡水湖生态湿地(贺晓英、贺缠生,2008;金卫根、廖夏林,2008),也是国际重要湿地和首批列入《国家重要湿地名录》的地区之一(熊鹰等,2004)。同时,鄱阳湖湿地也是我国首批被列入《国际重要湿地名录》的自然保护区之一,被世界自然基金会划定为全球重要生态区之一(王晓鸿,2004)。鄱阳湖湿地具有大气调节、调蓄洪水、涵养水源、生物栖息地、废物处理、水分调节、物质生产、文化科研和休闲娱乐等生态功能,为保护与改善长江中下游生态环境做出了巨大贡献(刘影、彭薇,2003)。然而近年来,鄱阳湖湿地的生态环境在逐渐恶化(赵其国等,2007),生物多样性的减少尤为突出，学者普遍认为造成生态环境日益恶化及物种消亡的原因主要有以下四个方面：

第一，对湿地资源的过度开发。随着城市化和工业化进程的加速，为满足不断增长的人口需求，人类大量开采包括生物资源在内的各种资源。过度放牧、过度捕捞、围海造田、偷猎走私、滥采滥挖等对资源的过度利用造成自然生态系统退化，从而改变了生态系统中的种类组成、群落或系统结构，导致自然生态破坏和大规模的物种灭绝。据相关学者估计，人类的活动使物种灭绝的速度不断加快，当前全球物种灭绝的速度是人类出现以前的 100～1000 倍。

第二，生态环境的退化和丧失是造成大量动物、植物以至微生物受威胁和大量灭绝的首要原因。据相关学者统计，全球大约 90% 的已知濒临灭绝物种的灾难是由于生态环境丧失引起的。伯克利大学著名的生态经济学家 Daily 发表在 *Science* 上的文章，对造成生物多样性减少的人类活动进行了如下排序：过度开发（含直接破坏和环境污染等）占 35%、毁林占 30%、农业活动占 28%、过度收获薪材占 6%、生物工业占 1%。其中，前 3 项人类活动占 93%，而这些破坏最直观的结果是造成了物种生态环境的破碎化和栖息地环境的岛屿化，从而直接导致生物多样性损失。

第三，环境污染。环境污染不仅降低了人类的生活质量，而且会通过改变生物原有的进化和适应模式，影响生态系统各个层次的结构、功能和动态，进而导致生物多样性在遗传、种群和生态系统三个层次上降低。

第四，外来物种入侵。外来物种入侵不仅导致其侵入生态系统的组成和结构的改变，而且能彻底改变生态系统的基本功能和性质，最终导致本地物种的灭绝和群落多样性的降低。

目前，国内外学者普遍认为建立生态补偿机制能够有效解决这一问题，而生态补偿机制的核心内容就是要确定生态补偿标准、生态补偿主客体以及生态补偿的方式，即补偿多少、谁补偿给谁以及如何补偿。为解决以上问题，本书将"滨湖控制开发带"和"湖体核心保护区"的 12 个县（市、区）作为鄱阳湖湿地的研究区域（熊凯、孔凡斌，2014）。12 个县（市、区）分别为余干县、鄱阳县、都昌县、星子县、永修县、湖口县、庐山区、共青城市、德安县、进贤县、新建县和南昌县。具体如表 5-1 和图 5-2 所示。

表5-1 鄱阳湖湿地生态补偿研究区

设区市	研究区
上饶市	余干县、鄱阳县
南昌市	南昌县、新建县、进贤县
九江市	都昌县、庐山区、永修县、星子县、湖口县、德安县、共青城市

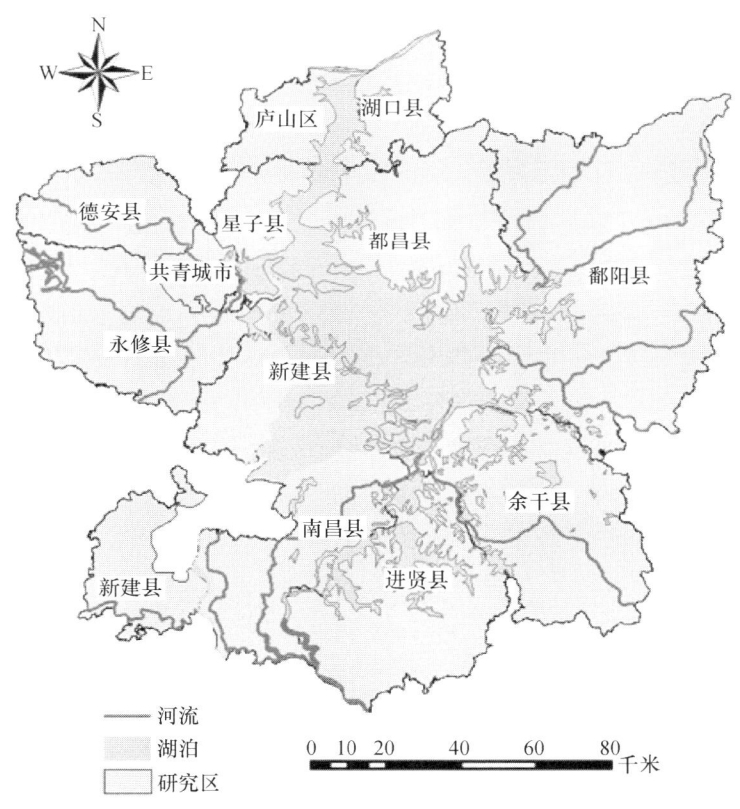

图5-2 鄱阳湖湿地生态补偿研究区

二、自然地理情况

（一）自然特征

浩渺的鄱阳湖上纳江西五河来水、下接长江，是一个过水型吞吐湖泊，它具有"洪水一片，枯水一线"的特性。鄱阳湖洲滩众多、纵横交错、形状大小不一，湖滩可分为沙洲、草滩、泥洲。湖区内有800多平方千米的洲滩面积。洲滩高程一般为12~18米，主要为14~16米。全湖各级洲滩的年平均可利用天数都不超过332天，历年各级洲滩最少可利用天数最多也不超过260天，各级洲滩的历年平均淹没日期和15米以上的洲滩历年最早淹没都发生在上半年，鄱阳湖洲滩淹没日期主要受五河洪水影响。鄱阳湖湿地高程一般在13.60～19.00米（吴淞基面），属于洪水期被淹没、枯水期广泛显露的低洼湿地，按地面高程由高至低可分为草滩、洲滩、积水洼地三个部分。鄱阳湖典型湿地（自然保护区内九个湖泊）位于鄱阳湖西部的赣江与修河交汇处，属于赣江主支与修河共同形成的复合三角洲前沿，由三角洲分支河道两侧天然堤向湖区加积延伸过程形成。鄱阳湖典型湿地在枯水期由彼此分隔的九个碟形洼地组成，洪水期其又成为鄱阳湖大水体的一部分进行分蓄洪水。

（二）区位特征

鄱阳湖地处江西省的北部，长江中下游南岸，北纬28°22′～29°45′，东经115°47′～116°45′。在正常的水位情况下，鄱阳湖面积有3914平方千米，容积达300亿立方米。它每年流入长江的水量超过黄、淮、海三河水量的总和。鄱阳湖湿地以鄱阳湖为核心，以环鄱阳湖的南昌县、新建县、进贤县、余干县、鄱阳县、都昌县、庐山区、永修县、星子县、湖口县、德安县和共青城市为依托。鄱阳湖湿地是中国第一大淡水湖生态湿地，位于江西省北部，距南昌市东北部50千米。2009年12月12日，国务院正式批复《鄱阳湖生态经济区规划》（以下简称《规划》）。《规划》对鄱阳湖生态经济区的划分有了明确规定：鄱阳湖生态经济区分为湖体核心保护区、滨湖控制开发带和高效集约发展区。其中，鄱阳湖湿地区域主要为湖体核心保护区范围。

（三）自然条件

鄱阳湖湿地区域属于亚热带湿润性季风型气候，气候温暖湿润，光照充足，雨量非常充沛，霜期一般较短。但由于季风的影响，从而会造成气温和降水变化较大，同时也容易出现酷热、水旱、冰冻等灾害性天气，进而形成春雨夏涝、伏秋干旱、夏热冬冷、有霜雨雪的气候特征。整个区域年平均气温为16.5～17.8℃，最冷月份为1月，平均气温为4.2～5.3℃。历史上最低温度为－11.9℃，最高气温为40.9℃，年降水量1368.7～1633.8毫米。鄱阳湖湿地区域四季较分明，春天和秋天时间较短，而夏天和冬天时间较长。从气候特征看，同一季节气候特征大体相似，但不同的季节之间又有较明显的差别。冬季寒冷且雨水较少，春季进入春雨期和梅雨期，夏季和秋季受副热带高压控制使得晴热少雨，偶尔会受到台风的侵袭。

三、自然资源情况

鄱阳湖湿地生物资源非常丰富，种类繁多、数量巨大，同时也拥有较多的珍稀濒危物种。鄱阳湖与我国其他四大淡水湖（洞庭湖、太湖、洪泽湖和巢湖）相比，生物资源、生物量、生物多样性程度都位居第一。其中，鄱阳湖湿地植物共计327种，水生植物也高达102种；现已鉴定鄱阳湖浮游植物和浮游动物分别有319种和205种，鄱阳湖浮游动物所包括的类型主要有原生动物、轮虫类、枝角类和桡足类。同时，鄱阳湖的鱼类资源也非常丰富，共计有136种。另外，鄱阳湖鸟类以珍禽鹤类、鹳类、鸳鸯、大毕鸟、小天鹅及雁鸭类为主。据统计，鄱阳湖鸟类总数高峰时达30万只以上，种类达310余种。其中属国家一级保护对象有11种，二级保护对象有39种。最引人注目的珍稀保护对象白鹤由20世纪80年代的高峰时2653只，至90年代增至3000余只，占世界白鹤总数的98%。在这十年间，白枕鹤数量由2200只增至3500只，白头鹤数量由210只增至285只，灰鹤数量由109只增到137只，小天鹅最大群体由5300只增至10000只，雁鸭类的最大群体竟达10万只以上。数量之大、种类之多、栖息时间之长，实属罕见。在鄱阳湖越冬的水禽，不但同一种类集聚成大群活动，而且多种水禽在同一地点也在一起集群活动。因此，鄱阳湖被称为"白鹤世界"、"珍禽王国"。详细情况如表5-2所示。

表5-2　中国五大湖泊生物种数　　　　　　　　单位：种

水生生物物种	鄱阳湖	洞庭湖	太湖	洪泽湖	巢湖
湿地植物（水生植物）	327（102）	77	61	81	50
浮游植物	319	161	97	165	72
浮游动物	205	122	79	91	46
底栖动物	282		65	76	56
虾蟹类等无脊椎动物	21				
鱼类	136	119	106	67	79
两栖、爬行类	40				
鸟类	310	218	194	146	44
哺乳类	52	22			
总计	1692	642	541	545	297

资料来源：周文斌、万金保：《鄱阳湖生态环境保护和资源综合开发利用研究》，第97页。

（一）水生生物资源

鄱阳湖水域开阔、港汊众多、水温适度，年平均水温17℃。鄱阳湖湿地繁多的浮游生物和丰富的水草为鱼类提供了天然的饵料，因而使鱼类资源极为丰富，其盛产鲤、鳙、鲢、鲫、鳊等鱼类。鄱阳湖湿地水生植物中的莲、藕、菱、芡也远近闻名。湿地周围水网密布、土壤肥沃，是江西省粮食、棉花、油料和生猪的重要生产基地。

（1）浮游植物是鄱阳湖湿地中最简单的初级生产者，种类繁多、数量较大、分布很广，对鄱阳湖的渔业生产有着极为重要的意义。由于鄱阳湖水体既存在着水平方向上的流动，也有垂直方向上的环流，因而使水体各处的物理、化学性状趋向一致，保持相对的均一性，这为水生植物创造了一个稳定的生存条件。鄱阳湖湿地光照、营养物质、温度和其他条件都促进了水生植物生长。

（2）鱼类是鄱阳湖最重要的经济水生动物。鄱阳湖湿地鱼类资源十分丰富，基本成分是鲤科鱼类，其中经济价值较大的鱼类有鲤、鲫、鲢、鳙、青、草、鳜、鲌等十余种。在鄱阳湖还分布有江豚，也曾发现过白鳍豚，都是珍贵的水生动物资源。此外，鄱阳湖还出产众多的贝类、虾、蟹、水禽、莲藕和湖草等水生动植物。

（二）草洲生物资源

（1）植物资源。每年枯水季节，暴露出水面的湖滩洲地生长着非地带性草甸植物，以禾本科、莎草科、蓼科和菊科等植物最为常见。由于洲滩高程不同，水热条件等也有差异，从而形成不同的土壤和生长着不同的植物群落，鄱阳湖洲滩湿地的植物群落主要有苔草群丛、芦群丛、荻群丛等。

（2）兽类资源。鄱阳湖湿地兽类分布具有明显的亚热带丘陵平原分布的特征，其兽类组成以小型食肉动物和草食类动物为主。由于鄱阳湖湿地植被较差并缺少林木，因而兽类资源远不如鸟类丰富，比较常见的有东方蝙蝠、黄鼬、猪獾、华南兔、豹猫和麝鼠等。

（三）鸟类资源

鄱阳湖湿地空气清新、幽寂恬静、平川无垠、绿茵似毡、水清草美，是一块生物多样性丰富的国际重要湿地。在鄱阳湖湿地生态系统中，生物因子（候鸟）与非生物因子（湖滩草地）两者之间有着极为密切的联系。每年10月至次年3月，由于鄱阳湖特定的自然条件，鄱阳湖为枯水期，形成广阔的湖滩草洲和积水洼地。各种鱼、虾、软体动物汇集，同时水草也十分丰盛。鄱阳湖湿地具有丰富的水生动植物，可供越冬候鸟食用的植物量达51万吨，加上人为干扰少，这为鸟类觅食、栖息提供了极好的生态环境。食物是候鸟生存的首要条件，也是根本条件。充足的食物、洁净的水体和湿地生物的多样性,都为鸟类栖息提供了重要的保障。据统计,现已记录到鸟类种数310余种,而20世纪80年代只有150余种,现在比20世纪80年代增长了1.07倍。这些鸟类中有繁殖鸟和非繁殖鸟,非繁殖鸟占大多数。非繁殖鸟类中,水禽(多为冬候鸟)占多数。鄱阳湖的鹤类主要分布在湖西自然保护区的范围内,有时候在湖东部的鄱阳县境内湖州滩地、余干县的康山和新建县的南矶山附近湖滩草洲上短时间逗留觅食。各种鹤在鄱阳湖越冬时间长达5个月左右。往北迁返的时间和当地气温、日照及湖泊水位有关。

四、社会经济状况

(一)地区生产总值情况

2012年,研究区生产总值达到1729.91亿元,同比增长14.34%,占全省经济总量较小,仅为13.40%。2009~2012年,研究区生产总值从2009年的1002.28亿元增加到2012年的1729.91亿元,这四年间研究区地区生产总值增长了727.63亿元,年均增长率达到24.20%,增速高于全省平均水平。详细情况如表5-3和图5-3所示。

表5-3 2009~2012年研究区地区生产总值情况

地区	2009年(亿元)	2010年(亿元)	2011年(亿元)	2012年(亿元)	平均增幅(%)
南昌县	255.32	305.95	384.30	437.57	23.79
新建县	147.46	175.16	217.24	240.61	21.06
进贤县	143.22	165.24	207.22	233.95	21.12
余干县	55.64	65.70	79.21	93.92	22.93
鄱阳县	67.45	80.28	99.12	115.20	23.60
都昌县	36.05	45.00	54.07	64.49	26.30
庐山区	123.95	148.63	174.18	196.8	19.59
永修县	54.34	63.28	75.42	91.57	22.84
星子县	22.73	33.44	43.67	49.03	38.57
湖口县	48.25	64.31	85.25	86.02	26.09
德安县	27.40	37.30	49.51	61.78	41.82
共青城市	20.47	29.60	43.74	58.97	62.69
研究区	1002.28	1213.89	1512.93	1729.91	24.20
江西省	7655.18	9451.26	11702.82	12948.88	23.05

资料来源:《江西省统计年鉴》和《鄱阳湖生态经济区统计年鉴》。

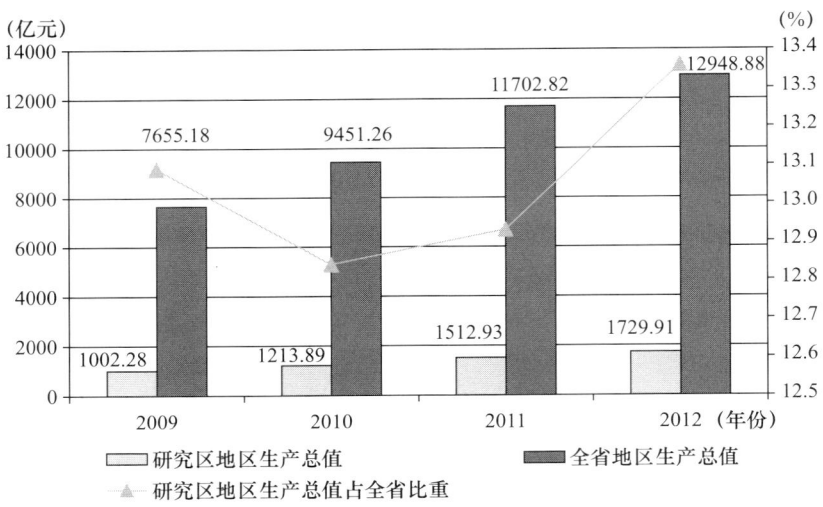

图 5-3　2009~2012 年研究区地区生产总值示意图

从地区差异来看，2012 年研究区地区生产总值最高的地区为南昌县，达到 437.57 亿元；其次为新建县，为 240.61 亿元；排名第三的为进贤县，为 233.95 亿元。2012 年星子县、共青城市和德安县地区生产总值较低，分别为 49.03 亿元、58.97 亿元和 61.78 亿元。另外，共青城市的年均增幅最快，达到 62.69%。详细情况如图 5-4 所示。

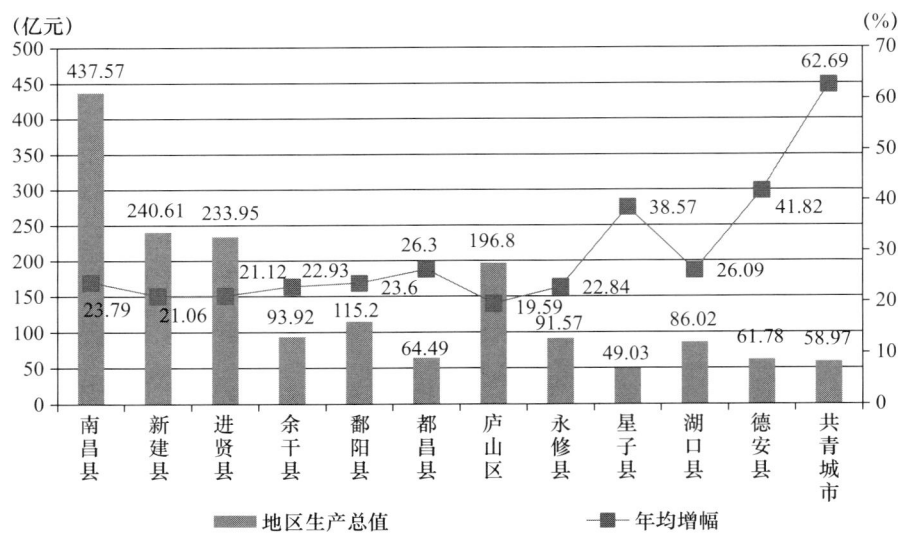

图 5-4　2012 年研究区各县（市、区）地区生产总值示意图

（二）财政收入情况

2012年，研究区财政总收入达到188.6亿元，同比增长31.49%，占全省经济总量较小，仅为13.75%。2009～2012年，研究区财政总收入从2009年的75.58亿元增加到2012年的188.60亿元，四年间研究区财政总收入增长了113.02亿元，年均增长率达到49.85%，增速高于全省平均水平。详细情况如表5-4和图5-5所示。

表5-4　2009～2012年研究区财政收入情况

地区	2009年（亿元）	2010年（亿元）	2011年（亿元）	2012年（亿元）	年均增幅（%）
南昌县	24.85	35.61	45.46	60.50	47.82
新建县	9.02	12.60	15.85	20.10	40.95
进贤县	5.41	7.68	10.78	13.11	47.44
余干县	4.41	5.50	6.52	9.21	36.28
鄱阳县	3.90	5.30	7.06	10.01	52.22
都昌县	3.23	4.65	6.31	8.12	50.46
庐山区	5.24	7.24	11.10	15.11	62.79
永修县	5.72	6.72	9.08	12.08	37.06
星子县	2.60	4.17	5.02	7.03	56.79
湖口县	6.02	10.05	14.09	16.53	58.19
德安县	3.16	4.60	6.71	8.65	57.91
共青城市	2.02	3.50	5.45	8.15	101.16
研究区	75.58	107.62	143.43	188.60	49.85
江西省	581.30	778.09	1053.43	1371.99	45.34

资料来源：《江西省统计年鉴》和《鄱阳湖生态经济区统计年鉴》。

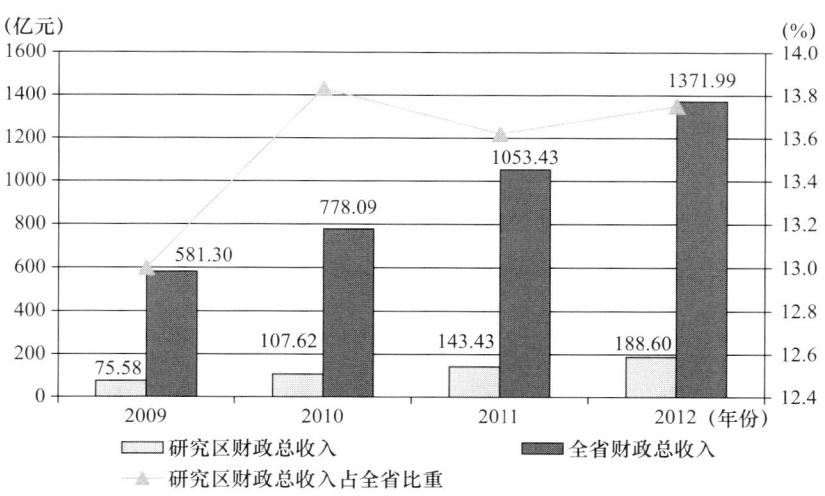

图5-5　2009～2012年研究区财政总收入情况

从地区差异看，2012 年研究区财政总收入最高的地区是南昌县，达到 60.50 亿元；其次是新建县，为 20.10 亿元；排名第三的是湖口县，为 16.53 亿元。2012 年星子县、都昌县和共青城市财政总收入较低，分别为 7.03 亿元、8.12 亿元和 8.15 亿元。另外，共青城市的年均增幅最快，达到 101.16%。如图 5-6 所示。

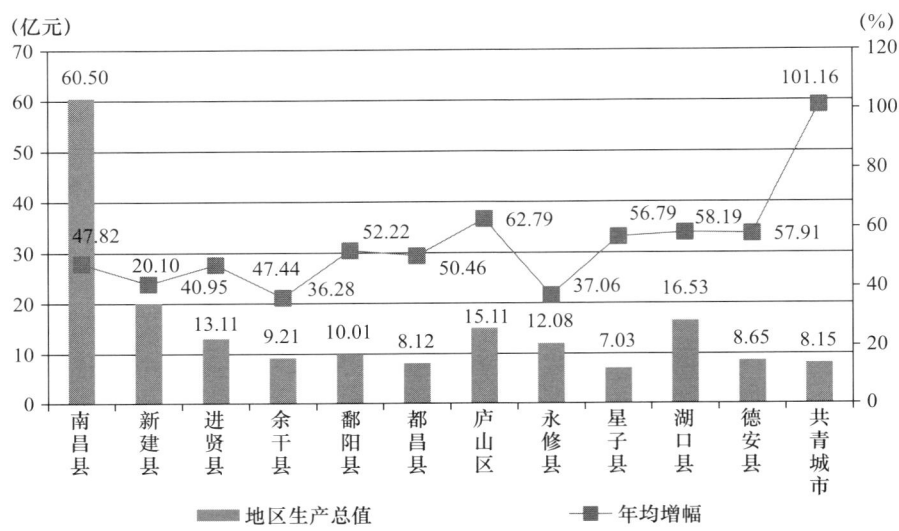

图 5-6 2012 年研究区各县（市、区）地区财政总收入情况

第二节 数据来源

一、生态系统服务功能的数据来源

国务院批复的《鄱阳湖生态经济区规划》将鄱阳湖生态经济区划分为湖体核心保护区、滨湖控制开发带和高效集约发展区（简称"两区一带"）。本书研究的鄱阳湖湿地主要分布于"湖体核心保护区"和"滨湖控制开发带"的 12 个县（市、区），具体包括南昌县、新建县、进贤县、庐山区、共青城市、德安县、永修县、星子县、湖口县、都昌县、鄱阳县和余干县。12 个县（市、区）的土地资源、湿地资源、人口和经济基本情况如表 5-5 所示。

第五章 研究区概况和数据来源

表5-5 研究区的基本情况

设区市	县（市、区）	湿地面积（亩）	湿地所占比重（%）	涉及人口数量（户）	经济总量（万元）	土地面积（平方千米）
南昌市	南昌县	435581	7.37	89814	4375736	1683.6
	新建县	523300	8.85	19520	2406108	2338
	进贤县	548870	9.28	143553	2339486	1955.2
九江市	永修县	101091	1.71	12698	915707	2035
	星子县	492346	8.32	118976	490335	719
	德安县	1346	0.02	2630	617826	863
	共青城市	3753	0.06	165	589720	64
	庐山区	28187	0.48	26162	1968043	548
	湖口县	39232	0.66	32790	860218	669.3
	都昌县	1297964	21.95	332564	644936	1988
上饶市	鄱阳县	921364	15.58	259296	1152019	4214.7
	余干县	1521060	25.72	164783	939186	2330.8
	合计	5914094	100	1202951	17299320	19408.6

资料来源："湿地面积"、"涉及人口数量"均来自"江西鄱阳湖国家级自然保护区管理局"2010年12月的实地调研，"经济总量、土地面积"来自2013年《南昌统计年鉴》、《九江统计年鉴》和《上饶统计年鉴》。

为了便于第六章对各研究区生态系统服务功能价值进行比较研究，本部分以研究区的12个县（市、区）湿地面积比重大小为依据，进行简单分区。具体以"江西鄱阳湖国家级自然保护区管理局"的2010年12月的调研数据（见表5-5）为依据，将研究区划分为湿地面积占比较大区（>15%）、湿地面积占比中等区（5%~15%）、湿地面积占比较小区（<5%）。具体划分如表5-6所示。

表5-6 研究区分类

类型	县（市、区）	比例（%）	区域
I	都昌县、鄱阳县、余干县	>15	湿地面积占比较大区
II	南昌县、新建县、进贤县、星子县	5~15	湿地面积占比中等区
III	德安县、共青城市、庐山区、湖口县、永修县	<5	湿地面积占比较小区

注：此分区主要是以调研数据中的各研究单元湿地面积大小为依据，"比例"这一项是指"江西鄱阳湖国家级自然保护区管理局"的2010年12月的调研数据中研究区的湿地面积所占总湿地面积的大小。

二、农户意愿的数据来源

本研究农户数据均来源于 2013 年、2014 年两次对以上研究区农户实地抽样调查。鄱阳湖湿地农户主要从事种植业、养殖业等传统第一产业。为了便于数据抽样以及在第七章和第八章各研究区对农户意愿情况进行比较研究,本部分以农业产值比重大小为依据,对研究区进行简单农业类型分区。具体以《鄱阳湖生态经济区统计年鉴 2012》中"区内各县(市、区)生产总值产业构成"的第一产业产值占所对应地区生产总值之比为依据,将研究区分别划分为农业产值占比较大区(>20%)、农业产值占比中等区(10%~20%)、农业产值占比较小区(<10%)(熊凯、孔凡斌,2014)。具体划分如表 5-7 所示。

表 5-7 研究区分类

类型	县(市、区)	比例(%)	区域
Ⅰ	都昌县、余干县、鄱阳县	>20	农业产值占比较大区
Ⅱ	新建县、进贤县、永修县、星子县、湖口县	10~20	农业产值占比中等区
Ⅲ	南昌县、庐山区、德安县、共青城市	<10	农业产值占比较小区

注:"比例"这一项是指以《鄱阳湖生态经济区统计年鉴 2012》中"区内各县(市、区)生产总值产业构成"的农业产值占所对应地区生产总值大小。

为了保证抽样样本的无偏性和有效性,农户抽样采用三阶段抽样方法,具体过程如表 5-8 所示。

表 5-8 抽样方案

阶段	抽样单位	抽样数量	抽样方法
一	乡(镇)	24	分层抽样
二	村	24	PPS(放回)
三	农户	288	SRS

注:第一阶段的样本框是根据 2010 年 12 月 12 日国务院批复的《鄱阳湖生态经济区规划》中确定的湖体核心保护区和湖滨控制带中的 12 个县(市、区)的乡镇;第二阶段的抽样框是抽中乡(镇)的所有村名单;第三阶段的样本框是抽中村的所有户主名单。

其中,第一阶段抽样(PSU)对研究区各研究单元采用分层抽样的方法,分别在各研究单元中抽取 2 个在鄱阳湖湿地范围内的乡(镇);第二阶段抽样

（SSU）对抽中的 24 个乡（镇）采用整群抽样（PPS 放回）的方法分别在抽中的乡（镇）中各抽出 1 个村；第三阶段抽样（TSU）对抽中的村，采用简单随机抽样方法各抽取 12 个农户。

在调查过程中，采用入户调查的方式对所抽中的样本农户进行逐一面对面的问卷调查，调查过程中共发放问卷 288 份，收回有效问卷 271 份，问卷有效率为 94.10%。不考虑研究总体，简单随机抽样样本计算公式为 $n = p(1-p)Z^2/e^2$，式中，n 为样本数量。在此做出较为保守假设，p 值取 0.5，在 95% 的置信区间下，误差 e 不能大于 0.05，通过预调查估算出 Z 值约为 1.5。综合以上数据，得出最低抽取样本数量为 225。因此，本调查所获得的样本基本能够代表并反映总体情况。

另外，农户调查问卷（问卷具体内容见本书附录Ⅰ）主要分为五个部分。问卷的第一、第二部分分别为被调查农户"个人及家庭特征"，以上两部分调查内容主要作为本书第七章和第八章实证分析的自变量；问卷的第三部分为"湿地农户的支付意愿情况"，该部分调查内容主要用来测算农户的支付意愿及支付水平，并将测算结果作为第七章实证分析的因变量；问卷的第四部分为"湿地农户的受偿意愿情况"，该部分调查内容主要用来测算农户的受偿意愿及受偿水平，并将测算结果作为第八章实证分析的因变量；问卷的第五部分为"生态补偿方式"，该部分内容主要用来分析农户生态补偿的方式，具体在本书第十章进行详细阐述。

本章小结

本章先对本书的研究区域进行界定，将"滨湖控制开发带"和"湖体核心保护区"的 12 个县（市、区）作为鄱阳湖湿地的研究区域（熊凯、孔凡斌，2014）。12 个县（市、区）分别为余干县、鄱阳县、都昌县、星子县、永修县、湖口县、庐山区、共青城市、德安县、进贤县、新建县和南昌县。同时，本章还对研究区自然地理情况、自然资源情况以及社会经济状况进行了分析。

另外，本章还对测算生态系统服务功能价值和农户意愿价值的基础数据来源进行了详细阐述。测算生态系统服务功能价值的基础指标有"湿地面积"、"涉及人口数量"、"经济总量、土地面积"等，其中"湿地面积"、"涉及人口数量"

数据均来自于"江西鄱阳湖国家级自然保护区管理局"2010年12月的实地调研,"经济总量、土地面积"数据来自2013年《南昌统计年鉴》、《九江统计年鉴》和《上饶统计年鉴》。农户意愿数据则来源于2013年、2014年两次对以上研究区农户实地抽样调查。在调查过程中,采用入户调查的方式对所抽中的样本农户进行逐一面对面的问卷调查,调查过程中共发放问卷288份,收回有效问卷271份,问卷有效率为94.10%。

第六章 基于生态系统服务功能的鄱阳湖湿地生态价值研究

Costanza 等（1997）衡量了全球生态系统服务功能的价值，为确定生态补偿标准提供了重要依据。随后，世界上许多科学家都进行了这方面的尝试（Robles & Lassioe，1997；Whitehead J. C. et al.，1991），运用多种方法衡量生态系统服务功能价值，该研究至今仍然是生态学领域的研究热点。在我国，类似的研究始于20世纪90年代，有学者从国家级尺度上研究中国各类生态系统服务功能价值（潘耀忠等，2004；朱文泉等，2007），而区域尺度上以及流域尺度上的研究亦呈现活跃态势（欧阳志云等，2004；于德永等，2006），基于行政区的生态系统服务功能价值定量估算研究也在逐渐增多（金艳，2009；张淑英等，2004）。从21世纪初就有学者对鄱阳湖湿地生态系统服务功能价值进行研究，鄢帮有和崔丽娟分别在2003年和2004年，计算出鄱阳湖湿地生态系统服务功能价值分别为1381亿元/年和362.7亿元/年（崔丽娟，2004；鄢帮有，2003），两者由于研究视角和研究方法的不同，从而导致研究结果有较大的不同。倪才英等根据前人研究基础，结合自身可获得的数据以及恰当的方法估算出鄱阳湖湿地生态服务价值为578.49亿元/年，同时经过指标折算，得出鄱阳湖湿地最终生态系统服务功能价值为326.53亿元/年，该值与崔丽娟的计算结果相近。通过对上述的研究分析，发现对生态系统服务功能价值的测算由于数据可得性等原因，所得研究结果会出现较大的差异。本章为了尽量减少这一差异，以 Costanza 等（1997）的研究成果为依据确定湿地的主要研究功能，以前人研究数据和鄱阳湖自然保护区管理局调研数据为基础，采用价格替代、影子工程以及市场价格法从大气调节、调蓄洪水、涵养水源、生物栖息地、废物处理、水分调节、物质生产、文化科研和休闲娱乐九个方面对鄱阳湖湿地的生态价值进行客观估测与评价。

第一节 鄱阳湖湿地生态系统服务功能价值估测模型的构建

本书在 Costanza 等研究结果和国内湖泊湿地相关文献的基础之上,并结合鄱阳湖湿地的具体情况,设计如下生态系统评估指标(见表6-1),以下对鄱阳湖湿地生态系统服务功能价值进行较为全面的评价。

表6-1 鄱阳湖湿地生态系统服务功能评估方法

价值分类	生态功能	评价方法	评价指标	数据来源及相关文献支持
物质生产价值	食物生产	价格替代法	Constanza 等研究结果	(Costanza R et al., 1997)
	原材料			
生态环境调节与维护价值	大气调节	价格替代法	瑞典碳税率、我国造林成本和工业制氧标准	(王庆、廖静娟,2010;鄢帮有,2004;周葆华等,2011)
	涵养水源	影子工程法	我国水库建设费用标准	(崔丽娟,2004;倪才英等,2009;鄢帮有,2004)
	调蓄洪水	影子工程法	我国水库建设费用标准	(崔丽娟,2004;倪才英、曾珩、汪为青,2009;鄢帮有,2004)
	生物栖息地	价格替代法	Constanza 等研究结果、我国单位面积湿地生态系统价值	(Costanza R.、Arge R.、Groot R. et al.,1997;吴平、付强,2008)
	废物处理	价格替代法	Constanza 等研究结果	(Costanza R.、Arge R.、Groot R et al.,1997;陈志平等,2009;崔丽娟,2004)
	水分调节	市场价值法	我国供水、蓄水的费用标准	(陈志平、熊汉锋、黄世宽、万细华,2009;周葆华、操璟璟、朱超平、金宝石,2011)
文化娱乐价值	休闲娱乐	价格替代法	Constanza 等研究结果	(Costanza R.、Arge R.、Groot R. et al,1997)
	文化科研	价格替代法	我国单位面积科考价值、科考Constanza 等研究结果	(Costanza R.、Arge R.、Groot R. et al.,1997;邓立斌,2011;李海丽、赵善伦,2005;庄大昌,2004)

(一) 物质生产功能价值

鄱阳湖湿地的物质产品可以分为食物和原材料两个部分,食物方面主要有鱼、虾、鳖、田螺等,原材料主要有芦苇、菖蒲、菱等。由于缺乏对鄱阳湖物质生产的数据,因此计算方法采用价格替代法,公式如下所示。

$$EC_1 = P_i S + P_j S \tag{6-1}$$

式中,EC_1 代表每年物质生产总价值(元/年),P_i 为每年单位产品的价值量(元/公顷·年),取 256 美元/公顷·年;P_j 为每年单位原材料价值量(元/公顷·年),取 106 美元/公顷·年(Costanza R. et al., 1997);S 为湖区湿地面积(公顷),取 394272.93 公顷。

(二) 大气调节功能价值

植物光合作用方程式如下所示。

$$6CO_2 + 6H_2O \longrightarrow C_6H_{12}O_6 + 6O_2 \longrightarrow 多糖$$

通过上式可知,植物每生产 162 克干物质可吸收 264 克二氧化碳(庄大昌,2004),同时可以释放 192 克氧气(吴平、付强,2008),即植物体每积累 1 克物质,可以吸收 1.63 克二氧化碳,同时释放 1.19 克氧气。价值公式如下所示。

$$\begin{cases} EC_{CO_2} = 1.63 \cdot C_{CO_2} \cdot Q \\ EC_{O_2} = 1.19 \cdot C_{O_2} \cdot Q \\ EC_2 = EC_{CO_2} + EC_{O_2} \end{cases} \tag{6-2}$$

式中,EC_{CO_2}、EC_{O_2} 和 EC_2 分别代表每年固定二氧化碳、释放氧气和大气调节功能的总价值(元/年)。C_{CO_2} 代表固定单位二氧化碳的成本(元/千克),取碳税率 150 美元/吨和中国造林成本 250 元/吨的平均值(鄢帮有,2004);C_{O_2} 代表释放单位氧气的成本(元/千克),取 400 元/吨(鄢帮有,2004;周葆华等,2011);Q 代表每年湖区湿地所拥有生物量($kg \cdot a^{-1}$),引用王庆等的研究结果 210 万吨/年(王庆、廖静娟,2010)。

(三) 涵养水源功能价值

$$EC_3 = C \cdot S \cdot D \tag{6-3}$$

式中,EC_3 代表每年涵养水源的价值(元/年),C 代表建造单位库容的造价(元/立方米),取 0.67 元/立方米(崔丽娟,2004);S 代表湖区湿地面积(公顷),取 394272.93 公顷;D 代表湖区湿地全流域多年平均地表径流量($mm \cdot a^{-1}$),取 $898mm \cdot a^{-1}$(崔丽娟,2004)。

（四）调蓄洪水功能价值

$$EC_4 = C \cdot V \tag{6-4}$$

式中，EC_4 代表每年调蓄洪水的价值（元/年），C 代表建造单位库容的造价（元/立方米），取 0.67 元/立方米（崔丽娟，2004）；V 代表湖区湿地每年可调蓄水量（$m^3 \cdot a^{-1}$），取 $238.1 \times 10^8 m^3 \cdot a^{-1}$（崔丽娟，2004）。

（五）生物栖息地功能价值

$$EC_5 = P \cdot S \tag{6-5}$$

式中，EC_5 代表每年生物栖息地价值（元/年），P 代表每年单位面积生物栖息地价值（元/公顷·年），取我国每年单位面积湿地生态系统价值 2203.3 元/公顷·年与 Costanza 等确定的 304 美元/公顷·年的平均值（Costanza R.，Arge R.，Groot R. et al.，1997；吴平、付强，2008）；S 代表湖区湿地面积（公顷），取 394272.93 公顷。

（六）废物处理功能价值

$$EC_6 = P \cdot S \tag{6-6}$$

式中，EC_6 代表每年废物处理的价值（元/年），P 代表每年单位面积废物处理价值（元/公顷·年），取 4177 美元/公顷·年（Costanza R.，Arge R.，Groot R. et al.，1997）；S 代表湖区湿地面积（公顷），取 394272.93 公顷。

（七）水分调节功能价值

$$EC_7 = \alpha \cdot V \tag{6-7}$$

式中，EC_7 代表每年水分调节价值（元/年），α 代表供水资源价格（元/立方米），鄱阳湖水质保持在Ⅲ类，主要为农业、工业和居民生活提供水，平均水价取 0.1 元/立方米（陈志平等，2009）；V 代表湖区湿地每年平均蓄水量（$m^3 \cdot a^{-1}$），取 $238.1 \times 10^8 m^3 \cdot a^{-1}$（崔丽娟，2004）。

（八）休闲娱乐功能价值

$$EC_8 = P \cdot S \tag{6-8}$$

式中，EC_8 代表每年休闲娱乐价值（元/年），P 代表每年单位面积休闲娱乐价值（元/公顷·年），采用 Costanza 等确定的湿地生态系统休闲娱乐功能价值 574 美元/公顷·年；S 代表湖区湿地面积（公顷），取 394272.93 公顷。

（九）文化科研功能价值

$$EC_9 = P \cdot S \tag{6-9}$$

第六章 基于生态系统服务功能的鄱阳湖湿地生态价值研究

式中，EC_9 代表每年文化科研价值（元/年），P 代表每年单位面积文化科研价值（元/公顷·年），取我国每年单位面积湿地生态系统科考旅游价值（382 元/公顷·年）和 Costanza 等科考旅游功能研究结果（861 美元/公顷·年）的平均值（邓立斌，2011；李海丽、赵善伦，2005；庄大昌，2004）；S 代表湖区湿地面积（公顷），取 394272.93 公顷。

此外，生态系统服务功能价值测算的相关数据来源以及分区方式均在本书的第五章第二节进行了详细的阐述。

第二节 鄱阳湖湿地生态系统服务功能价值

（一）物质生产功能价值

（1）鉴于鄱阳湖湿地物质生产方面的第一手数据十分缺乏，本书直接采用 Costanza 等（1997）确定的单位面积湿地食物生产和原材料价值标准，即 256 美元/公顷·年和 106 美元/公顷·年，折合人民币分别为 1573.38 元/公顷·年和 651.48 元/公顷·年（汇率取 6.146 元/美元）。研究区湿地面积为 394272.93 公顷，将以上数据代入式（6-1），可得到 EC_1 为 8.77 亿元/年。

（2）大气调节功能价值。鄱阳湖湿地生物量直接引用王庆等的研究结果 $210 \times 10^4 t \cdot a^{-1}$（王庆、廖静娟，2010），采用瑞典的碳税率 150 美元/吨和中国造林成本 250 元/吨的平均值 586 元/吨作为碳税标准（汇率取 6.146 元/美元）（鄢帮有，2004），得出鄱阳湖湿地固定二氧化碳价值如表 6-2 所示。

表 6-2 鄱阳湖湿地固定 CO_2 价值

生物量 （10^8 千克/年）	固定 CO_2 量 （10^8 千克/年）	折合纯碳 （10^8 千克/年）	碳税法 （元/千克）	EC_{CO_2} （10^8 元/年）
21	34.23	9.34	0.586	5.47

注：折合纯碳取 0.2729。

进一步采用工业制氧影子价格法来估算释放 O_2 的价值，按照工业制氧 400 元/t 价值标准计算（鄢帮有，2004；周葆华等，2011），得出湿地释放 O_2 的价值如表 6-3 所示。

表 6-3 鄱阳湖湿地释放 O_2 价值

生物量（10^8 千克/年）	固定 O_2 量（10^8 千克/年）	影子价格（元/千克）	EC_{O_2}（10^8 元/年）
21	24.99	0.4	10.00

在上述数据的基础上，根据式（6-2）可得 EC_2 为 15.47 亿元/年。

（3）涵养水源功能价值。湖区湿地面积取 394272.93 公顷，湖区湿地全流域多年平均地表径流量取 898mm·a^{-1}，湿地单位库容造价取 0.67 元/立方米（崔丽娟，2004）。将以上数据代入式（6-3），可得出 EC_3 为 23.72 亿元/年。

（4）调蓄洪水功能价值。鄱阳湖湿地年可调蓄水量取 $238.1 \times 10^4 m^3 \cdot a^{-1}$，湿地单位库容造价取 0.67 元/立方米（崔丽娟，2004）。将以上数据代入式（6-4），得出 EC_4 为 159.53 亿元/年。

（5）生物栖息地功能价值。以我国单位面积湿地生态系统价值 2203.3 元/公顷·年与 Costanza 等确定的 304 美元/公顷·年的平均值作为测算鄱阳湖湿地单位面积生物栖息地价值标准，即 2035.8 元/公顷·年（汇率取 6.146 元/美元）（Costanza R. et al.，1997；吴平、付强，2008），研究区湿地面积为 394272.93 公顷。将以上数据代入式（6-5），得出 EC_5 为 8.03 亿元/年。

（6）废物处理功能价值。采用 Costanza 等确定的湿地年废物处理价值 4177 美元/公顷·年的标准，直接测算鄱阳湖湿地单位面积废物处理价值，研究区湿地面积为 394272.93 公顷。将数据代入式（6-6），得出 EC_6 为 101.22 亿元/年。

（7）水分调节功能价值。鄱阳湖湖区湿地平均蓄水量取 $238.1 \times 10^8 m^3 \cdot a^{-1}$，鄱阳湖水质保持在Ⅲ类，主要为农业、工业和居民生活提供水，平均水价取 0.1 元/立方米（陈志平等，2009）。将数据代入式（6-7），可得出 EC_7 为 23.81 亿元/年。

（8）休闲娱乐功能价值。采用 Costanza 等确定的湿地生态系统休闲娱乐功能价值 574 美元/公顷·年（汇率取 6.146 元/美元），测算鄱阳湖湿地休闲娱乐功能价值，研究区湿地面积为 394272.93 公顷。将数据代入式（6-8），可得出 EC_8 为 13.91 亿元/年。

（9）文化科研功能价值。以我国单位面积湿地生态系统科考旅游价值 382 元/公顷·年和 Costanza 等确定的湿地生态系统科考旅游功能价值 861 美元/公顷·年（汇率取 6.146 元/美元）的平均值 2836.9 元/公顷·年，作为测算鄱阳湖湿地文化科研价值的标准（邓立斌，2011；李海丽、赵善伦，2005；庄大昌，

2004),研究区湿地面积为394272.93公顷。将数据代入式(6-9),可得出 EC_9 为11.18亿元/年。

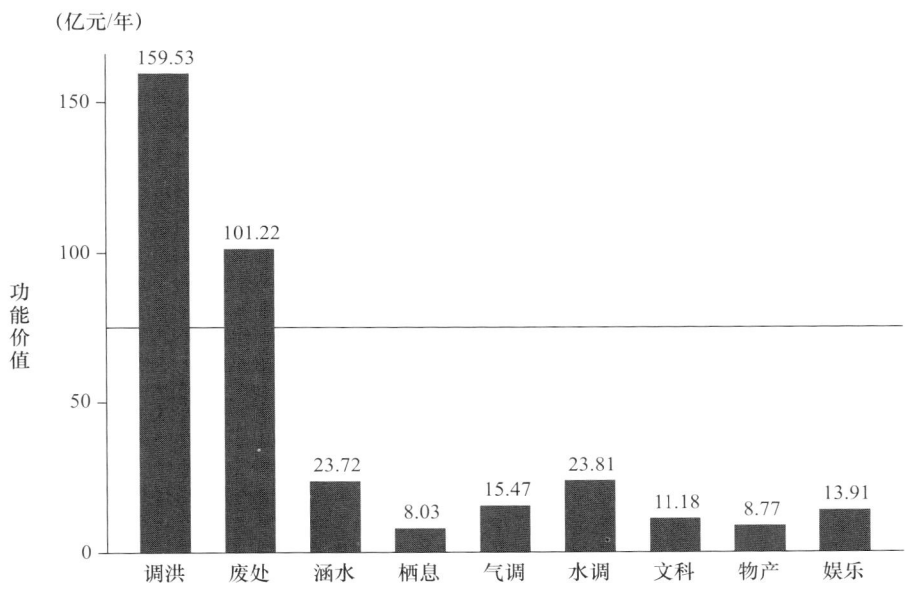

图6-1 鄱阳湖湿地生态系统服务功能价值

从上述计算和图6-1可知,鄱阳湖湿地每年生态系统服务功能总价值 $EC = EC_1 + EC_2 + EC_3 + EC_4 + EC_5 + EC_6 + EC_7 + EC_8 + EC_9 = 365.64$ 亿元。本书研究结果与崔丽娟(2004)、倪才英等(2010)对鄱阳湖湿地生态系统价值测算值(分别为362.7亿元/年和326.53亿元/年)较为接近。另外,在本书中鄱阳湖湿地"调蓄洪水"和"废物处理"的生态系统服务功能价值较高,每年分别为159.53亿元和101.22亿元;鄱阳湖湿地的"水分调节"和"涵养水源"的生态系统服务功能价值较低,每年分别为23.81亿元和23.72亿元;鄱阳湖湿地的"大气调节"、"休闲娱乐"、"文化科研"、"物质生产"和"生物栖息"的生态系统服务功能价值最低,每年分别为15.47亿元、13.91亿元、11.18亿元、8.77亿元和8.03亿元。

第三节 鄱阳湖湿地生态系统服务功能价值空间分布

采用相同方法步骤，进一步求算得出鄱阳湖湿地分布区12个县（市、区）湿地生态系统服务功能价值及空间分布情况，具体如表6-4和图6-2所示。

表6-4 研究区12个县（市、区）湿地生态系统服务功能价值

类型	县（市、区）	湿地所占比重（%）	生态系统服务功能价值量（亿元/年）
Ⅰ	都昌县	21.95	80.26
	鄱阳县	15.58	56.97
	余干县	25.72	94.04
Ⅱ	南昌县	7.37	26.95
	新建县	8.85	32.36
	进贤县	9.28	33.93
	星子县	8.32	30.42
Ⅲ	德安县	0.02	0.07
	共青城市	0.06	0.22
	庐山区	0.48	1.76
	湖口县	0.66	2.41
	永修县	1.71	6.25

注：具体的数据来源及分区方式在本书的第五章第二节进行了详细阐述。

从表6-4可以发现，第Ⅰ区（鄱阳县、都昌县和余干县）生态系统服务功能价值量最大，均大于35亿元/年，其中余干县和鄱阳县的生态系统服务功能价值相对较大，每年分别为94.04亿元和80.26亿元。第Ⅱ区（南昌县、星子县、新建县和进贤县）生态系统服务功能价值量次之，生态系统服务功能价值每年均保持在20亿~35亿元，其中进贤县生态系统服务功能价值相对最高，为33.93亿元/年，南昌县生态系统服务功能价值相对最低，为26.95亿元/年。第Ⅲ区（永修县、湖口县、庐山区、共青城市和德安县）的生态系统服务功能价值最低，均小于10亿元/年，其中，共青城市和德安县生态系统服务功能价值相对最少，每年分别为0.22亿元和0.07亿元。

第六章 基于生态系统服务功能的鄱阳湖湿地生态价值研究

从空间分布图6-2可以发现，紧邻鄱阳湖东部的3个县（鄱阳县、都昌县和余干县）湿地的生态系统服务功能价值最高，紧邻鄱阳湖中部和南部的四个县（南昌县、星子县、新建县和进贤县）湿地的生态系统服务功能价值次之，而邻近鄱阳湖的西部与北部的5个县（市、区）（永修县、湖口县、庐山区、共青城市和德安县）生态系统服务功能价值最低。这是由于生态系统服务功能价值与所在区域拥有湿地面积大小呈显著相关性，即湿地面积较大区域其生态系统服务功能价值就较大，而湿地面积较小区域其生态系统服务功能价值就较小。

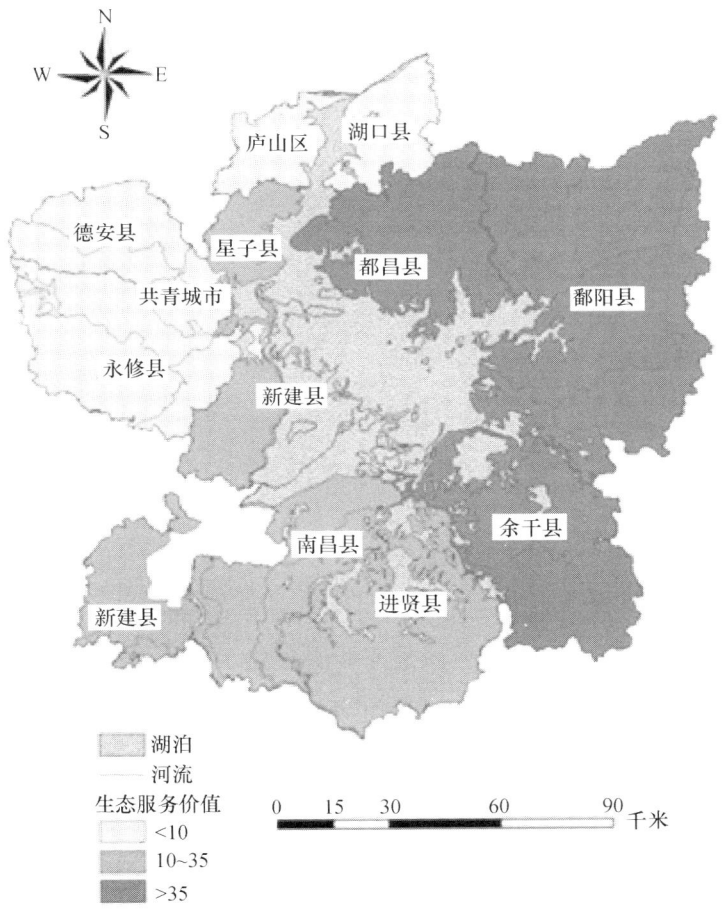

图6-2 研究区12个县（市、区）湿地生态系统服务功能价值分布

· 129 ·

本章小结

本章主要是在 Costanza 等和国内湖泊湿地相关文献的基础之上,并结合鄱阳湖湿地的具体情况,设计 3 大类 9 小类的生态系统评估指标,对鄱阳湖湿地生态系统服务功能价值进行较为全面的评价,所计算出的生态系统服务功能价值为鄱阳湖湿地及各个研究区的客观生态价值,用于对鄱阳湖湿地内部、外部生态补偿标准的测算。

通过计算,得出每年鄱阳湖湿地生态系统服务功能总价值 $EC = EC_1 + EC_2 + EC_3 + EC_4 + EC_5 + EC_6 + EC_7 + EC_8 + EC_9 = 365.64$ 亿元。鄱阳湖湿地的"调蓄洪水"和"废物处理"的生态系统服务功能价值较高,每年分别为 159.53 亿元和 101.22 亿元;鄱阳湖湿地的"水分调节"和"涵养水源"的生态系统服务功能价值较低,每年分别为 23.81 亿元和 23.72 亿元;鄱阳湖湿地的"大气调节"、"休闲娱乐"、"文化科研"、"物质生产"和"生物栖息"的生态系统服务功能价值最低,每年分别为 15.47 亿元、13.91 亿元、11.18 亿元、8.77 亿元和 8.03 亿元。

运用相同方法,进一步求算出鄱阳湖湿地分布区 12 个县(市、区)湿地生态系统服务功能价值。第 I 区(鄱阳县、都昌县和余干县)生态系统服务功能价值量最大,均大于 35 亿元/年,其中余干县和鄱阳县的生态系统服务功能价值相对较大,每年分别为 94.04 亿元和 80.26 亿元。第 II 区(南昌县、星子县、新建县和进贤县)生态系统服务功能价值量次之,生态系统服务功能价值每年均保持在 20 亿~35 亿元,其中进贤县生态系统服务功能价值相对最高,为 33.93 亿元/年,南昌县生态系统服务功能价值相对最低,为 26.95 亿元/年。第 III 区(永修县、湖口县、庐山区、共青城市和德安县)的生态系统服务功能价值最低,均小于 10 亿元/年,其中,共青城市和德安县生态系统服务功能价值相对最少,每年分别为 0.22 亿元和 0.07 亿元。

第七章 鄱阳湖湿地农户生态补偿支付意愿与水平及其影响因素研究

自20世纪90年代末以来，鄱阳湖地区实行退田还湖等一系列生态修复措施，以遏制湿地退化趋势，但鄱阳湖湿地资源被过度利用导致生态环境恶化及生物多样性下降的趋势并没有得到根本扭转，一些珍稀水生动物如白鳍豚和江豚等几近灭绝（刘影、彭薇，2003）。同时，湿地生态系统脆弱的现状也没有得到根本性改变。因此，国务院在其批复的《鄱阳湖生态经济区规划》中，将鄱阳湖湿地修复和保护列为国家和地方政府重点生态工程。国内外有关湖泊湿地保护和管理的机制和方法很多，归纳起来看，主要有基于行政手段的强制管制和基于经济手段的生态补偿两种机制。在市场经济条件下，生态补偿机制则是目前全球生态保护领域十分重要和有效的管理途径，例如，美国芝加哥的"企业湿地银行"（Entrepreneurial Wetland Banking）计划（Robertson & Hayden，2008），有效地解决了湿地保护与利用之间的矛盾和冲突。在新型经济体国家，类似的成功案例也不少见。国务院在其批复实施的《鄱阳湖生态经济区规划》中，将建立鄱阳湖湿地生态补偿机制列为生态经济区体制机制改革和先行先试的重点工作予以推进。但是，该项工作仍然面临着补偿主体难以确定的困难。从国内外研究经验看，从湿地资源经营主体角度出发，探索湿地资源直接利益相关者在生态补偿机制中的责任及实现问题研究，是当前湖泊湿地生态补偿机制研究的薄弱点，也是需要重点突破的难点。基于此，以鄱阳湖湿地为研究对象，从农户角度出发，研究农户生态补偿支付意愿、支付水平及其影响因素，对于建立鄱阳湖湿地补偿制度，乃至对于建立我国湖泊湿地生态补偿机制都具有重要的理论创新和决策参考价值。

我国生态补偿权利与责任主体理论的基础是基于"谁破坏谁恢复，谁受益谁补偿"这一基本原则（王德辉，2006）。目前，在有关湖泊湿地生态补偿机制研究文献中，绝大多数学者将农户定位为湿地资源开发和利用权利天然主体角色，而把非农户的政府、企业以及其他社会主体作为湿地保护行为的受益方，在具体的生态补偿制度设计中，把农户定位为利益受损方而看成唯一补偿权利客体，政府、企业以及其他社会主体往往作为补偿责任主体（王宇、延军平，2010）。例如，贺娟（2009）和姜宏瑶等（2011）对鄱阳湖湿地农户生态受偿意愿的研究，以及王昌海等（2012）对陕西朱鹮国家级自然保护区农户生态补偿意愿的研究，还有其他一些类似的研究，上述研究都突出强调"谁受益谁补偿"原则，却忽视了农户既是湿地资源的受益者同时也是破坏者的事实，忽略了农户开发和利用湿地资源活动对湿地生态环境的负面影响。因此，在具体的制度设计中没有真正体现生态补偿机制中的"谁破坏谁补偿"原则，没有把农户作为湿地生态补偿责任主体进行有深度的研究，这也是目前研究的一大不足。从农户作为受益者与破坏者双重角度，研究农户生态补偿主体及其支付意愿问题和影响因素，毫无疑问是一个新颖的研究视角。

从研究方法看，此前关于农户湖泊湿地生态补偿意愿的影响研究，主要采用Logit、Tobit以及多元线性等一阶段回归模型，例如，李芬等（2010）和姜宏瑶等（2011）对鄱阳湖区农户生态补偿意愿影响因素的分析，以及王昌海等（2012）对陕西朱鹮国家级自然保护区农户水稻生态补偿意愿影响因素的分析。然而，上述回归模型均会产生样本选择偏差问题，而运用Heckman两阶段的模型则可以比较有效地解决这一问题。基于以上考虑，本章采用条件价值评估法对鄱阳湖湿地农户支付意愿和支付水平这两个研究指标进行分析，并用Heckman两阶段模型研究对两个研究指标的影响因素及其作用机制进行分析，对于完善我国湖泊湿地农户生态补偿理论和方法研究具有重要的补充价值。

第一节 研究方法

一、条件价值评估法

条件价值评估法（CVM）比机会成本法和替代法等传统测算方法更具有优越性（van den Berg et al.，2005），能够测算生态环境的利用价值与非利用价值（阮君、孙秋碧，2005）。条件价值评估法通过构建假想市场进而获知人们的支付意愿（Mitchell & Carson，1989）。CVM是目前研究支付意愿（WTP）的主要方

第七章 鄱阳湖湿地农户生态补偿支付意愿与水平及其影响因素研究

法，技术方面已较为成熟（王昌海等，2012）。本书问卷调查采用开放式的问卷格式，WTP 值的计算采用数学期望公式（离散变量）。

$$E = (WTP) = \sum_{i=1}^{n} \alpha_i P r_i \tag{7-1}$$

式中，α_i 表示被调查农户愿意支付的数额，Pr_i 表示被调查农户愿意支付某一数额的概率，n 表示农户愿意进行支付的样本数。

另外，选择一种较为实际的支付方式在条件价值评估法的实际运用中也是非常重要的（Lee and Han，2002）。支付方式通常有税收和捐赠两种，而捐赠这一方式在 CVM 方法中被更加广泛使用。Champ 等（1997）认为，这是因为捐赠通常对公共产品提供一个较为合理的经济价值，同时被调查者也可能拒绝用一种强制性的支付方式，例如税收或者是附加费等。因此，本研究采用捐赠作为支付方式。

二、汉克曼两阶段模型

汉克曼两阶段模型（Heckman's Two - step Model）由 2000 年诺贝尔经济学得主汉克曼提出，其是一种能够解决样本选择性偏差的统计方法。在本研究中运用 Heckman 两阶段模型主要有以下两点原因：首先，该模型能够先后对湿地农户的支付意愿与支付水平的影响因素进行评价，并同时区分这两个步骤之间的不同因素的影响。换句话说，该模型能够先检测农户支付意愿的影响因素，然后检查 WTP 大于 0 的农户支付意愿水平的影响因素。其次，该模型可以有效解决潜在的样本选择偏差。

（一）变量选取及说明

本书在借鉴相关文献的基础上（蔡志坚、张巍巍，2007；葛颜祥等，2009；李芬等，2010；王昌海等，2012），结合鄱阳湖湿地的具体情况，设计 10 个鄱阳湖湿地农户生态补偿支付意愿和支付水平的影响指标，如表 7 - 1 所示。

（二）模型选择

采用 Heckman 两阶段模型，即利用两阶段评估方法对农户支付意愿和支付水平的影响因素进行估计。第一阶段运用 Probit 模型，考察鄱阳湖湿地农户有无支付意愿的影响因素；第二阶段运用多元线性回归模型进一步考察有支付意愿农户的支付水平的影响因素。具体模型如下所示：

$$Z = \partial_0 + \partial_1 X_1 + \partial_2 X_2 + \partial_3 X_3 \cdots + \partial_n X_n + \varphi \tag{7-2}$$

表7-1 指标名、模型变量、内涵说明及相关支持文献

指标名及模型变量	单位或赋值	指标内涵说明	相关支持文献
性别（X_1）	男=1，女=0	这三个指标主要是考察调查农户个人基本情况与农户支付意愿及支付水平之间的关系，即反映个人基本情况对其的影响程度。该部分分别从性别、年龄和受教育年数对支付意愿及支付水平进行影响研究	（葛颜祥等，2009；李芬等，2010；王昌海等，2012）
年龄（X_2）	岁		
受教育年数（X_3）	年		
家庭人口数（X_4）	个	这四个指标主要是考察调查农户家庭基本情况与农户支付意愿及支付水平之间的关系，即反映家庭基本情况对其的影响程度。其中，家庭人口数、年收入，旨在分别考察家庭人口、年收入的多少是否对支付意愿及支付水平具有影响；家庭主要收入来源，旨在反映家庭主要收入根据来源的不同是否对支付意愿及支付水平具有影响；所居住位置这一指标，旨在反映农户所处不同地区是否对支付意愿及支付水平具有影响	（蔡志坚、张巍巍，2007；李芬等，2010；王昌海等，2012）
家庭年收入（X_5）	元		
家庭主要收入来源（X_6）	种植、水产和禽畜养殖=1，其他=0		（李芬等，2010）
家庭居住位置（X_7）	所处Ⅰ或Ⅱ地区=1，所处Ⅲ地区=0		（王昌海等，2012）
是否重视对湿地环境的改善（X_8）	是=1，否=0	这一指标考察农户对湿地环境的认知或具有环境保护意识是否对支付意愿及支付水平具有影响	（蔡志坚、张巍巍，2007；葛颜祥等，2009）
耕地面积（X_9）	亩	这两个指标旨在分别考察农户家庭拥有耕地面积的多少与承包水域面积的多少是否对支付意愿及支付水平具有影响	（李芬等，2010；王昌海等，2012）
承包水域面积（X_{10}）	亩		

式（7-2）为 Heckman 第一阶段的 Probit 模型，Z 是因变量，其表示鄱阳湖湿地农户有支付意愿的概率，并考察鄱阳湖湿地农户有无支付意愿的影响因素。式中的 $\partial_0, \partial_1, \partial_2, \partial_3, \cdots, \partial_n$ 均为待估计的参数，$X_1, X_2, X_3, \cdots, X_n$ 为解释变量，φ 为残差项。

$$Y = \beta_0 + \beta_1 X_1 + \beta_2 X_2 + \beta_3 X_3 \cdots + \beta_n X_n + \delta \lambda + \mu \tag{7-3}$$

式（7-3）为 Heckman 第二阶段的多元线性回归模型，Y 是因变量，其考察鄱阳湖湿地有支付意愿农户支付水平的影响因素。本书在该方程中加入了米尔斯比率 λ，以克服样本抽样中存在的选择性偏差（刘健，2012）。式中的 $\beta_0, \beta_1, \beta_2, \beta_3, \cdots, \beta_n$ 以及 δ 均为待估计的参数，$X_1, X_2, X_3, \cdots, X_n$ 为解释变量，λ 为米尔斯比率（Mills Ratio），μ 为残差项。

第七章 鄱阳湖湿地农户生态补偿支付意愿与水平及其影响因素研究

此外,农户支付意愿的相关数据来源以及分区方式均在本书的第五章第二节进行了详细的阐述。

第二节 鄱阳湖湿地农户支付意愿与支付水平

一、鄱阳湖湿地农户支付意愿

通过对调查数据的整理,得出鄱阳湖湿地农户生态补偿支付意愿,如表7-2所示。

表7-2 鄱阳湖湿地农户生态补偿支付意愿

	选项	赋值	样本数	所占比例(%)
是否具有支付意愿	是	1	126	46.49
	否	0	145	53.51

表7-2显示,具有支付意愿与不具有支付意愿的农户分别占总调查农户的比例为46.49%和53.51%。总体来看,两者相差不大,但不具有支付意愿的农户相对更多。

二、鄱阳湖湿地农户支付水平

依据式(7-1),得出总体和三个区域农户生态补偿平均支付水平,如式(7-4)、式(7-5)、式(7-6)和式(7-7)所示。

$$E(WTP_{\mathrm{I}}) = \sum_{i=1}^{n} \alpha_i Pr_i = 606.76 \tag{7-4}$$

$$E(WTP_{\mathrm{II}}) = \sum_{i=1}^{n} \alpha_i Pr_i = 392.63 \tag{7-5}$$

$$E(WTP_{\mathrm{III}}) = \sum_{i=1}^{n} \alpha_i Pr_i = 214.57 \tag{7-6}$$

$$E(WTP\,all) = \sum_{i=1}^{n} \alpha_i Pr_i = 402.57 \tag{7-7}$$

结合以上各式计算结果以及图7-1,我们可以发现鄱阳湖湿地农户,每年户均生态补偿支付意愿值为 402.57 元；第Ⅰ类地区（都昌县、余干县、鄱阳县）农户的支付意愿最高，每年户均生态补偿支付意愿值为 606.76 元；第Ⅱ类地区（新建县、进贤县、永修县、星子县、湖口县）农户的支付意愿次之，每年户均生态补偿支付意愿值为 392.63 元；第Ⅲ类地区（南昌县、庐山区、德安县、共青城市）农户的支付意愿最低，每年户均生态补偿支付意愿值为 214.57 元。这也说明，在鄱阳湖湿地分布区，农业经济比例越高的区域，其农户生态补偿支付水平意愿值越高。

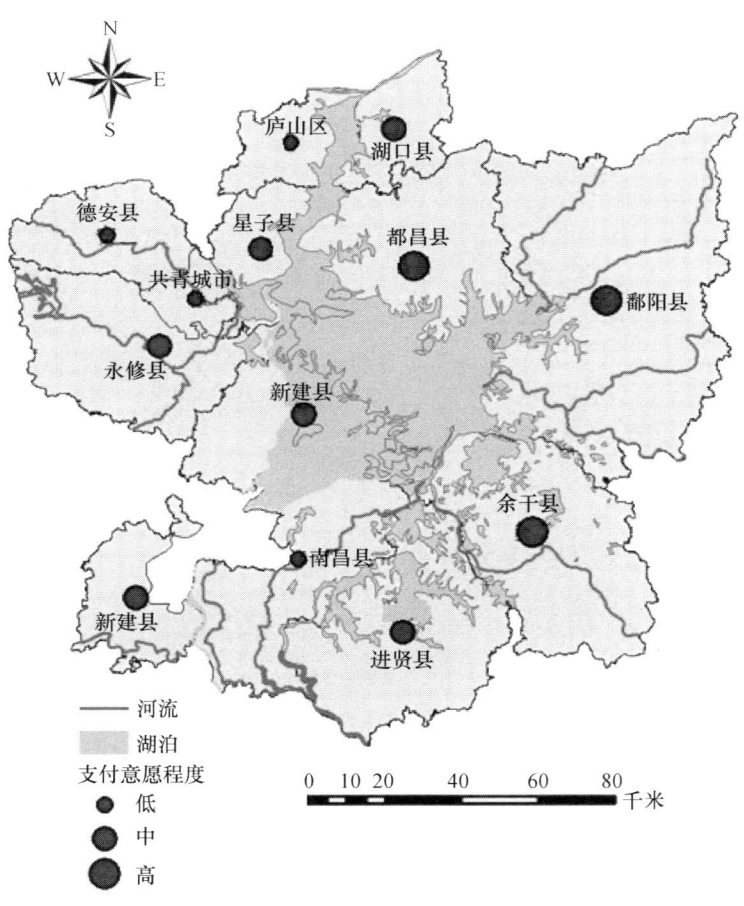

图 7-1　鄱阳湖湿地农户支付意愿价值分布

第三节 农户生态补偿支付意愿和支付水平影响因素

一、模型运算结果

基于 Stata11.0 软件平台的 Heckman 两阶段模型,将农户生态补偿支付意愿和支付水平数据作为因变量,农户家庭的特征数据作为自变量,代入模型进行估计,模型运算结果如表 7-3 和表 7-4 所示。

表 7-3 Heckman 两阶段模型有效性分析

模型	Wald	Probit
Heckman 两阶段模型	655.57	0.000

表 7-4 Heckman 两阶段模型估计结果

模型变量	C	SE	Z	P>|Z|
Probit 模型回归结果				
常数项	-2.279**	0.957	-2.380	0.017
X_1	0.738	0.456	1.620	0.106
X_2	-0.007	0.012	-0.600	0.546
X_3	0.042	0.060	0.710	0.481
X_4	-0.031	0.085	-0.370	0.714
X_5	-5.54E-07	2.17E-06	-0.260	0.799
X_6	1.300***	0.294	4.430	0.000
X_7	-0.963***	0.335	-2.880	0.004
X_8	2.243***	0.328	6.840	0.000
X_9	0.335***	0.106	3.170	0.002
X_{10}	0.159	0.106	1.500	0.134
多元线性回归模型结果				
常数项	-62.358	90.495	-0.690	0.491
X_5	0.004***	0.001	4.350	0.000
X_7	269.561***	91.798	2.940	0.003
X_9	28.590***	4.115	6.950	0.000
X_{10}	30.864***	3.297	9.360	0.000
λ	162.881**	82.082	1.980	0.047

注:***、**、* 分别表示处于 1%、5%、10% 显著性水平。

本模型第一阶段引入了 10 个解释变量，在第二阶段中引入了 4 个解释变量，这是因为 Heckman 模型第一阶段方程中的所有解释变量至少应包含一个与第二阶段方程不同的解释变量（胡博，2013），即第二阶段的解释变量在第一阶段模型中选择，且比第一阶段的模型解释变量要少。基于这一原则，本书对以上解释变量进行回归分析时，仅选择了能够得到显著性结果的四个变量作为第二阶段方程的解释变量。从表 7-3 的结果可以发现，该模型通过了显著性检验，意味着该模型是有效的。

二、农户生态补偿支付意愿及水平的关键影响因素分析

（一）农户生态补偿支付意愿关键影响因素分析

表 7-4 中"Probit 模型回归结果"显示，农户家庭主要收入来源（X_6）、居住位置（X_7）、是否重视对湿地资源的改善（X_8）以及拥有耕地面积（X_9）与支付意愿有显著相关性，而被调查农户的性别（X_1）、年龄（X_2）、受教育年数（X_3）、家庭人口数（X_4）、家庭年收入（X_5）以及承包水域面积（X_{10}）与支付意愿不存在显著相关性。其中，X_6 的系数为正且其与支付意愿呈显著相关性，这是因为被调查农户家庭收入主要来源于种植、养殖等传统产业，且与湿地资源利用紧密相关，农户也就更加关心湿地环境的改善，湿地资源的好坏直接影响到农户的收入情况；X_7 与支付意愿呈显著相关性，说明居住于农业产值占比不同地区（即Ⅰ类、Ⅱ类与Ⅲ类地区）的农户的支付意愿存在较为显著的不同；X_8 的系数为正且其与支付意愿呈显著相关性，这是因为关注湿地环境改善的农户，对目前湿地状况并不满意，他们对湿地改善具更强的支付意愿；X_9 的系数为正且其与支付意愿呈显著相关性，这是因为农户家庭所拥有的耕地面积越多，其从耕地中获得的收入也就越多，其收入与湿地资源有着较强的关系，即湿地资源环境的好与坏能够直接影响农户的耕地收入水平。另外，X_5 与支付意愿并不呈显著相关性，这说明农户家庭年收入的多少与生态补偿支付意愿并不存在显著相关性，这是因为在鄱阳湖湿地集中分布区，家庭收入高的农户，其收入来源呈现多元化特征，非农收入比重高，来源于湿地资源利用的收入部分很少，对湿地资源依赖程度低，其生态补偿支付意愿自然就不强。

（二）农户生态补偿支付水平关键影响因素分析

表 7-4 中"多元线性回归模型结果"显示，被调查农户家庭年收入（X_5）、家庭居住位置（X_7）、耕地面积（X_9）以及承包水域面积（X_{10}）与支付水平有

显著相关性,而被调查农户的性别(X_1)、年龄(X_2)、受教育年数(X_3)、家庭人口数(X_4)、家庭主要收入来源(X_6)、是否重视对湿地资源的改善(X_8)以及承包水域面积(X_{10})与支付水平不存在显著相关性。其中,X_5的系数为正且其与支付水平呈显著相关性,这是因为在愿意支付的农户中,其收入与湿地资源关联紧密,随着家庭收入水平提高,其生态补偿支付水平也相应提高;X_7的系数为正且其与支付水平呈显著相关性,这是因为在Ⅰ类、Ⅱ类地区的农户比Ⅲ类地区的农户收入来源要更加依靠湿地资源,即Ⅰ类、Ⅱ类地区农户家庭收入更多是依靠农业资源,随之就有较高的支付水平;X_9与X_{10}的系数都为正,且都与支付水平呈显著相关性,这是因为农户家庭所拥有的耕地面积或水域面积越多,其收入来源于种植与水产养殖等的比例就越大,种植与水产养殖与湿地资源有直接的关联,因此农户支付水平也就越高。另外,λ的系数不为零,且在统计上呈现显著,这也表明样本选择的偏差是存在的,采用Heckman两阶段模型检验农户支付意愿和支付水平的影响因素是必要的。

为了有效地提升鄱阳湖湿地农户生态补偿意愿和支付水平,推动建立和实施鄱阳湖湿地农户生态补偿机制。

第一,要加大面向农户的湿地生态保护义务及损害赔偿责任的宣传。实践证明,对传统上长期利用鄱阳湖湿地资源的农户征收生态补偿资金,目前依然存在观念上和实际操作上的难度。尽管我国有关法律规定了公民保护自然资源和环境的义务以及违反法律规定的法律责任,但是,生活在湖区的农民将利用国家所有的湿地资源视为当然的传统权利,而对其自身过度利用湿地资源所带来的生态损失的负外部性缺少基本的认识。通过加大宣传力度,让农户真正认识到非理性开发利用湿地资源行为的非法性,以及过度使用湿地资源对农户本身可持续生计的消极影响,引导农户改变传统的"靠湖吃湖"观念,增强农户湿地保护意识,让农户树立损害赔偿意识,可以有效提升农户生态补偿意愿,为全面建立湖泊湿地生态补偿制度奠定牢固的思想基础。

第二,要明确湖泊湿地的产权主体。实地调查表明,鄱阳湖区湿地资源产权主体有国有和集体两种,但是其产权地理边界尚不清晰,纠纷不断,而湿地经营权更为模糊,农户经营产权基本上没有得到落实。产权边界的模糊,加大了湿地管理的难度,也加大了湿地生态补偿制度建立和实施的难度。明晰湿地产权,并据此区分湖泊湿地国家、集体公有产权主体和农户经营权主体的权利和义务,可以为建立农户生态补偿机制提供基础制度保障。

第三，要加快建立服务于生态补偿制度的湖区农户家庭基础数据库，可以考虑在每年人口普查中，即在对农户进行人口普查的基本调查过程中，对该区域的农户调查增加一些与生态补偿相关的信息，比如家庭收入来源占比情况、耕地面积以及承包水域面积等，以上调查信息为制定具体的农户支付标准提供重要依据，为建立科学的湖泊湿地生态补偿制度提供数据基础。

第四，要建立有差异的生态补偿标准，不搞"一刀切"。应按照农户家庭特征情况，充分考虑不同农户家庭特征的异质性，制定不同生态补偿资金征收或者生态补偿资金发放标准，比如，可以对家庭收入更为依赖湿地资源的农户采取较高的收费标准或较低的生态资金发放标准，反之则采取较低的生态补偿收费标准或发放较多的生态补偿资金。

第五，要深入系统研究鄱阳湖湿地生态补偿的具体运作方式，采取多样的生态补偿支付方式，农户的支付方式不一定仅仅限制在货币支付方式，可以根据不同地区特点而采用劳务、设备与货币等多种补偿支付方式以提升农户生态补偿支付能力。

本章小结

本章采用条件价值评估法对鄱阳湖湿地农户支付意愿和支付水平这两个研究指标进行分析，得出的农户支付意愿值与第八章得出的农户受偿意愿值共同计算出农户净意愿值①，作为鄱阳湖湿地及各个研究区的主观生态价值，用于对鄱阳湖湿地内部、外部生态补偿标准的测算。同时，利用 Heckman 两阶段模型对这两个研究指标的影响因素进行分析。

通过计算得出，具有支付意愿与不具有支付意愿的农户分别占总调查农户的比例为 46.49% 和 53.51%，每年户均生态补偿支付意愿值为 402.57 元，其中，第Ⅰ类地区（都昌县、余干县、鄱阳县）农户的支付意愿最高，每年户均生态补偿支付意愿值为 606.76 元；第Ⅱ类地区（新建县、进贤县、永修县、星子县、湖口县）农户的支付意愿次之，每年户均生态补偿支付意愿值为 392.63 元；第

---

① 农户净意愿值为第八章所计算出的农户受偿意愿值与本章所计算得出的农户支付意愿值之差，由于农户的受偿意愿值高于农户的支付意愿值，因此农户净意愿值就是农户净受偿意愿值。

Ⅲ类地区（南昌县、庐山区、德安县、共青城市）农户的支付意愿最低，每年户均生态补偿支付意愿值为214.57元。

同时，通过实证分析得出，农户家庭主要收入来源（X_6）、居住位置（X_7）、是否重视对湿地资源的改善（X_8）以及拥有耕地面积（X_9）与支付意愿有显著相关性，而被调查农户的性别（X_1）、年龄（X_2）、受教育年数（X_3）、家庭人口数（X_4）、家庭年收入（X_5）以及承包水域面积（X_{10}）与支付意愿不存在显著相关性。被调查农户家庭年收入（X_5）、家庭居住位置（X_7）、耕地面积（X_9）以及承包水域面积（X_{10}）与支付水平有显著相关性，而被调查农户的性别（X_1）、年龄（X_2）、受教育年数（X_3）、家庭人口数（X_4）、家庭主要收入来源（X_6）、是否重视对湿地资源的改善（X_8）以及承包水域面积（X_{10}）与支付水平不存在显著相关性。

第八章 鄱阳湖湿地农户生态补偿受偿意愿与水平及其影响因素研究

国务院 2009 年 12 月 12 日正式批复并实施《鄱阳湖生态经济区规划》，国家和地方政府不断加大对禁渔期偷捕、封洲禁牧、候鸟保护等的监管力度，湿地资源得到了较为有效的保护与利用（姜宏瑶、温亚利，2011a）。但是，湿地农户作为鄱阳湖湿地天然的拥有者和使用者，政府对湿地实行的保护措施对当地农户收入造成了较大冲击和影响，按照生态环境保护权利与责任平等原则，农户收入损失应该给予适当的经济补偿。在市场经济条件下，生态补偿机制是目前全球生态保护领域十分重要而有效的管理途径（熊凯、孔凡斌，2014）。当前，建立鄱阳湖湿地生态补偿机制已经正式纳入我国中央和地方政府的议事日程，但是，该项工作仍然面临着补偿客体难以确定的困难。从国内外研究经验看，从湿地资源利用主体角度出发，探索湿地资源直接利益受损者在生态补偿机制中的权利及实现问题研究，是当前湖泊湿地生态补偿机制研究的薄弱点，也是需要重点突破的难点。

条件价值评估法（CVM）是一种典型的叙述性偏好评估法（Hanemann，1984），是在假想市场情况下直接调查和询问利益相关者对环境与资源质量损失的受偿意愿，以人们的 WTA 来估计环境质量损失的经济价值（张志强等，2003）。该方法无须建立非市场商品与市场价格之间显性的联系（Tao et al.，2012），只须建立一个假想市场环境并获得受访者对公共物品的价值（Venkatachalam，2004），并能够同时测算使用价值和非使用价值（Johnson et al.，2012）。因此，其比旅行费用法、商品替代法和机会成本法等更具优越性（van den Berg et al.，2005），目前被广泛运用于对森林（Tao、Yan & Zhan，2012）、湿地（李芬等，2009；王昌海等，2012）、水域（徐大伟等，2013）、核能等资源意愿价值的估测研究中（Sun & Zhu，2014）。另外，目前国内针对农户受偿意愿影响因素评估的文献较多（高汉琦等，2011；汪霞等，2012；杨欣、蔡银莺，2012），主要运用 Tobit 模型（许恒周，2012）、二元 Logistic 模型（林乐芬、金媛，2012；王湃、凌雪冰，2013）、多元 Logistic 模型（李芬等，2010）、对数线性模型（Log – Lin Model）（孔祥智等，2007）等对受偿意愿影响因素进行分析，关于湖泊湿地农户受偿意愿评价的文献明显不足，仅有的研究以二元 Logistic 模型为主（姜宏瑶、温亚利，2011b；王昌海等，2012）。不仅如此，目前湿地生态补偿的研究没有体现区域和农户特征的差异性，本章研究目的是发现农户受偿意愿的差异性，并据此提出体现差异性的生态补偿方案。基于以上考虑，本章采用条件价值评估法对鄱阳湖湿地农户受偿意愿及其水平进行分析，建立排序 Logistic 回归模型，在将农户受偿意愿分为四部分①的基础上，定量分析影响农户生态补偿受偿意愿的主要因素，据此提出湿地生态补偿方式，这对于完善我国湖泊湿地农户生态补偿理论和方法具有重要的补充价值。

第一节 研究方法

一、条件价值评估法

本章测算农户受偿水平采用条件价值评估法，并使用开放式的问卷格式。与其他问卷格式相比，该问卷格式能够分别使所得结果的标准误更小和集中趋势更低（Boyle et al.，1996）。对于 WTA 值的计算采用数学期望公式（离散变量），公式如下所示：

$$E = (WTA) = \sum_{j=1}^{k} \beta_j \delta_j \tag{8-1}$$

式中，β_j 表示为被调查农户受偿意愿的数额，δ_j 表示为被调查农户愿意接受某一受偿数额的概率，k 表示农户愿意接受补偿的样本数，上述数据均来自于课题组对鄱阳湖湿地的实地调研。

二、排序 Logistic 回归模型

本书建立排序 Logistic 模型，以此对湿地农户受偿意愿的影响因素进行分析。

---

① 四部分分别为"不愿意受偿、低受偿意愿、中受偿意愿和高受偿意愿"。

（一）变量选取及说明

本书在借鉴相关文献的基础上，结合鄱阳湖湿地的具体情况，设计 10 个鄱阳湖湿地农户生态补偿受偿意愿的影响指标，如表 8-1 所示。

表 8-1 指标名、模型变量、内涵说明及相关支持文献

指标名及模型变量	单位或赋值	指标内涵说明	相关支持文献
性别（X_1）	男=1，女=0	这三个指标主要是基本的人口学变量，考察农户个人基本情况与农户受偿意愿之间的关系，即反映个人基本情况对受偿意愿的影响程度。该部分分别从性别、年龄和受教育年数对受偿意愿进行实证分析	（姜宏瑶、温亚利，2011；王昌海等，2012）
年龄（X_2）	岁		
受教育年数（X_3）	年		
家庭人口数（X_4）	个	这四个指标主要是考察调查农户家庭基本情况与农户受偿意愿之间的关系，即反映家庭基本情况对受偿意愿的影响程度。其中，家庭人口数和家庭年收入这两个指标，旨在考察家庭人口和家庭年收入的多少是否对受偿意愿具有影响；家庭主要收入来源这一指标，旨在反映家庭主要收入根据来源的不同是否对受偿意愿具有影响；家庭居住位置这一指标，旨在反映农户所处不同地区是否对受偿意愿具有影响	（姜宏瑶、温亚利，2011；王昌海等，2012）
家庭年收入（X_5）	元		
家庭主要收入来源（X_6）	水产和禽畜养殖=1，种植=2，其他=3		
家庭居住位置（X_7）	Ⅰ区=1，Ⅱ区=2，Ⅲ区=3		
是否重视对湿地环境的改善（X_8）	是=1，否=0	这一指标考察农户对湿地环境的认知或具有环境保护意识是否对受偿意愿具有影响	（姜宏瑶、温亚利，2011）
耕地面积（X_9）	亩	这两个指标旨在分别考察农户家庭拥有耕地面积的多少与承包水域面积的多少是否对受偿意愿具有影响	（姜宏瑶、温亚利，2011；王昌海等，2012）
承包水域面积（X_{10}）	亩		

第八章 鄱阳湖湿地农户生态补偿受偿意愿与水平及其影响因素研究

(二) 模型选择

本书采用排序 Logistic 模型对农户受偿意愿的影响因素进行分析,被解释变量为农户受偿意愿,分为无受偿意愿、低受偿意愿、中受偿意愿和高受偿意愿四种情况。其中,无受偿意愿取值为 0,低受偿意愿取值为 1,中受偿意愿取值为 2,高受偿意愿取值为 3。对于任意选择 $i=1, 2, \cdots, I$,表达式如下:

$$Z' = \partial_i X_i + \beta_i \qquad (8-2)$$

式中,潜变量 Z' 表示农户受偿意愿的程度,∂_i 表示所对应自变量的回归系数,X_i 表示第 i 个影响农户受偿意愿的自变量,β_i 表示截距。Z_i 表示农户受偿意愿程度的观测值,$Z_i = (0、1、2、3)$,潜变量 Z' 根据以下规则定义观测值 Z_i。

$$Z_i = \begin{cases} 0, & 若 Z'_i \leqslant \varepsilon_1 \\ 1, & 若 \varepsilon_1 < Z'_i \leqslant \varepsilon_2 \\ 2, & 若 \varepsilon_2 < Z'_i \leqslant \varepsilon_3 \\ 3, & 若 Z'_i > \varepsilon_3 \end{cases} \qquad (8-3)$$

为使 Z_i 与 Z' 有较强的相关性(即若 $Z'_i < Z'_j$,则 $Z_i < Z_j$),Z_i 分别取 0、1、2、3 的概率如下所示:

$$Q_\varepsilon(Z_i = 0 \mid X_i, \partial, \varepsilon) = F(\varepsilon_1 - \partial_i Z_i)$$
$$Q_\varepsilon(Z_i = 1 \mid X_i, \partial, \varepsilon) = F(\varepsilon_2 - \partial_i Z_i) - F(\varepsilon_1 - \partial_i Z_i)$$
$$Q_\varepsilon(Z_i = 2 \mid X_i, \partial, \varepsilon) = F(\varepsilon_3 - \partial_i Z_i) - F(\varepsilon_2 - \partial_i Z_i)$$
$$Q_\varepsilon(Z_i = 3 \mid X_i, \partial, \varepsilon) = 1 - F(\varepsilon_3 - \partial_i Z_i)$$

式中,F 为 β_i 的累计分布函数。本书运用排序 Logistic 模型,假定 F 服从 Logit 分布。模型一般表示为如下所示:

$$Q(Z_i = 1 \mid X_i) = \frac{1}{1 + e^{-(\beta_i + \partial_i X_i)}}$$

对该模型取自然对数,得到最终模型如下所示:

$$\ln\left(\frac{Q_i}{1 - Q_i}\right) = \beta_i + \partial_i X_i$$

此外,农户受偿意愿的相关数据来源以及分区方式均在本书的第五章第二节进行了详细的阐述。

第二节 鄱阳湖湿地农户受偿意愿与受偿水平研究

从表8-2得出,不具有受偿意愿与具有受偿意愿的农户分别占总调查农户的比例为11.07%和88.93%,总体来看,绝大部分被调查农户具有受偿意愿。

表8-2 鄱阳湖湿地农户生态补偿受偿意愿

	选项	赋值	样本数	比值(%)
是否具有受偿意愿	否	0	30	11.07
	是	1	241	88.93

依据式(8-1),得出总体和三个区域农户生态补偿平均受偿水平,如式(8-4)、式(8-5)、式(8-6)和式(8-7)所示。

$$E(WTA_{\mathrm{I}}) = \sum_{j=1}^{k} \beta_j \delta_i = 8497.24 \quad (8-4)$$

$$E(WTA_{\mathrm{II}}) = \sum_{j=1}^{k} \beta_j \delta_i = 4492.31 \quad (8-5)$$

$$E(WTA_{\mathrm{III}}) = \sum_{j=1}^{k} \beta_j \delta_i = 2628.79 \quad (8-6)$$

$$E(WTA\ all) = \sum_{j=1}^{k} \beta_j \delta_i = 5531.08 \quad (8-7)$$

结合以上各式计算结果以及图8-1,我们可以发现鄱阳湖湿地农户,户均生态补偿受偿意愿值为5531.08元/年;第Ⅰ类地区(都昌县、余干县、鄱阳县)农户的受偿意愿最高,每年户均生态补偿受偿意愿值为8497.24元;第Ⅱ类地区(新建县、进贤县、永修县、星子县、湖口县)农户的受偿意愿次之,每年户均生态补偿受偿意愿值为4492.31元;第Ⅲ类地区(南昌县、庐山区、德安县、共青城市)农户的受偿意愿最低,每年户均生态补偿受偿意愿值为2628.79元。这也说明,在鄱阳湖湿地分布区,农业经济比例越高的区域,其农户生态补偿受偿水平意愿值越高。

第八章 鄱阳湖湿地农户生态补偿受偿意愿与水平及其影响因素研究

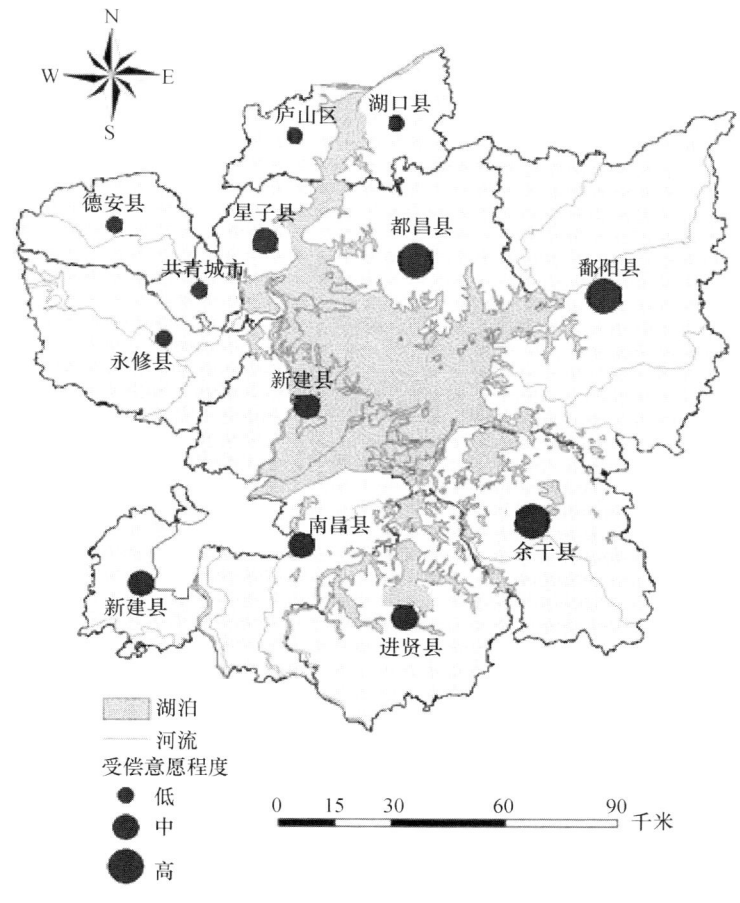

图 8-1 鄱阳湖湿地农户受偿意愿价值分布

第三节 农户生态补偿受偿意愿影响因素分析

一、模型整体运算结果

基于 SPSS15.0 软件平台的排序 Logistic 回归模型，将农户生态补偿受偿意愿作为因变量，对应的农户特征数据作为自变量，代入模型进行估算，模型整体运算结果如表 8-3、表 8-4 和表 8-5 所示。表 8-3 显示，模型通过了显著性检验,说明该模型是有效的。表8-4显示,Pearson 和偏 Deviance 指标统计不显著,由于这两个指标不显著代表模型拟合度好,因此,通过指标结果反映该模型的拟合度较好。在 Logistic 模型中,一般采用伪 R 值来比作线性回归中的 R,从表8-5 中显示,该自变量能够解释因变量的程度较高。

表8-3 模型有效信息

模型	-2 Log Likelihood	卡方	自由度	Sig.
Intercept Only	735.762	—	—	—
Final	382.107	353.655	12	0.000

表8-4 模型拟合优度

模型	卡方	自由度	Sig.
Pearson	817.199	801	0.338
Deviance	379.335	801	1.000

表8-5 伪 R 值

模型	R 值
考克斯-斯奈尔(Cox and Snell)	0.720
内戈尔科(Nagelkerke)	0.774
麦克法登(McFadden)	0.479

二、农户生态补偿受偿意愿影响因素分析

表8-6 中排序 Logistic 模型回归结果显示,被调查农户受教育年数(X_3)、家庭人口数(X_4)、家庭主要收入来源(X_6)、家庭居住位置(X_7)、是否重视对湿地环境的改善(X_8)、耕地面积(X_9)和承包水域面积(X_{10})与农户受偿意愿呈现显著相关关系,而被调查农户的性别(X_1)、年龄(X_2)、被调查农户的家庭年收入(X_5)与农户受偿意愿没有显著相关关系。

第八章 鄱阳湖湿地农户生态补偿受偿意愿与水平及其影响因素研究

表8-6 排序 Logistic 模型估计结果

模型变量	参数估计（β）	标准误	Wald 值	自由度	EXP（β）
[X_1 = 0.00]	-0.563	0.416	1.836	1	0.569
[X_1 = 1.00]	0（a）	—	—	0	—
X_2	-0.016	0.013	1.656	1	0.984
X_3	-0.219***	0.054	16.787	1	0.803***
X_4	0.378***	0.097	15.295	1	1.459***
X_5	-3.1E-006	2.1E-006	2.235	1	1.000
[X_6 = 1.00]	2.885***	0.478	36.378	1	17.904***
[X_6 = 2.00]	0.808**	0.392	4.238	1	2.243***
[X_6 = 3.00]	0（a）	—	—	0	—
[X_7 = 1.00]	1.500***	0.418	12.873	1	4.482***
[X_7 = 2.00]	1.358***	0.403	11.360	1	3.888***
[X_7 = 3.00]	0（a）	—	—	0	—
[X_8 = 0.00]	2.048***	0.349	34.458	1	7.752***
[X_8 = 1.00]	0（a）	—	—	0	—
X_9	0.178***	0.042	17.948	1	1.195***
X_{10}	0.098***	0.022	19.498	1	1.103***

注：***、**、*分别表示处于1%、5%、10%显著性水平。

其中，X_3 的系数为负且与农户受偿意愿显著相关，这是因为农户的受教育程度越高，越能够了解对鄱阳湖湿地的保护以及湿地环境改善对农户自身的生产与生活有着正向的促进作用，故其受偿意愿相对越低；X_4 的系数为正且与农户受偿意愿显著相关，这是因为农户的家庭人口数越多，由于湿地保护对其的影响程度就越大，其的受偿意愿自然就越高；X_6 的系数为正且与农户受偿意愿显著相关，同时收入来源于水产和禽畜养殖的农户受偿意愿是收入来源于其他的农户受偿意愿的17.90倍，而收入来源于种植业的农户受偿意愿是收入来源于其他的农户受偿意愿的2.24倍，这是因为相比收入来源于种植与其他的农户，收入来源于水产和禽畜养殖的农户家庭更加依赖湿地资源，而对湿地环境保护的相关措施会对水产、禽畜养殖农户带来更大的影响，故水产、禽畜养殖农户的受偿意愿最大；X_7 的系数为正且与农户受偿意愿显著相关，说明农业产值占比不同地区，即Ⅰ类、Ⅱ类与Ⅲ类地区的农户受偿意愿存在较为显著的不同；X_8 等于 0 的系数为正且其与受偿意愿呈显著相关性，同时不关注湿地环境改善的农户受偿意愿是关注湿地环境的农户受偿意愿的 7.752 倍，这是因为相比不关注湿地环境改善的农户，关注湿地环境改善的农户对目前湿地状况更为不满意，希望政府加大对湿地环境改善的投入，故对湿地环境的保护及其改善，其受偿意愿相对较低；X_9 和 X_{10} 的系数为正且其与受偿意愿呈显著相关性，这是因为农户家庭所拥有的耕地面积或承包的水域面积越多，其从耕地或者从水产品中获得的收入也就越多，其收入与湿地资源就会有越紧密的关系，湿地环境的保护及改善措施（例如，退耕还湖、设置禁渔期、保护候鸟）对耕地面积或者水域面积越多的农户产生的影响越大，故其受偿意愿也越高。

为了有效地提升鄱阳湖湿地农户生态补偿效率水平，必须推动建立和实施鄱阳湖湿地农户生态补偿机制，现提出以下几点政策建议：

第一，积极开展宣传教育工作，提高农户对湿地环境的重视程度。实证结果显示，农户对湿地环境越重视，其受偿意愿越低。因此，应加大宣传教育力度，加强与湿地农户的沟通与交流，不断使得农户增加湿地生态环境保护的意识，让其意识到鄱阳湖湿地环境的重要性，从而使其重视鄱阳湖湿地的环境保护及其改善，达到降低农户受偿意愿进而减轻国家对湿地环境保护资金投入压力的目的。

第二，加大教育投入，提高教育年数及教学质量。实证结果证明，受教育年数与农户受偿意愿呈显著的负相关，即受教育程度越高的农户受偿意愿越低。因此，目前应该加大对鄱阳湖湿地区域农村的教育投入，使得更多农户尤其是该地区的适龄儿童获得更多的教育资源与机会，让其充分认识与了解湿地环境的重要性，不断提高湿地农户的环境意识，加入到保护鄱阳湖湿地当中。

第三，要加快建立服务于生态补偿制度的湖区农户家庭基础数据库，可以考虑在每年人口普查中，即在对农户进行人口普查的基本调查过程中，对该区域的农户调查增加一些与生态补偿相关的信息，比如家庭收入来源占比情况、耕地面积以及承包水域面积等，以上调查信息为制定具体的农户受偿标准提供重要依据，为建立科学的湖泊湿地生态补偿制度提供数据基础。

第四，要建立有差异的生态补偿受偿标准，不搞"一刀切"。应按照农户家庭特征情况，充分考虑不同农户家庭特征的异质性，制定不同生态补偿资金发放标准，从家庭收入来源以及所处地域等角度采取不同的资金发放标准。根据实证结果得出，可以给予收入来源于水产和禽畜养殖或者处于Ⅰ类地区农户较高的补偿标准；反之则给予较低的生态补偿资金。

第五，大力扶持与推动农民专业合作社。实证结果证明，农户耕地面积和承包水域越多，其受偿意愿水平越高。应该大力推行与扶持以水产、禽畜养殖和种植为主的农户专业合作社，吸引更多的农户加入其中，以使得农户人均拥有耕地与水域面积降低，从而使得农户降低受偿意愿进而减轻国家的财政负担，而同时由于规模和专业的合作经营，也可以增加单位面积产量进而促进农户收入水平的增加。

第六，要深入系统研究鄱阳湖湿地生态补偿的具体运作方式，采取多样的生态补偿受偿方式，对农户的受偿方式不一定仅仅限制在货币支付方式，可以根据不同地区特点而采用基础设施建设、优惠信贷支持、有利的财政倾斜以及加强技术培训等多种对农户的补偿方式以提升生态补偿的能力与效率。

本章小结

本章采用条件价值评估法对鄱阳湖湿地农户受偿意愿及其水平进行分析，将估算的农户受偿意愿值与第七章得出的农户支付意愿值进行综合，以此计算出农户净意愿值[①]，并将其作为鄱阳湖湿地及各个研究区的主观生态价值，用于对鄱阳湖湿地内部、外部生态补偿标准的测算。同时，建立排序 Logistic 回归模型对农户受偿意愿的影响因素进行实证分析。

通过计算得出，不具有受偿意愿与具有受偿意愿的农户分别占总调查农户的比例为 11.07% 和 88.93%，鄱阳湖湿地农户，每年户均生态补偿受偿意愿值为 5531.08 元/年，其中，第Ⅰ类地区（都昌县、余干县、鄱阳县）农户的受偿意愿最高，每年户均生态补偿支付意愿值为 8497.24 元；第Ⅱ类地区（新建县、进贤县、永修县、星子县、湖口县）农户的受偿意愿次之，每年户均生态补偿支付意愿值为 4492.31 元；第Ⅲ类地区（南昌县、庐山区、德安县、共青城市）农户的支付意愿最低，每年户均生态补偿支付意愿值为 2628.79 元。

---

① 农户净意愿值为本章所计算出的农户受偿意愿值与第七章所计算得出的农户支付意愿值之差，由于农户的受偿意愿值高于农户的支付意愿值，因此农户净意愿值就是农户净受偿意愿值。

通过对鄱阳湖湿地农户的受偿意愿实证分析得出，被调查农户受教育年数（X_3）、家庭人口数（X_4）、家庭主要收入来源（X_6）、家庭居住位置（X_7）、是否重视对湿地环境的改善（X_8）、耕地面积（X_9）和承包水域面积（X_{10}）与农户受偿意愿呈现显著相关关系，而被调查农户的性别（X_1）、年龄（X_2）、被调查农户的家庭年收入（X_5）与农户受偿意愿没有显著相关关系。

第九章　鄱阳湖湿地生态补偿标准模型构建及测算

由于人类活动的影响，鄱阳湖湿地生态环境在不断地恶化（朱琳等，2004），建立生态补偿机制是目前国内外学者普遍认为保护生态资源较为有效的方式（Rosa et al.，2004；杨平，2012）。国务院在其批复实施的《鄱阳湖生态经济区规划》中，将建立鄱阳湖湿地生态补偿机制列为生态经济区体制机制改革和先行先试的重点工作予以推进。其中，确定生态补偿标准是完善生态补偿机制的关键问题之一（孔凡斌等，2013），虽然目前许多学者都在关于湖泊湿地的生态补偿标准方面做出努力并获得了较多的研究成果，为湖泊湿地建立生态补偿机制做出了巨大的贡献。但是，该项工作仍然面临着补偿标准难以确定的困难。从国内外研究经验看，从湿地资源经营主体角度出发，探索湿地资源在生态补偿机制中补偿的标准及实现问题研究，是当前湖泊湿地生态补偿机制研究的薄弱点，也是需要重点突破的难点。基于此，以鄱阳湖湿地为具体研究对象，从生态系统服务功能价值出发，结合农户意愿和区域经济发展水平等多维因素，探寻湿地生态补偿标准的形成机制，对于建立鄱阳湖湿地生态补偿制度，乃至对建立我国湖泊湿地生态补偿机制具有重要的理论创新和决策参考价值。

国内学者针对湖泊湿地生态补偿标准已经做了大量长期的研究，目前学者普遍认为基于生态系统服务功能价值评估法来测算湖泊湿地的生态价值，并以此作为湿地补偿标准的依据更具优越性。典型的案例有，崔丽娟（2002）、吴平等（2008）对扎龙湿地运用生态系统服务功能价值评估法来测算其生态价值（吴平）以及李海丽等（2005）、陈志平等（2009）、许研等（2010）、邓立斌（2011）、周葆华等（2011）运用该方法分别测算白云湖湿地、梁子湖湿地、太湖湿地、南四湖湿地、安庆沿江湖泊湿地生态价值，还有鄢帮有（2004）、崔丽娟（2004）、倪才英等（2010）对鄱阳湖湿地也做了类似的研究。另外，一些学者也有不同的看法。熊鹰等（2004）认为应将农户的损失作为洞庭湖湿地生态补偿的依据，白宇（2011）认为应该将投入成本作为衡水湖湿地补偿的依据，李芬等（2009）、姜宏瑶等（2011）认为应该以农户的受偿意愿作为鄱阳湖湿地生态补偿的依据。

上述研究，对完善我国湖泊湿地或湿地类型的生态补偿具有很大的参考价值和启发作用。但是，若将通过生态系统服务功能价值法计算得出的湿地生态价值直接作为补偿标准，往往由于该方法所计算出的价值量过大，造成补偿标准不具有可行性而失去现实意义；而依据农户的损失作为补偿标准，往往由于补偿标准较低，造成补偿效果未能完全显现。基于此，一些学者认为应该将农户的受损或受偿意愿作为生态补偿的下限，而将生态系统服务功能价值作为补偿的上限（倪才英等，2010；熊鹰、王克林等，2004）。但是，由于这两者之间的数值范围较大，以致对现实指导意义不强，而且忽视区域社会经济因素，例如人口、经济发展水平等因素对生态补偿标准的影响，计算出的生态补偿标准往往难以为地方政府所接受，进而难以作为政府决策参考。除此之外，目前的研究主要集中于外部对湖泊湿地生态补偿标准的研究，而往往忽视对研究区内部研究单元之间补偿标准差异化的研究。鉴于以上原因，本章基于生态系统服务功能价值及农户意愿（受偿意愿与支付意愿）两大因素，通过构建的生态补偿标准转化模型，测算鄱阳湖湿地外部和内部生态补偿标准。这是一个较为新颖的研究视角，对于完善我国湖泊湿地生态补偿理论和方法研究具有重要的补充价值。

第一节 数据整理与分析

如本书第五章所述，本书研究的鄱阳湖湿地分布于"湖体核心保护区"和"滨湖控制开发带"的12个县（市、区），具体包括南昌县、新建县、进贤县、庐山区、共青城市、德安县、永修县、星子县、湖口县、都昌县、鄱阳县和余干县。研究区12个县（市、区）的湿地面积、湿地所占比重、涉及人口数量、经济总量和土地面积等基本数据如表5-5所示。

依据本书第六章的研究结果并对其进行数据整理，得出研究区12个县（市、区）湿地生态系统服务功能价值的相关数据，如图9-1和表9-1所示。从图9-1和表9-1得到，12个研究区中余干县、都昌县和鄱阳县的生态系统服务功能价值最高，分别为94.04亿元/年、80.26亿元/年和56.97亿元/年；庐山区、共青城市和德安县的生态系统服务功能价值最低,分别为 1.76 亿元/年、0.22 亿元/年和 0.07 亿元/年。

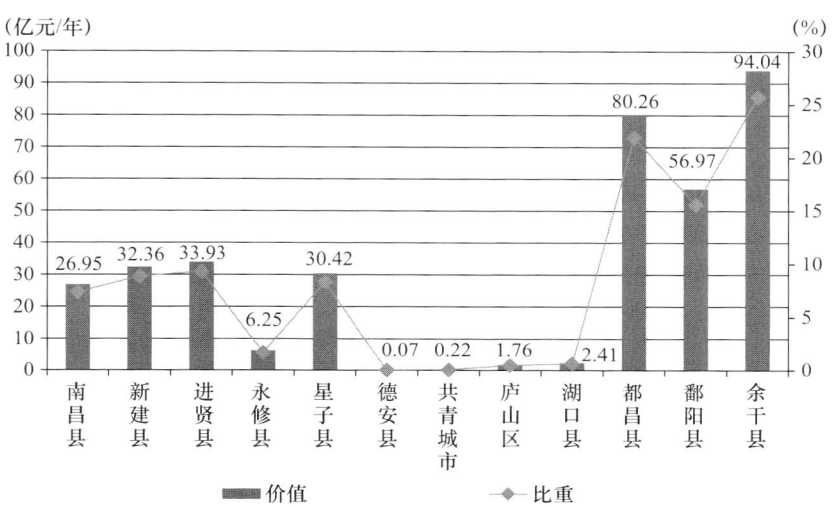

图 9-1 研究区湿地生态系统服务功能价值分布

表 9-1 研究区 12 个县(市、区)湿地生态系统服务功能价值

设区市	县(市、区)	比重(%)	生态系统服务功能价值(亿元/年)
南昌市	南昌县	7.37	26.95
	新建县	8.85	32.36
	进贤县	9.28	33.93
九江市	永修县	1.71	6.25
	星子县	8.32	30.42
	德安县	0.02	0.07
	共青城市	0.06	0.22
	庐山区	0.48	1.76
	湖口县	0.66	2.41
	都昌县	21.95	80.26
上饶市	鄱阳县	15.58	56.97
	余干县	25.72	94.04

注:"比重"这一项是指"江西鄱阳湖国家级自然保护区管理局"的 2010 年 12 月份的调研数据中研究区的湿地面积所占总湿地面积的大小。

依据本书第七章的研究结果并对数据进行整理，可以得出研究区 12 个县（市、区）农户户均支付意愿值，具体如表 9-2 所示。

表 9-2 研究区 12 个县（市、区）湿地农户支付意愿情况

设区市	县（市、区）	比例（%）	户均支付意愿值（元/年）
南昌市	南昌县	<10	214.57
	新建县	10~20	392.63
	进贤县	10~20	392.63
九江市	永修县	10~20	392.63
	星子县	10~20	392.63
	德安县	<10	214.57
	共青城市	<10	214.57
	庐山区	<10	214.57
	湖口县	10~20	392.63
	都昌县	>20	606.76
上饶市	鄱阳县	>20	606.76
	余干县	>20	606.76

注："比例"这一项是指以《鄱阳湖生态经济区统计年鉴 2012》中"区内各县（市、区）生产总值产业构成"的第一产业产值占所对应地区生产总值的大小。

表 9-2 数据显示，鄱阳县、都昌县和余干县的湿地农户户均支付意愿值最高，分别为 606.76 元/年；南昌县、庐山区、德安县和共青城市的湿地农户户均支付意愿值最低，分别为 214.57 元/年。另外，通过整理与计算，得出 12 个研究区整体湿地农户户均支付意愿值为 402.57 元/年。

依据本书第八章的研究结果并对数据进行整理，可以得出研究区 12 个县（市、区）农户户均受偿意愿值，具体如表 9-3 所示。从该表数据可以得出，鄱阳县、都昌县和余干县的湿地农户户均受偿意愿值也最高，分别为 8497.24 元/年；南昌县、庐山区、德安县和共青城市的湿地农户户均支付意愿值最低，为 2628.79 元/年。另外，通过整理与计算，得出 12 个研究区整体湿地农户户均支付意愿值为 5531.08 元/年。

表 9 – 3 研究区 12 个县（市、区）湿地农户受偿意愿情况

设区市	县（市、区）	比例（%）	户均受偿意愿值（元/年）
南昌市	南昌县	<10	2628.79
	新建县	10~20	4492.31
	进贤县	10~20	4492.31
九江市	永修县	10~20	4492.31
	星子县	10~20	4492.31
	德安县	<10	2628.79
	共青城市	<10	2628.79
	庐山区	<10	2628.79
	湖口县	10~20	4492.31
	都昌县	>20	8497.24
上饶市	鄱阳县	>20	8497.24
	余干县	>20	8497.24

注："比例"这一项是指以《鄱阳湖生态经济区统计年鉴 2012》中"区内各县（市、区）生产总值产业构成"的第一产业产值占所对应地区生产总值大小。

第二节 鄱阳湖湿地内部生态补偿及外部生态补偿标准估测模型

一、鄱阳湖湿地内部生态补偿标准估测模型

依据史培军的 PS 理论（PS = GDP/EC）（史培军等，2005），并借鉴金艳的研究成果试图构建鄱阳湖湿地内部生态补偿估测模型。若研究单元生态系统服务功能价值量与当地生产总值（EV – GDP）的差值大于该地区总体差值的平均值，表示该地区生态有盈余，这说明该研究单元的生态系统能够保证当地经济发展的同时，还有一定的生态资源多余可以提供其他地区的消费。反之，若其差值小于该地区总体差值的平均值，则该研究单元生态有亏损，这说明该研究单元的生态资源不能完全保证当地经济发展的需求，而是借助了其他地区的生态资源（金艳，2009）。根据这一研究思路，就鄱阳湖湿地研究区而言，可以构造出鄱阳湖

湿地内部研究单元间的补偿模型,具体如式(9-1)所示。

$$Y_i = Y_\alpha - Y_\beta = \left(EV_i - \frac{W_i}{S_i}GDP_i\right) - \left(\sum_{i=1}^{n}EV_i - \sum_{i=1}^{n}\frac{W_i}{S_i}GDP_i\right)/n \quad (9-1)$$

式中,EV_i代表研究区的各个研究单元生态系统服务功能价值量①,此数据来源于本书第六章的研究成果,具体如表9-1所示。W_i代表第i个研究单元的湿地面积,此数据来源于"江西鄱阳湖国家级自然保护区管理局"实地调查。S_i代表第i个研究单元行政区域土地面积,此数据来自于2013年《南昌市统计年鉴》、《上饶市统计年鉴》和《九江市统计年鉴》。GDP_i代表第i个研究单元的地区生产总值,此数据来自于2013年《南昌市统计年鉴》、《上饶市统计年鉴》和《九江市统计年鉴》。n表示鄱阳湖湿地研究单元的数量。Y_i表示第i个研究单元是相对生态盈余还是生态亏损,其主要分为Y_α和Y_β两个部分。其中,Y_α表示第i个研究单元生态系统服务功能价值量与该研究单元地区生产总值之间的差值,Y_β表示鄱阳湖湿地总体生态系统服务功能价值量与地区生产总值之间差值的平均值。

二、鄱阳湖湿地外部生态补偿标准估测模型

基于PS理论和考虑金艳及相关学者的研究结果,同时满足以农户意愿值(农户受偿意愿与农户支付意愿的净意愿值)为补偿下限而以生态系统服务功能价值为补偿上限这一经验结果,构建鄱阳湖湿地外部生态补偿标准估测模型,如式(9-2)所示。

$$\begin{cases} PES = PES_\gamma + PES_\delta \\ PES_\gamma = \delta \sum_{i=1}^{n}\left(EV_i - \frac{W_i}{S_i}GDP_i\right) \\ PES_\delta = (1-\delta)\sum_{i=1}^{n}\sum_{j=1}^{m}\left(\beta_{ij}^{A}Pr_{ij}^{A}Po_i^{A} - \beta_{ij}^{P}Pr_{ij}^{P}Po_i^{P}\right) \end{cases} \quad (9-2)$$

式中,PES代表研究区需要补偿的数额,主要分为两个部分,PES_γ是考虑生态系统服务功能价值与当地经济发展水平的考察指标,PES_δ是考虑农户意愿(受偿意愿与支付意愿)的指标。其中,EV_i代表研究区的各个研究单元生态系统服务功能价值量,此数据来源于本书第六章的研究成果,具体如表9-1所示。

---

① 假设此价值量在近几年基本不变,同时假设所有类型生态资源的单位面积生态价值相同。

W_i 代表第 i 个研究单元的湿地面积,此数据来源于"江西鄱阳湖国家级自然保护区管理局"实地调查。S_i 代表第 i 个研究单元行政区域土地面积,此数据来自于 2013 年《南昌市统计年鉴》、《上饶市统计年鉴》和《九江市统计年鉴》。GDP_i 代表所对应各个研究单元的生产总值,此数据来自于 2013 年《南昌市统计年鉴》、《上饶市统计年鉴》和《九江市统计年鉴》[①]。δ 代表权重,取值参照金艳的研究进行确定。β_{ij}^A 表示第 i 个研究区内第 j 位被调查农户受偿意愿的数额,此数据来源于课题组对研究单元湿地的实地调查。Pr_{ij}^A 表示第 i 个研究区内第 j 位被调查农户愿意接受某一受偿数额的概率,此数据来源于对研究单元湿地的实地调查数据的整理。Po_i 代表第 i 个研究区所涉及的农户户数,此数据来源于"江西鄱阳湖国家级自然保护区管理局"实地调查。n 表示鄱阳湖湿地研究单元的数量,m 表示课题组对研究单元湿地实地调查农户的样本个数。

第三节 鄱阳湖湿地内部、外部生态补偿标准及其分区特征

一、鄱阳湖湿地内部、外部生态补偿标准

(一)鄱阳湖湿地内部生态补偿标准研究

将各研究单元生态系统服务功能价值与地区经济发展水平等相关数据代入式 (9-1),得出鄱阳湖湿地内部生态补偿标准,具体如表 9-4 所示。

表 9-4 数据显示,第 I 研究区(都昌县、鄱阳县和余干县)的内部补偿值为正,需要对其进行"内部补偿"。同时,都昌县、鄱阳县和余干县需要内部补偿的数额都较大,每年分别为 52.19 亿元、40.18 亿元和 53.18 亿元。这主要是因为以上三县的生态系统服务功能价值均较高,而这三个地区的 GDP(地区生产总值)较低,从而共同促使以上三县需要内部补偿的金额较大。第 II 研究区(南昌县、新建县、星子县和进贤县)的内部补偿值,除星子县外均为负,即星

---

① 本研究在 2013 年和 2014 年分两次对农户意愿进行调研,得到结果实质是反映农户 2012 年和 2013 年的受偿意愿,但是农户意愿在短期变化不大。基于这一原因,在此仅选用 2012 年当地生产总值数据,以此来大致估算鄱阳湖湿地内部、外部生态补偿标准情况。

子县需获得"内部补偿",而南昌县、新建县和进贤县需要进行"内部支付"。其中,南昌县需进行"内部支付"的金额最高,每年约为48.52亿元,这主要是由于该县的湿地生态系统服务功能价值相对较低,然而地区生产总值很高(例如,2012年南昌县排在"全国百强县"的第75位),从而导致南昌县的内部支付数额相对较高。第Ⅲ研究区中,除德安县和永修县外,其余各县(市、区)的内部补偿值均为负,即德安县和永修县需获得"内部补偿",而共青城市、庐山区和湖口县需进行"内部支付"。综上所述,都昌县、鄱阳县、余干县、星子县、德安县和永修县都需要进行"内部补偿",补偿金额每年共计约为156.82亿元;南昌县、新建县、进贤县、共青城市、庐山区和湖口县都需要进行"内部支付",支付金额每年共计约为69.94亿元。

表9-4 鄱阳湖湿地各研究区内部生态补偿估算

类型	县(市、区)	内部补偿标准(亿元/年)	内部补偿/支付
Ⅰ	都昌县	52.19	内部补偿
	鄱阳县	40.18	内部补偿
	余干县	53.18	内部补偿
Ⅱ	南昌县	-48.52	内部支付
	新建县	-3.54	内部支付
	进贤县	-9.85	内部支付
	星子县	8.04	内部补偿
Ⅲ	德安县	0.01	内部补偿
	共青城市	-2.09	内部支付
	庐山区	-4.99	内部支付
	湖口县	-0.95	内部支付
	永修县	3.22	内部补偿

注:该类分区是依据"湿地所占比重"这一指标对鄱阳湖湿地研究区进行分区。

(二)鄱阳湖湿地外部生态补偿标准研究

将上述计算数据和研究区人口、地区经济发展水平数据,经过整理后代入公式(9-2),得出鄱阳湖湿地各个研究单元外部生态补偿标准,计算结果如表9-5所示。

第九章 鄱阳湖湿地生态补偿标准模型构建及测算

表9-5 鄱阳湖湿地各研究区外部生态补偿估算

类型	县（市、区）	PES_γ（亿元/年）	PES_δ（亿元/年）	外部补偿标准（亿元/年）	是否需要外部补偿
Ⅰ	都昌县	26.094	13.120	39.214	需外部补偿
	鄱阳县	20.090	10.230	30.320	需外部补偿
	余干县	26.590	6.501	33.091	需外部补偿
Ⅱ	南昌县	-24.261	1.921	-22.340	不需外部补偿
	新建县	-1.771	0.400	-1.371	不需外部补偿
	进贤县	-4.927	2.943	-1.984	不需外部补偿
	星子县	4.018	2.439	6.457	需外部补偿
Ⅲ	德安县	0.003	0.032	0.035	需外部补偿
	共青城市	-1.043	0.002	-1.041	不需外部补偿
	庐山区	-2.494	0.316	-2.178	不需外部补偿
	湖口县	-0.476	0.367	-0.109	不需外部补偿
	永修县	1.609	0.142	1.751	需外部补偿

注：该类分区是依据"湿地所占比重"这一指标对鄱阳湖湿地研究区进行分区。

根据表9-5数据显示，第Ⅰ研究区（都昌县、鄱阳县和余干县）的外部补偿标准值为正，需要对其进行外部补偿。同时，都昌县、鄱阳县和余干县需外部补偿的数额均较大，每年分别为39.214亿元、30.320亿元和33.091亿元。第Ⅱ研究区（南昌县、新建县、星子县和进贤县）的外部补偿值除星子县外均为负，即星子县需获得外部补偿，而其他地区不需要外部补偿。在第Ⅲ研究区（德安县、共青城市、庐山区、湖口县和永修县）中，除德安县和永修县外，其他地区的外部补偿值均为负，即德安县和永修县需获得"外部补偿"，而共青城市、庐山区和湖口县不需进行外部补偿。

将上述计算数据和研究区人口、地区经济发展水平数据，经过整理后代入式（9-2），得出鄱阳湖湿地外部整体生态补偿标准，计算结果如表9-6所示。

表9-6 鄱阳湖湿地外部生态补偿总体估算

（亿元）	（亿元）	（亿元）
43.43	38.41	81.84

注：参照金艳的研究，确定的值为0.5。

根据表9-6的数据可知,鄱阳湖湿地外部整体生态补偿标准(PES)约为81.84亿元/年。

二、鄱阳湖湿地内部、外部生态补偿分区特征

将上述研究单元数据经整理代入式(9-1)、式(9-2),能够分别得出研究单元内部的生态补偿标准以及研究单元外部的补偿标准,计算结果如表9-7和图9-2、图9-3所示。

表9-7 鄱阳湖湿地各研究单元内部、外部生态补偿分区特征

类型	县(市、区)	内部补偿标准(亿元/年)	内部补偿/支付	外部补偿标准(亿元/年)	是否需要外部补偿
I	都昌县	52.19	内部补偿	39.21	需外部补偿
I	鄱阳县	40.18	内部补偿	30.32	需外部补偿
I	余干县	53.18	内部补偿	33.09	需外部补偿
II	南昌县	-48.52	内部支付	-22.34	不需外部补偿
II	新建县	-3.54	内部支付	-1.37	不需外部补偿
II	进贤县	-9.85	内部支付	-1.98	不需外部补偿
II	星子县	8.04	内部补偿	6.46	需外部补偿
III	德安县	0.01	内部补偿	0.04	需外部补偿
III	共青城市	-2.09	内部支付	-1.04	不需外部补偿
III	庐山区	-4.99	内部支付	-2.18	不需外部补偿
III	湖口县	-0.95	内部支付	-0.11	不需外部补偿
III	永修县	3.22	内部补偿	1.75	需外部补偿

从表9-7和图9-2可以发现,第I区的研究单元内部补偿额都为正,并且补偿金额都大于40亿元/年;在第II区和第III区的研究单元中,只有星子县、德安县和永修县内部补偿额为正,补偿金额每年在0亿~10亿元,其他研究单元内部补偿额都为负。从表9-7和图9-3可以发现,第I区的研究单元外部补偿额都为正,并且补偿金额大于30亿元/年;在第II区和第III区的研究单元中,

只有星子县、德安县和永修县外部补偿额为正,每年补偿金额均在0亿~10亿元,其他研究单元外部补偿额都为负。综上所述,在本研究区中,都昌县、鄱阳县和余干县内部和外部补偿的数值都最高,为主要的补偿对象。这可能是因为这三个县生态资源相对丰富,然而由于基础设施严重滞后、人才严重缺乏等因素共同导致经济水平相对较低。另外,以南昌县为代表的研究单元为主要内部支付方且不需外部补偿,这主要是因为当地的生态资源不足以支撑其经济发展,其能够达到目前的经济水平是借助其他地区的生态资源。

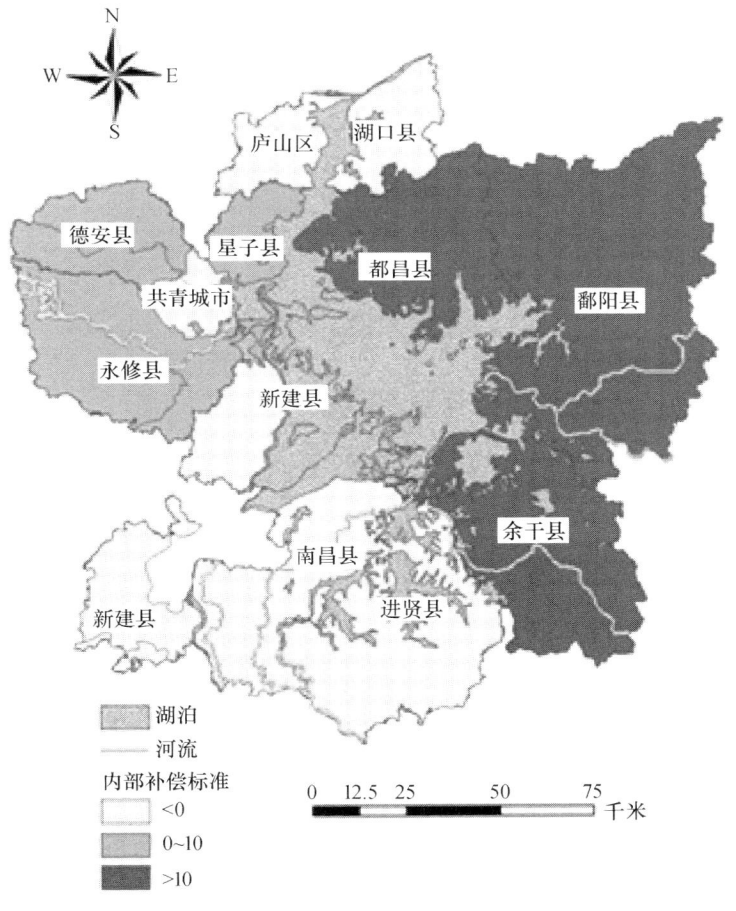

图9-2 鄱阳湖湿地内部补偿特征

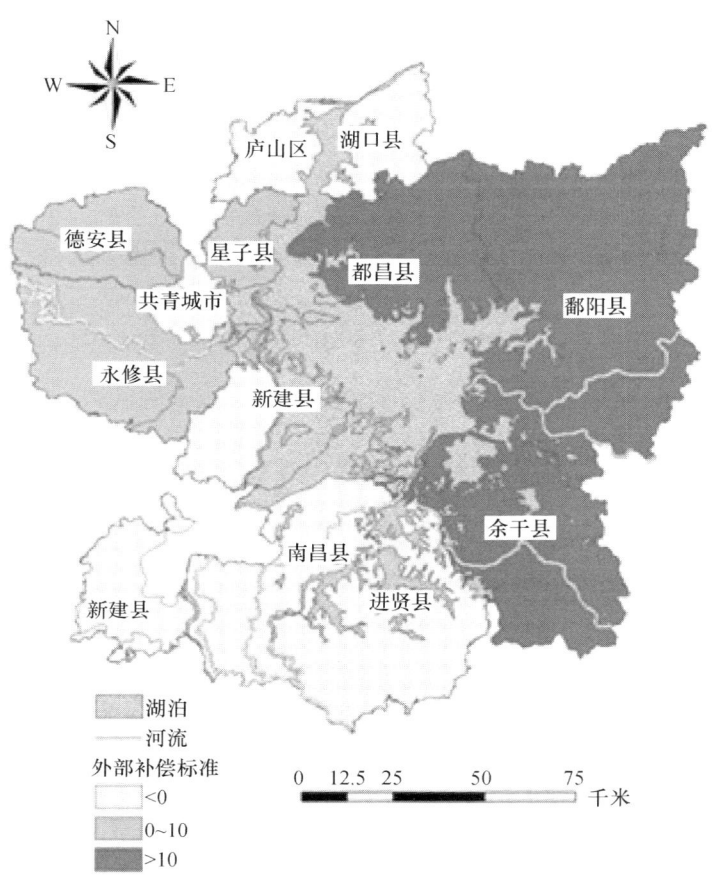

图 9-3 鄱阳湖湿地外部补偿特征

为了有效地提升鄱阳湖湿地生态补偿水平及效果，推动建立和实施鄱阳湖湿地生态补偿机制，可以从以下几个方面做出努力：第一，设立湖泊湿地专项基金账户，做到专款专用。湖泊湿地对我国生态环境的保护贡献巨大，中央、地方政府可以成立一个专用的基金账户，这一款项只能用作对湖泊湿地的保护。第二，补偿资金需要做到两个"优先"。补偿资金优先补偿具有更多生态盈余的研究单元，优先补偿农户在湿地保护或资源开发过程中遭受的损失或者投入的成本。第三，要建立有差异的生态补偿标准，不搞"一刀切"。应该根据不同地区生态资源盈余程度及当地农户意愿程度等因素的不同，制定具有差异化的生态补偿标准，以确保有限的生态补偿资金能够获得最大的效用。第四，要深入系统研究鄱阳湖湿地生态补偿的具体运作方式，采取多样的生态补偿方式。对农户和当地政府的支付方式不一定仅局限于货币补偿，对农户可以用智力补偿、土地补偿、优惠的贷款政策等相结合的方式，对地方政府可以用倾斜的货币或财政政策等相结合的方式。第五，加大资金投入的监管力度，确保投入的补偿资金能够发挥最大的效用。

本章小结

本章以鄱阳湖湿地为具体研究对象，从生态系统服务功能价值出发，结合农户意愿（支付意愿与受偿意愿）和区域经济发展水平等多维因素，构建鄱阳湖湿地生态补偿研究单元内部、外部补偿模型，并以此为依据来测算鄱阳湖湿地内部和外部生态补偿标准。

通过计算主要得出以下几点研究结论：在内部补偿方面，从表9-7和图9-2可以发现，第Ⅰ区的研究单元（都昌县、鄱阳县和余干县）内部补偿额都为正，并且补偿金额都大于40亿元/年；在第Ⅱ区和第Ⅲ区的研究单元中，只有星子县、德安县和永修县内部补偿额为正，补偿金额每年在0亿~10亿元；其他研究单元内部补偿额都为负，其中，南昌县需进行"内部支付"的金额最高，每年约为48.52亿元。在外部补偿方面，从表9-7和图9-3可以发现，第Ⅰ区的研究单元（都昌县、鄱阳县和余干县）外部补偿额都为正，并且补偿金额都大于30亿元/年；在第Ⅱ区和第Ⅲ区的研究单元中，只有星子县、德安县和永修县外部补偿额为正，补偿金额每年在0亿~10亿元；其他研究单元外部补偿额都为负。

第十章 鄱阳湖湿地生态补偿措施研究

第一节 鄱阳湖湿地生态补偿主客体

坚持"谁受益谁补偿,谁受损补偿谁"的原则来确定鄱阳湖湿地生态补偿的主体和客体。另外,在本书第七章中,通过构建模型分别计算得出鄱阳湖湿地内部和外部生态补偿标准,在此分别研究鄱阳湖湿地内部生态补偿主客体和外部生态补偿主客体。一般而言,补偿客体主要包括三类:一是已为或将为湿地保护进行直接投入或做出特别贡献的主体;二是为保护湿地而直接遭受损失的直接受损者;三是因为保护湿地而限制发展机会的受损者。

一、鄱阳湖湿地内部生态补偿主客体

(一)鄱阳湖湿地内部微观生态补偿主客体

1. 生态补偿主体

从补偿主体看,各级政府和湿地保护的受益者理应是湿地生态补偿的主体。根据这一原则,主要有地方政府、企业以及研究单元中的城镇居民等。

(1)地方政府。在我国生态保护当中,政府一般通过法律、法规来对环境进行保护。作为法律和法规的制定者,其限制了企业和个人(尤其是湿地资源天然拥有者——农户)的生产与生活,并对当地企业、个人的发展权利也进行了限制。例如实施"退田还湖"、"禁渔期"以及限制或禁止在湿地周边发展工业等,这一切都对湿地周边农户、组织等的收入造成一定影响。因此,地方政府应该作为鄱阳湖湿地生态补偿中最为主要的补偿主体。

(2)企业。国务院正式批复《鄱阳湖生态经济区规划》以来,各级政府不断加强对鄱阳湖湿地的保护,目前鄱阳湖共有"南矶山国家级自然保护区"和

"鄱阳湖自然保护区"两座国家级湿地公园,每年都会有大量游客前来观赏珍稀的野生动植物以及观赏优美的湿地风景,由于旅游业的发展能够为景区、餐饮、娱乐等企业带来较为可观的经济收益,即这类企业是湿地保护的直接受益者。因此,这类企业也应该作为生态补偿主体之一。

(3)城镇居民。从第四章了解到鄱阳湖湿地主要有食物和原材料生产、大气调节、涵养水源、调蓄洪水、生物栖息地、废物处理、水分调节、休闲娱乐和文化科研等生态功能,通过计算得出鄱阳湖湿地生态系统服务功能总价值为365.64亿元。正是由于湿地的生态功能,在城镇的居民才能够享受到湿地保护所带来的良好生态环境,例如城镇居民享受到的较为优良的水质、新鲜的空气以及避免洪水带来的经济损失等,城镇居民在享受到这一湿地资源带来的好处时,理应进行一定的生态支付。也就是说,城镇居民作为湿地保护的直接受益者之一,也应该作为生态补偿主体之一。

2. 生态补偿客体

在本研究当中,鄱阳湖湿地的农户具有明显的补偿客体的特征。其一,由于目前江西省对生态环境的保护力度在不断地增强,例如,每年对鄱阳湖水域实行三个月的休渔期,这对于鄱阳湖湿地周边农户,尤其是对以捕鱼业为主要收入来源的农户具有非常大的影响。其二,由于江西省在不断实施退田还湖工程,很多农户家庭的农田就要退耕,这对于一部分以种植为主要收入来源的农户也具有较大影响。其三,依据《鄱阳湖生态经济区规划》(以下简称《规划》),鄱阳湖生态经济区被划分为"两区一带",而本书的研究单元基本属于"两区一带"中的"湖体核心保护区"和"滨湖控制开发带",这就使得当地限制或禁止工业开发、生产等,从而限制了当地的发展机会。与此同时,鄱阳湖湿地每年会迎来大量在此过冬的候鸟,每年候鸟都会对农作物造成一定的破坏并且会影响当地渔民的捕鱼量,从而造成当地农户的收入损失。

另外,鄱阳湖湿地中的12个研究单元中,从微观角度来看,生态补偿客体主要是农户,从表10-1可以发现,所有研究单元的农户的净意愿值都为正,即农户都是生态补偿客体(需要补偿方)。因此,鄱阳湖湿地农户为主要的生态补偿客体。

表10-1 农户生态补偿意愿表

县(市、区)	受偿意愿值	支付意愿值	净意愿值	需补偿/需支付
都昌县	8497.24	606.76	7890.48	需补偿

续表

县（市、区）	受偿意愿值	支付意愿值	净意愿值	需补偿/需支付
余干县	8497.24	606.76	7890.48	需补偿
鄱阳县	8497.24	606.76	7890.48	需补偿
新建县	4492.31	392.63	4099.68	需补偿
进贤县	4492.31	392.63	4099.68	需补偿
永修县	4492.31	392.63	4099.68	需补偿
星子县	4492.31	392.63	4099.68	需补偿
湖口县	4492.31	392.63	4099.68	需补偿
南昌县	2628.79	214.57	2414.22	需补偿
庐山区	2628.79	214.57	2414.22	需补偿
德安县	2628.79	214.57	2414.22	需补偿
共青城市	2628.79	214.57	2414.22	需补偿

注：以上数据均来自于本书第七章和第八章关于农户意愿水平的计算结果。

(二) 鄱阳湖湿地内部宏观生态补偿主客体

1. 生态补偿主体

从表 10-2 可以看出，湖口县、共青城市、新建县、庐山区、进贤县和南昌县的每年内部生态补偿标准分别为 -0.95 亿元、-2.09 亿元、-3.54 亿元、-4.99 亿元、-9.85 亿元和 -48.52 亿元。由于以上各地区的内部补偿值均为负，因此以上地区均为内部生态补偿主体。其中，南昌县需要进行内部支付的数额最高，这是因为南昌县的当地生产总值远高于其生态系统服务功能价值。南昌县从 2008 年开始直到 2014 年，连续七年为全国百强县，2014 年已经排到第 52 位，故其为主要的内部生态补偿主体。

2. 生态补偿客体

从表 10-2 可以看出，余干县、都昌县、鄱阳县、星子县、德安县的每年内部生态补偿标准分别为 53.18 亿元、52.19 亿元、40.18 亿元、8.04 亿元和 0.01 亿元。由于以上各地区的内部补偿值均为正，故这些地区均为内部生态补偿客体。余干县、都昌县和鄱阳县需要进行内部补偿的数额最高，这是由于生态保护使得这些地区的发展相对严重滞后，即生产总值远低于其生态系统服务功能价值。其中，余干县和鄱阳县都为国家级贫困县，故余干县、都昌县和鄱阳县为主要的内部生态补偿客体。

表 10-2　鄱阳湖湿地各研究区内部生态补偿估算

设区市	县（市、区）	内部补偿标准（亿元/年）	内部补偿/支付
南昌市	南昌县	-48.52	内部支付
	新建县	-3.54	内部支付
	进贤县	-9.85	内部支付
九江市	永修县	3.22	内部补偿
	星子县	8.04	内部补偿
	德安县	0.01	内部补偿
	共青城市	-2.09	内部支付
	庐山区	-4.99	内部支付
	湖口县	-0.95	内部支付
	都昌县	52.19	内部补偿
上饶市	鄱阳县	40.18	内部补偿
	余干县	53.18	内部补偿

注：以上数据由对本书第九章的"表 9-4"数据整理而得。

二、鄱阳湖湿地外部生态补偿主客体

（一）生态补偿主体

（1）中央政府。我国虽然经济总量跃居世界第二，但随着经济的不断发展，环境污染问题却日益严重，而鄱阳湖湿地具有大气调节、涵养水源、废物处理等功能，其对我国环境污染的治理以及水质净化等具有改善作用，而改善环境应该主要是中央政府的责任。因此，中央政府应该对鄱阳湖湿地的各地区进行生态补偿，即中央政府应该作为主要的鄱阳湖湿地外部生态补偿主体。

（2）鄱阳湖下游省（直辖市）政府。根据本书图 5-1，鄱阳湖处于长江中下游地区，湖水通过长江流入安徽省、江苏省、浙江省和上海市。由于鄱阳湖湿地区域限制或禁止开发工业，水质常年保持在三类及以上，这大大降低了当地居民、政府的收入并限制了他们的经济发展。然而，这给下游地区提供了较好的水资源，为下游环境的改善做出了巨大贡献。因此，鄱阳湖下游的安徽省、江苏省、浙江省和上海市应该给予适当的补偿，即作为鄱阳湖湿地外部生态补偿主体之一。

（3）世界自然基金会。鄱阳湖湿地是国际重要湿地，同时也是世界六大湿地之一，其具有生物栖息地等功能。鄱阳湖湿地长期作为世界鸟类的越冬栖息地，来此越冬的鸟类种类繁多、数量巨大，其中不乏世界珍稀鸟类，例如丹顶鹤、亚洲朱鹮、中华秋沙鸭等。鄱阳湖湿地为世界做出了巨大的贡献，而世界自然基金会作为全球性组织，主要承担环境保护等相关工作，应该给予鄱阳湖湿地范围内的地方政府适当补偿，即作为鄱阳湖湿地外部生态补偿主体之一。

表10-3　鄱阳湖湿地各研究区外部生态补偿估算

设区市	县（市、区）	外部补偿标准（亿元/年）	是否需要外部补偿
南昌市	南昌县	-22.34	不需外部补偿
	新建县	-1.37	不需外部补偿
	进贤县	-1.98	不需外部补偿
九江市	永修县	1.75	需外部补偿
	星子县	6.46	需外部补偿
	德安县	0.04	需外部补偿
	共青城市	-1.04	不需外部补偿
	庐山区	-2.18	不需外部补偿
	湖口县	-0.11	不需外部补偿
	都昌县	39.21	需外部补偿
上饶市	鄱阳县	30.32	需外部补偿
	余干县	33.09	需外部补偿

注：以上数据由对本书第九章表9-5整理而得。

（二）生态补偿客体

从表10-3可以看出，湖口县、共青城市、新建县、庐山区、进贤县和南昌县的每年外部生态补偿标准分别为-0.11亿元、-1.04亿元、-1.37亿元、-2.18亿元、-1.98亿元和-22.34亿元，由于以上地区的生态补偿值均为负，故其都不需要外部补偿。余干县、都昌县、鄱阳县、星子县、德安县的每年外部生态补偿标准分别为33.09亿元、39.21亿元、30.32亿元、6.46亿元和0.04亿元，由于以上地区的生态补偿值均为正，故其都需要外部补偿，即均为外部生态补偿客体。其中，余干县、都昌县和鄱阳县的外部生态补偿数额较高，因此它们为主要的生态补偿客体。

第二节 鄱阳湖湿地生态补偿方式

一、鄱阳湖湿地内部生态补偿方式

从第一节的研究结果中发现，鄱阳湖湿地内部补偿微观方面，生态补偿客体主要为农户；鄱阳湖湿地内部补偿宏观方面，生态补偿客体主要为余干县、都昌县、鄱阳县、星子县和德安县。

（一）鄱阳湖湿地内部微观生态补偿方式

在鄱阳湖湿地内部微观生态补偿当中，农户为主要的生态补偿客体。根据 2013 年、2014 年两次分别对鄱阳湖湿地农户的调查，调查过程中共发放问卷 288 份，收回有效问卷 271 份。经过对获得数据的整理，农户生态补偿方式如表 10-4、表 10-5 和表 10-6 所示。

表 10-4 农户生态补偿方式一（现金/非现金补偿）

补偿方式	频数（个）	比率（%）
现金补偿	209	77.12
非现金补偿	62	22.88

注：以上数据均来自于对 2013 年、2014 年两次调研数据的整理。

根据表 10-4 数据显示，在被调查农户当中，有 77.12% 的农户希望用现金方式进行补偿，仅有 22.88% 的农户愿意用非现金方式进行补偿，说明绝大多数的农户希望用现金进行直接补偿。

在对农户进行实地调研中，仅给出两种补偿方式，分别为直接补贴到农户的"一卡通"和集中补贴到当地政府。如表 10-5 所示，在被调查农户当中，有 97.05% 的农户希望直接补贴到农户手中，而仅有 2.95% 的农户愿意将补偿资金补贴到当地政府，数据说明绝大多数农户希望直接拿到补偿资金。同时，在实地调查中还发现农户不愿意将补偿资金直接补偿到当地政府，是因为其不相信地方政府会将该资金真正全部用到惠民工程当中。

表10-5　农户生态补偿方式二（现金补偿）

补偿方式	频数（个）	比率（%）
直接补贴到农户的"一卡通"	263	97.05
集中补贴到当地政府	8	2.95

注：以上数据均来自于对2013年、2014年两次调研数据整理，同时农户仅被允许用现金进行补偿。

在对农户进行实地调研中，给出"基础设施补偿"、"土地补偿"、"安排就业/就业指导补偿"、"优惠政策（信贷、税收等）补偿"以及其他补偿方式。根据表10-6数据显示，130位农户选择进行土地补偿的方式，占所有被调查农户的47.97%；61位农户选择基础设施建设补偿方式，占所有被调查农户的22.51%；41位农户选择优惠政策（信贷、税收等）补偿方式，占所有被调查农户的15.13%；29位农户选择安排就业/就业指导补偿方式，占所有调查农户的10.70%；其余农户选择其他补偿方式，占所有被调查农户的3.69%。从上述数据反映出，农户希望的补偿方式按从高到低顺序分别为"土地补偿"、"基础设施补偿"、"优惠政策补偿（信贷、税收等）"和"安排就业/就业指导补偿"等。

表10-6　农户生态补偿方式三（非现金补偿）

补偿方式	频数（个）	比率（%）
土地补偿	130	47.97
基础设施补偿	61	22.51
优惠政策（信贷、税收等）补偿	41	15.13
安排就业/就业指导补偿	29	10.70
其他补偿	10	3.69
合计	271	100

注：以上数据均来自于对2013年、2014年两次调研数据整理，同时农户仅被允许用非现金进行补偿。

（二）鄱阳湖湿地内部宏观生态补偿方式

根据本第一节的研究结果，鄱阳湖湿地内部补偿宏观方面，生态补偿客体主要为余干县、都昌县、鄱阳县、星子县、德安县，主要采用财政补偿、基础设施建设补偿、技术/智力补偿等方式进行。

（1）财政补偿。财政补偿是指在鄱阳湖湿地内部宏观补偿中的生态补偿主体（南昌县、进贤县等）直接将财政收入的一部分给予需要进行生态补偿的客体（余干县、都昌县和鄱阳县等），该种方式十分简单，同时也可能是最为主要的补偿方式。

（2）基础设施建设补偿。以余干县、都昌县和鄱阳县为主的生态补偿客体，由于其生态资源较好而经济水平较弱，导致没有经济实力去投资民生工程，进而使得基础设施建设相对滞后，生态补偿主体（南昌县等）可以通过援建基础设施的方式进行生态补偿。例如，建设桥梁、道路以改善出行条件，建设学校以提升当地居民素质，建设医院以改善当地居民的医疗卫生条件等。

（3）技术/智力补偿。生产技术落后以及缺乏熟练的技术人员也是导致生态补偿客体（余干县、都昌县和鄱阳县等地区）经济水平落后的主要原因，相对而言生态补偿主体（南昌县、进贤县等）生产技术先进以及熟练技术人员较多。这样可以让补偿主体向客体提供技术支持以及对人员进行技术培训，以使得余干县等补偿客体能够因地制宜找到适合当地的产业以及技术人员，这样可以大大促进这些地区的经济发展，达到较好的补偿效果。

（三）生态补偿优先级

在鄱阳湖湿地内部微观生态补偿方面，根据第七章和第八章的研究结果得出，农户的家庭主要收入来源、家庭居住位置、耕地面积、水域面积都与农户意愿（受偿与支付意愿）呈显著相关性。根据这一研究结果，可以设计补偿优先级对农户进行更为有效的补偿。在家庭主要收入来源方面，根据第七章和第八章研究结果发现，农户收入来源于水产和禽畜养殖的农户净意愿最高，其次为收入来源于种植业的农户，根据这一特性应优先对以水产、禽畜为主要收入来源的农户进行补偿，其次对以种植业为主要收入的农户进行补偿，再次对以其他为主要收入来源的农户进行补偿（见表10-7）；在家庭居住位置方面，根据表9-2和表9-3，农户的净意愿值在第Ⅰ区最高，第Ⅱ区次之，第Ⅲ区最低，根据这一特性应优先对处于第Ⅰ区的农户进行补偿，其次对处于第Ⅱ区的农户进行补偿，最后对处于第Ⅲ区的农户进行补偿（见表10-7）；在耕地面积和水域面积方面，根据上文的研究结果发现，随着农户所拥有的耕地面积以及所承包的水域面积越大，其净意愿值越高，根据这一特性，应该对拥有耕地面积或者承包水域面积越多的农户，越优先进行补偿，如表10-7所示。

在鄱阳湖湿地内部宏观生态补偿方面，根据本章第一节的研究结果得出，余干县、都昌县、鄱阳县、星子县、德安县为补偿客体，如表10-8所示，依据补偿标准对研究区域划分补偿优先级。其中，余干县、鄱阳县和都昌县每年的补偿标准均高于 40 亿元,补偿优先级最高;星子县每年的补偿标准为 8.04 亿元,补偿优先级次之;德安县每年的补偿标准为 0.01 亿元,补偿优先级最低。

表 10-7 鄱阳湖湿地内部微观生态补偿优先级

优先等级	家庭主要收入来源	家庭居住位置	耕地面积	水域面积
一	水产与禽畜养殖	处于第Ⅰ区	农户所拥有耕地面积越大,其补偿优先级应越高	农户所承包水域面积越大,其补偿优先级越高
二	种植业	处于第Ⅱ区		
三	其他	处于第Ⅲ区		

注:"一"、"二"、"三"分别表示对农户的补偿优先级为最高、中等和最低。

表 10-8 鄱阳湖湿地内部宏观生态补偿优先级

优先等级	研究区域	内部补偿标准(亿元/年)
一	余干县、鄱阳县、都昌县	大于 40
二	星子县	8.04
三	德安县	0.01

注:"一"、"二"、"三"分别表示对农户的补偿优先级为最高、中等和最低。

二、鄱阳湖湿地外部生态补偿方式

根据本章第一节研究结果发现,余干县、都昌县、鄱阳县、星子县、德安县为鄱阳湖湿地外部生态补偿客体。在外部生态补偿方式中,可以采用中央政府直接财政支持、中央政府转移支付、流域上下游直接进行补偿、成立湿地保护基金等方式进行补偿。

(1) 中央政府直接财政支持。鄱阳湖湿地具有重要的生态价值,中央政府要求地方政府保护好这一优良的生态资源,但这限制了当地经济发展,使得其经济发展水平更为滞后。例如,余干县、都昌县和鄱阳县的生态价值很高,但是经济发展水平却相对滞后,这需要中央政府对这些地区进行财政支持,可以设立专项财政支出,以支持这些地方的经济发展,进而为这些地区做出一定的补偿。

(2) 中央政府转移支付。鄱阳湖由于得到江西省政府以及地方政府的严格保护,鄱阳湖水质较好。根据图 5-1,鄱阳湖湖水经湖口县流入长江,并通过长江流到下游的安徽省、江苏省、浙江省和上海市,为其环境改善做出了较为重要的贡献。其中,江苏省、浙江省和上海市的经济总量很高,但是由于过度的发展经济使得当地的水污染十分严重,而上游(江西鄱阳湖)为改善其水质做出了巨大贡献,基于这一原因下游省份应该给予上游一定的补偿。这一补偿可以通过中央政府的转移支付进行,即从这些省(直辖市)的财政收入中提出一部分交予中央政府,然后中央政府将这部分资金补偿到江西省,进而分发给为生态做出贡献的县(市、区)政府。

(3)流域上下游直接进行补偿。如上所述,由于江西省政府及鄱阳湖所在的地方政府为保护鄱阳湖,限制或禁止对其进行开发利用,才有鄱阳湖湿地良好的生态系统,进而为下游的省份(直辖市)水污染的改善做出贡献。下游省份(直辖市)应该对江西省进行补偿,可以采用直接补偿方式。由于江苏省、浙江省以及上海市都是发达地区,可以对江西省采用货币支付、技术援助和人员培训、项目援建(尤其是基础设施)等方式直接进行补偿,以达到共赢的目的。

(4)成立湿地保护基金。鄱阳湖湿地是世界上著名的湿地,每年到此越冬的候鸟不计其数,并有大量我国乃至世界的珍稀野生鸟类。但是,这些越冬鸟类的到来,给当地政府的保护带来资金、人员的压力。同时由于候鸟主要以水产品、谷类为主要食物来源,这都会导致当地以水产养殖和种植为主要收入来源的农户受到一定的影响,应该对其进行补偿。笔者认为,可以建立一个湿地保护基金,与国际组织(世界自然基金会)、国内组织以及企业通过生态项目建设等方式得到它们的资金支持,为更好地保护鄱阳湖湿地做出贡献。

在鄱阳湖湿地外部生态补偿方面,根据本章第一节的研究结果得出,余干县、都昌县、鄱阳县、星子县、德安县为补偿客体,如表10-9所示,依据补偿标准对研究区域划分补偿优先级。其中,余干县、鄱阳县和都昌县每年的补偿标准均高于30亿元,补偿优先级最高;星子县每年的补偿标准为6.46亿元,补偿优先级次之;德安县每年的补偿标准为0.04亿元,补偿优先级最低。

表10-9 鄱阳湖湿地内部宏观生态补偿优先级

优先等级	研究区域	内部补偿标准(亿元/年)
一	余干县、鄱阳县、都昌县	大于30
二	星子县	6.46
三	德安县	0.04

注:"一"、"二"、"三"分别表示对农户的补偿优先级为最高、中等和最低。

本章小结

通过以上研究，主要得出以下四点研究结论：

（1）鄱阳湖湿地内部生态补偿主客体，从微观补偿主体看，主要有地方政府、企业以及研究单元中的城镇居民等；从微观补偿客体看，主要为鄱阳湖湿地农户。从宏观补偿主体看，主要有湖口县、共青城市、新建县、庐山区、进贤县和南昌县；从宏观补偿客体看，主要有余干县、都昌县、鄱阳县、星子县、德安县。

（2）鄱阳湖湿地外部生态补偿主客体，从补偿主体看，主要有世界自然基金会、中央政府和鄱阳湖下游省（直辖市）政府；从补偿客体看，主要有余干县、都昌县、鄱阳县、星子县、德安县。

（3）鄱阳湖湿地内部生态补偿方式，从微观补偿方式看，农户更愿意进行现金补偿，若仅能够进行现金补偿，农户更愿意将补偿金直接打入本人的账户，若仅能进行非现金补偿，农户更愿意进行土地补偿、基础设施补偿、优惠政策补偿等；从宏观补偿方式看，可以采用财政补偿、基础设施建设补偿、智力补偿等方式进行补偿。

（4）鄱阳湖湿地外部生态补偿方式，可以采用中央政府直接财政支持、中央政府转移支付、流域上下游直接进行补偿、成立湿地保护基金等方式进行补偿。

第十一章 生态补偿国际经验及借鉴

第一节 国际生态补偿的发展历程

从世界范围来看，自20世纪50年代以来，生态补偿问题开始被越来越多的国家认识并付诸实践。作为一种能产生经济、社会和生态效益的生态资源管理模式，生态补偿现在受到各国政府的普遍关注，并取得了较好的成果。

由于社会制度的差异性和发展水平的非同步性，目前世界各国的生态补偿表现出很大的不同，但按照完善程度大致可分为两种类型。

第一种类型为成熟型生态补偿，主要存在于以美国、英国和法国为主的发达国家。由于发达国家经济率先起飞，其环境政策的发展过程可以看作是世界环境政策发展的缩影。整体看，发达国家环境政策的发展大致经历了三个阶段。第一阶段是20世纪50~70年代，该阶段环境政策以"单一方式"（政府命令和控制）为主。这一阶段主要由政府推动，采用法规、标准、市场准入等方式对生态环境进行管理与保护。第二阶段是20世纪80年代初至80年代末，该阶段环境政策以"双重方式"（命令与控制手段和经济手段）为主。在这一阶段，发达国家在政府行政命令的基础上，逐步采用税收、押金、补贴、可交易配额等经济方式对生态环境进行管理与保护，并取得较好的效果。第三阶段是20世纪90年代至今，该阶段环境政策以"混合方式"为主。这一阶段，政府在行政命令和市场经济作用的基础上日益重视与企业的沟通，多种沟通方式（环境协议、对话等）不断被设计出来并得到了企业的积极响应，进而通过这样的混合方式对生态环境进行管理与保护。

第二种类型为发展型生态补偿，主要存在于包括中国在内的发展中国家。由于传统环境污染问题没有根本解决，一些国家的环境污染和生态破坏的现象屡有发生。同时，亚洲的发展中国家在贸易方面还面临着发达国家和欧盟越来越严格的环境壁垒。与发达国家相比，大部分发展中国家的环境政策正处于发展和变革之中，政策体系尚不完善，主要表现为以下三个方面：首先，发展中国家虽然相继引入众多的环境法规和标准，但依然不同程度地存在着环境标准过严、环境执法不力的情况。其次，许多发展中国家积极引进和采用经济手段来保护环境，但由于市场发育不充分并缺乏经验，使得应用效果并不是十分理想。最后，发展中国家也开始尝试采用相互沟通方式，但由于执行难度大使得环境保护政策往往不能付诸实施。例如，在中国实行的企业环境目标责任制度类似于环境协议制度，但该协议的大部分内容不是企业自愿提出的，同时也较少考虑政策是否符合实际以及企业或消费者是否具有相应承受能力，导致实施起来非常困难。

第二节　国际生态补偿实践与启示

国际上"生态补偿"比较通用的概念是"生态或环境服务付费"（Payment for Ecological/Environmental Services，PES），其基本内涵与中国的生态补偿机制概念十分相似。其中，生态服务功能是其核心，付费是手段，调整的也是在生态服务功能供给和消费中的不同利益相关者的生态保护成本分担和经济利益分配关系。

一、国际生态补偿的主要领域

从相关政策及实践的领域看，国际生态补偿主要集中在森林保护及植树造林、与农业活动相关的生态保护、流域综合管理、资源开发中的生态保护等领域。

森林是陆地上最重要的生态系统，各国实施生态服务付费的具体案例绝大部分是围绕森林的环境服务展开的，且多以市场机制为基础。根据 Landell – Mills 等发表的《银弹还是愚人金——森林环境服务及对贫困影响的市场开发的全球展望》文章显示，世界上现已有 287 例森林环境服务交易，这些案例并非仅集中于发达地区，而是遍布美洲、欧洲、非洲、亚洲以及大洋洲的多个国家或地区，涉及政府购买、私人交易、开放的市场贸易及生态标记四种环境服务交易类型。其中，碳储存交易 75 例、生物多样性保护交易 72 例、流域保护交易 61 例、景观美化交易 51 例，还有 28 例属于综合服务交易。对于森林生态系统的补偿，主要通过碳蓄积与储存、生物多样性保护、景观娱乐文化价值实现等途径进行。欧洲排放交易计划（EU-ETS）与京都清洁发展机制是目前两个最大的、最为人们所了解的碳限额交易计划（刘丽，2010）。

在农业生产中的生态环境保护方面，瑞士、美国在其农业立法下，开展了通过补偿退耕、休耕等措施来保护农业生态环境。20 世纪 50 年代，美国政府实施了"保护性退耕计划"。20 世纪 80 年代实施了"保护性储备计划"，这相当于荒漠化防治计划。纽约州曾颁布了《休依特法案》，其规定由政府出资收购破产农场并退耕还林，将失业的农民吸收为林场工人以恢复森林植被。在这些计划和法案的实施过程中，政府为由此对当地居民造成的损失提供补贴（或补偿）是一项重要内容。欧盟也有类似的政策和做法。

流域保护服务可以分为水质保证、水量保持和洪水控制三个方面。尽管这三种服务相互关联，但通常具有不同的受益人。对这三种流域服务的公共补偿，都有利于上游保护者，特别是上游较贫困居民。在流域生态补偿方面，比较成功的例子包括纽约水务局通过协商，确定流域上下游水资源与水环境保护的责任与补偿标准；南非将流域生态保护与恢复行动与扶贫有机地结合起来，每年投入约 1.7 亿美元雇用弱势群体来进行流域生态保护，以改善水质并增加水资源供给；澳大利亚利用联邦政府的经济补贴，推进各省的流域综合管理工作等。

在矿产资源开发的生态补偿方面，美国和德国的做法相似。美国将矿区的生态环境治理分为立法前和立法后两种，对于立法前的历史遗留的生态破坏问题，由国家通过建立治理基金的方式组织恢复治理，而对于法律颁布后出现的矿区生态环境破坏，一律实行"谁破坏、谁恢复"并由开发者负责治理和恢复。这使矿区生态损害与恢复治理的责任明确。德国是由中央政府（75%）和地方政府（25%）共同出资并成立专门的矿山复垦公司负责生态恢复工作（徐中民等，2000）。

在生物多样性保护方面，其补偿类型包括购买具有较高生态价值的栖息地、使用物种或栖息地的补偿、生物多样性保护管理补偿、支持生物多样性保护交易、限额交易规定下可交易的权利。总体而言，国外生物多样性等自然保护的生态补偿基本上是通过政府和基金会渠道进行的，有时则与流域、农业和森林等的补偿相结合。

二、国际生态补偿的主要方式

目前,在国际上,生态服务付费的方式可以分为两大类,一类是以政府(公共支付)为主导,另一类是以市场为主导,其包括自行组织的私人交易、开放的市场贸易和生态标记等。

(一)以公共支付为主导的生态补偿方式

公共支付主要指由政府来购买社会需要的生态环境服务,然后提供给社会成员。无论从支付规模还是应用的广泛程度来说,公共支付都是购买生态环境服务的主要形式。购买资金可能来自于公共财政资源,也可能来自于有针对性的税收或政府掌控的其他资源(如国债和国际上的援助资金等)。现以墨西哥和美国为例详细对该种模式补偿方式进行详细阐述。2003年,墨西哥政府成立了一个价值2000万美元的基金用于补偿森林提供的生态服务。补偿标准是对重要生态区森林保护每年每公顷支付40美元,对其他地区森林保护每年每公顷支付30美元。

美国德尔塔水禽协会承包沼泽地计划(任勇等,2008)。德尔塔水禽协会是一个私人性质的非营利性组织,主要致力于保护北美野鸭。1991年,协会开始了一项创新计划,该计划让动物爱好者和环境保护人士承包沼泽地。协会认为,应该使农场主有积极性保留沼泽地才能使野鸭得到生存。这项计划是由该协会与农场主约定,用付租金的方式让动物爱好者和环境保护人士承包这些私有土地上的沼泽地,从而保护沼泽地周围的巢穴,进而使野鸭拥有良好的生存环境。按照合同规定,承包人按每年每公顷约17美元付给农场主沼泽地保护费,以及74美元的野鸭栖息地修复费。同时,合同还规定按野鸭的产量付钱,这就给了农场主保护沼泽地特别是野鸭巢穴的动力。该项目执行4年后,取得了良好的效果,承包点的数量从1991年的40个增加到1994年的1400个,为各种野鸭提供了安全的栖息地,使这些地区很快恢复为北美的野鸭产地。这一案例并不是严格意义上的政府为主导的补偿模式,之所以把它列入这一范畴,是由于德尔塔水禽协会并不是保护沼泽地的直接利益相关者,它实际上是一个公共利益的代言人,承担了部分政府应当承担的责任。

(二)以市场为主导的生态补偿方式

(1)自行组织的私人交易。自行组织的私人交易是指生态环境服务的受益方与提供方之间的直接交易。该补偿方式最为典型的案例是法国皮埃尔矿泉水公司补偿案,由于该公司取水水源位于农业比较发达的流域,农药超标、富营养化等问题严重威胁到公司赖以生存的蓄水层。公司发现如果在某些比较敏感、脆弱的渗透区通过资助农民建立现代化设施、鼓励农民采用有机农业技术或培育森林来保护水源比建立过滤厂、寻找新的水源地在成本上更加有效。因此,公司以高于市场的价格吸引土地所有者出售土地,投资了约900万美元购买了水源区1500公顷的农业用地,并承诺将土地使用权无偿返还给那些愿意改进土地经营方式的农户。同时,公司与那些同意将土地转向集约程度较低的乳品业和草场管理技术的农场签订了18~30年的合约,该合约规定公司每年向每个农场按每公顷土地320美元的价格并连续7年支付补偿。与此同时,公司还为新的农场设施购置和现代化农场建设支付费用,并向农场免费提供技术支持。项目实施前后的监测结果显示,该公司通过私人交易的方式成功地减少了非点源污染。

（2）开放的市场贸易。当生态服务市场中的买方和卖方的数量比较多或不确定,而生态系统提供的可供交易的生态环境服务是能够被标准化为可计量的、可分割的商品形式（如地下水盐分信贷、温室气体抵消量等）时,就可以通过开放的市场对生态服务进行自由交易。哥斯达黎加开展的CTO交易是一个典型的市场贸易案例。CTO代表一定量的温室气体释放物,这些释放物用减少的或被吸收的碳当量来表示。在国际市场进行CTO贸易时,当一个外国投资者通过开展林业保护或重新造林的方式购买了一定量的CTO,就相当于为当地政府的森林保护提供了支持。哥斯达黎加政府通过CTO贸易从国际市场上寻求政府在生态环境保护方面的财政支持。1996年,哥斯达黎加做成第一笔CTO交易,以200万美元的价格卖给挪威20万个CTO单位（相当于抵消20万吨碳排放量）。同年,哥斯达黎加还启动了"森林环境服务支付"（FESP）项目,项目中规定要对植树造林支付一定费用作为补偿,但所种植树木要按照国际标准严格认证。

（3）生态标记。生态标记是间接支付生态环境服务的价值实现方式。因为如果消费者愿意以高一点的价格购买经过认证是以生态环境友好方式生产出来的商品,那么消费者实际上支付了商品生产者伴随着商品生产而提供的生态环境服务。推行生态标记的关键,是要建立起能赢得消费者信赖的认证体系,因此认证制度常常被当作是一种对生产者和消费者的激励机制使用。欧盟生态标签体系的构建是生态标记的具体体现。为鼓励在欧洲地区生产及消费"绿色产品",欧盟于1992年构建了生态标签体系,初衷是希望把各类产品中在生态保护领域的佼佼者选出并予以肯定与鼓励,从而逐渐推动欧盟各类消费品的生产商进一步加强生态保护，使产品从设计、生产、销售到使用，直至最后处理的整个生命周期内都不会对生态环境带来危害。生态标签同时提示消费者，该产品是欧盟认可的并鼓励消费者购买的"绿色产品"，符合欧盟规定的环保标准。如果生产商希望获得欧盟生态标签，必须向欧盟各成员国指定的管理机构提出申请，完成规定的测试程序并提交规定的环保性能测试数据（如自然资源与能源节省情况、三废排放情况及废物和噪声排放情况等），证明产品达到了生态标签的授予标准。欧盟积极通过各种途径向消费者推荐获得欧盟生态标签的产品和生产商，使之获得消费者的注意以及扩大其知名度。在之后的调查发现，即使获得生态标签认证产品的价格稍高于常规产品，75%的消费者仍倾向于购买具有生态标签的产品，这可以看作是对生态环境服务的间接购买。

三、生态补偿实践经验和启示

由于国情不同，国际上不同的国家对生态补偿的做法也不尽相同，各有侧重，但国际上很多生态补偿的成功经验对我国进行生态补偿研究与实践有重要的启示。

第一，国际生态补偿取得成功的主要原因在于：一是大多数国家产权制度比较完善，有利于利用市场机制进行补偿；二是政府支付能力较强，能够对重要的生态服务进行购买；三是法律法规比较完善，很多资源开发的外部成本能够内部化；四是社会参与协商机制较为成熟，能够在生态补偿政策实施中真正反映各利益相关者的立场。这些经验对中国有着直接的借鉴意义。当然由于社会经济条件，特别是市场经济发育程度的不同，中国不能对国际上的有些做法进行简单的复制。

第二，国际上实现生态服务付费主要包括公共支付手段和市场手段两种模式。二者各有其适用的条件，也各有利弊，是相辅相成的关系，中国可以进行移植、改革和应用。国际经验表明，公共支付模式适用于典型公共物品的情况，生态功能服务面大、受益人数多或难以准确界定。但该模式有两大风险：一是因为信息不对称，公共支付可能支付了高于实际所需的费用；二是官僚体制本身的低效率、腐败的可能性以及政府预算优先领域的冲击，都可能影响公共支付模式的实际效果。市场手段适用于生态服务功能较容易被量化和标准化，受益主体少且易于被界定等情况。最大的优点是补偿效率高，交易成本较低。但同时市场化模式的适用条件要求严格，并且要有良好的市场环境和管理制度支撑，另外达成协

第十一章　生态补偿国际经验及借鉴

议的交易成本可能是最大的挑战。中国在重要生态功能区和主要流域的生态补偿中，政府处于主导地位，但不妨在适当的环节充分利用市场为主导的方式（如利益相关者的参与及协商），以保证公共支付政策的长期有效性。对于一些中、小流域上下游之间的补偿，或是以市场贸易手段实现的补偿，市场可以占主导作用，但政府应该在市场培育、制度完善等方面发挥作用，同时加强对交易过程的监管。

第三，国际上公共支付模式是开放和灵活的。公共支付的一个重要特征是主要资金来源于政府或其他公共部门，但其运行机制不是公共部门独家封闭运作，而是开放和灵活的。美国德尔塔水禽协会承包沼泽地计划等案例的实施过程中有四个方面的经验值得中国学习借鉴。首先，除了公共资金之外，可以广泛吸引社会资金参与到补偿中来。其次，补偿标准的确定应该以市场机制为基础，并随着市场情况的变化而不断调整。再次，非政府组织或中介机构参与具体补偿计划的实施，这样有利于克服官僚体制运作的低效率和腐败等问题。最后，补偿对象广泛而深入的参与，对确定合理的补偿标准和确保补偿计划顺利实施有重要意义。

第四，重视生态标记的作用。生态标记不是直接意义上的生态补偿，但公众以超出一般产品的价格购买和消费以环境友好方式生产的产品，实际上购买了附加在这些产品上的生态服务功能的价值，是对生产这类产品所付出的保护生态环境的额外成本进行间接补偿。

第三节　国际生态补偿政策与启示

一、欧盟生态补偿政策内容

随着市场化的发展与农业技术革新，在过去半个多世纪，欧盟的农业生产力有了较大发展。但是欧盟的农业发展是以自然资源消耗、农药和化肥的大量施用为代价，导致了土壤与水源的污染，并使得一些重要的生态系统遭到破坏。因此，生态环境问题日渐突出是欧盟启动生态补偿政策的重要原因。除此之外，还有两个关键因素对欧盟的生态补偿政策起了重要的推动作用，一个是自20世纪70年代中期以来的农业生产过剩问题，另一个是农村的贫困化与低就业率。启动补偿政策在改善环境的同时，实际上在一定程度也可以增加农民收入（万本太等，2008）。下面就欧盟生态补偿的执行机构、补偿对象选择、补偿标准确定等进行一一阐述。

（一）职能机构

欧盟针对农业环境政策的制定、修改、管理和执行有一个专门的职能机构，该机构根据其在立法和执行方面的集权程度分为三类，其分别为联邦政府形式、区域分管形式和中央集中管理形式。目前，欧盟已经执行的 68 个农村发展计划中，有超过 80 个国家性质的专业机构涉及其中（刘丽，2010）。

（二）对象选择

欧盟的生态补偿项目大部分都是开放性的，但有些项目并不对申请者完全开放。对于开放性项目的申请，主要包括两个部分（A 部分和 B 部分）。申请的 A 部分是为申请做准备，主要是验证相关计划、优先权、措施并提供一些与申请相关的资料。申请的 B 部分则是对所申请项目情况进行详细阐述。申请人必须完成这两个部分后才能使申请有效，同时当该申请被专门职能机构接收到之后才被认为完成。项目的申请一般存在竞争，申请者的申请一旦被接收，它将服从于一个评选的过程（该过程是完全公平、公开的），并且相关职能机构会与申请者联系并对他的申请进行讨论，申请者要解决申请过程中的任何疑问。在此之后，申请者会被通知他的项目是否申请成功。

（三）标准确定

目前，欧盟的生态补偿标准因所处位置、环境条件、补偿措施等的不同而不同。对于究竟如何确定生态补偿标准还未达成一致，但主要有两种观点。一种观点来自于欧盟北部与中西部的一些成员国和机构，其认为应该按照环境保护措施所提供的生态系统服务功能价值作为补偿标准，表 11-1 给出了德国巴伐利亚州农业景观项目的补偿标准；另一种观点认为，生态补偿标准应该以环境保护所投入的成本为基础，即以某项保护措施所花费的各项费用总和作为补偿标准确定的依据。

表 11-1　德国巴伐利亚州农业景观项目的补偿标准

序号	措施名称	补偿标准
1	整个农场内采用生态农业的耕作方式	255～560 欧元/公顷
2	有利于环境保护的耕作措施	25 欧元/公顷
3	草场的粗放利用	125 欧元/公顷

续表

序号	措施名称	补偿标准
4	水体与敏感性草带附近禁用化肥和农药	360 欧元/公顷
5	稀植果园（每公顷最多100棵果树）	5 欧元/棵、最多340 欧元/公顷
6	退耕还草	500 欧元/公顷
7	牲畜粪便的合理处理	1 欧元/立方米

资料来源：对相关文献的整理（刘丽，2010）。

（四）范围和目标

欧盟的生态补偿范围非常广泛，包括森林、流域、矿产开发、生物多样性保护等。但在不同的成员国，因国情差异也有一定的区别。以苏格兰为例，苏格兰生态补偿的主要目的是生物多样性维持和景观保护，大体可划分为九大类：一是生物多样性区保护项目；二是鸟类保护项目；三是沼泽地管理计划；四是湿地景观保护项目；五是林地和灌木丛管理项目；六是农田管理项目；七是农田边缘管理项目；八是历史文化遗迹保护项目；九是小区域保护项目。每大类又分若干个子项目，共计33个子项目。为对有意参加生态补偿项目的农场主提供必要的信息，在政府网站上详细给出了每个子项目的情况。欧盟生态补偿政策的目标也较为宽泛。1991年11月7日阿尔卑斯国家（包括法国、德国、奥地利、意大利、列支敦士登和瑞士）在奥地利签署了《阿尔卑斯协定》，其目的是保护阿尔卑斯地区的生态环境和实现可持续发展。

（五）制裁方式

成功申请生态补偿项目的申请者必须确保其有能力按照计划执行并实施其申请的项目。如果申请者意识到他不能够完成生态补偿计划合约的任一部分，应该以书面形式立即通知当地的政府或相关职能机构，给出一个对情况的完整解释并附带所有对情况解释具有支撑性的材料。如果政府或相关职能机构没有事先被告知，而在检查中发现项目不能按计划进行，政府或相关职能机构就要对申请者进行制裁。制裁方式主要包括五种，其分别是终止任务、对应付的资金预扣所得税、返回支付额及利息、补助金的10%作为额外的惩罚、两年之内不准参加其他的环境项目。在特殊的情况下，如严重的自然灾害、强制购买订单以及建筑物的意外破坏等导致项目不能按计划进行，政府或相关职能部门可以考虑不采取制裁措施。

(六) 评估和监测

对于政策的制定、计划和预算分配的调整，欧盟已经确立一个综合的中期评估报告，每一个成员国每年必须呈递它们对环境保护措施的评估报告。在报告中，成员国需要提供报告的评估机构并对区域性的生态补偿政策实施效果做一个完整的环境评价。报告内容集中在区域性措施的上限调整，合约的数量，受益人的数量，覆盖的区域面积，财政的支出、撤销、结账、超支，支出的调整，基金之间的转移。欧盟的规则规定所有的申请全部要进行行政上的核查，并且每年随机抽查5%的申请者，这一工作是由环境保护领域的专业调查者完成的。欧盟对每项工程都设定有具体的监测指标，包括财政和非财政的指标，按该指标收集到的所有信息都要报到欧盟、监测委员会、相关职能机构及其他的组织。

二、易北河的生态补偿政策

易北河贯穿德国和捷克共和国，其上游位于捷克共和国，中下游位于德国。1980年以前从未开展过流域整治工作，因而水体污染严重，水质日益下降。1990年，德国和捷克共和国达成双边协议，采取措施共同整治易北河。

(一) 成立双边合作组织

为长期减少易北河流域两岸污染物的排放、改良农用水灌溉质量并保持易北河流域生物多样性，协议规定成立由两个国家专业人士共同参加的双边合作组织。双边合作组织由8个专业小组组成，其包括行动计划小组、监测小组、研究小组、沿海保护小组、灾害小组、水文小组、公众小组和法律政策小组。其中，行动计划小组负责确定、落实目标计划；监测小组负责确定监测参数、频率，并建立数据网络；研究小组主要研究采用何种经济、技术、法律等手段保护环境；沿海保护小组主要解决物理方面对环境的影响；灾害小组预警污染事故，解决化学污染事故，使危害减少到最低限度；水文小组主要收集水文资料数据；公众小组从事宣传工作，定期出公告，报告双边工作组织工作情况和研究成果；法律政策小组建立法律保障机制。

(二) 制定分步实施目标

双边合作组织分别制定了短期、中期和长期分步实施目标。其中，短期目标是到1991年，首先，要制订并落实近期整治计划；其次，易北河上游水质污染程度降低；最后，筹集拟建7个国家公园的启动资金。中期目标是到2000年，首先，易北河上游的水质经过滤后符合饮用水标准；其次，河内有害物质达标，河水可用于农用灌溉;最后,河内鱼类能达到食用标准。远期目标是到 2010 年,首先,使易北河淤泥可作为农业用料;其次,生物多样化水平显著提升。

(三) 环境改善经费来源

对易北河流域整治的经费主要来源于四个方面。一是排污费,其是指居民和企业排放污水所缴纳的费用,该笔费用统一交给污水处理厂,污水处理厂按一定的比例保留一部分后上交国家环保部门;二是财政贷款,该笔经费主要是德国政府或捷克共和国政府对流域整治项目实施所发放的贷款;三是补偿资金,主要是易北河下游地区对上游保护易北河生态环境所做出的经济补偿;四是研究经费,政府或相关组织对易北河用于科学研究方面的资金。据统计,2000 年德国环保部拿出 900 万马克给捷克共和国,用于建设捷克与德国交界的城市污水处理厂。

经过两国近 30 年的整治,目前易北河水质已大大改善,基本达到饮用水标准。易北河流域两岸建成有 200 个自然保护区,在自然保护区内禁止建房、办厂或从事集约农业等影响流域环境保护的活动。易北河流域两岸还建起 7 个国家公园,占地 1500 平方千米。另外,德国又开始在三文鱼绝迹多年的易北河中投放鱼苗并取得了可喜的成绩。

三、美国土地保护储备政策

保护储备政策,又名保护储备计划(CRP),其是美国旨在水土保持和环境保护的生态补偿政策,是美国最大的保护计划。现就保护储备计划的运作过程和实施方案进行详细阐述。

(一) 保护储备计划的运作过程

保护储备计划提供年度租金、特定活动的激励金及在适宜庄稼地上种植被批准的保护层的成本补贴。它的运作分为国家、州和土地所有者三个层次。

(1) 国家层次。保护储备计划由农业服务局负责实施,农业服务局为运行计划制定全部政策,同时对招投标进行管理,支付农民租金和保护措施费用。自然资源保护服务机构提供技术支持,甄别所申请的土壤自然状况和侵蚀状况是否符合进入保护储备计划的要求,并应农民的要求帮助其制订工作计划、实施保护措施以及检查土地保护层的进展情况。其他联邦机构,例如州合作研究机构、教育推广服务机构、森林服务机构、美国鱼类和野生动物服务机构,提供教育和推广服务、技术援助和实施保护储备计划的专业知识。

(2) 州层次。每个州都有农业服务局和自然资源保护服务机构,其负责实施有关土地休耕保护计划。每个州的技术委员会为农民是否参与土地休耕计划提供大量的指导。地方选举产生的县农业委员会对保护计划在县级水平的实施提供支持。

（3）土地所有者层次。土地所有者和农场经营者通过提供用来休耕的特定土地来参与保护储备计划。截至2002年1月，在保护储备计划登记的有1363.8万公顷，有超过37万农民订立56万多份的有效合同，这表明土地所有者非常积极参加保护储备计划。

（二）美国土地休耕补偿的实施

一是设定保护目标和区域。为达到多重环境保护目标以及成本效益最大化，美国农业部提出并制定了"环境收益指数"，该指数用以评估所申报的每块土地的环境属性。美国土地休耕主要的目标有地表水质的改进、地下水质的改善、土壤生产力的改良等，所设定的保护区域主要为公认是水质较差区域内的土地、拥有大面积树木的土地以及由国会指定的保护优先区域内的土地等。

二是政府获得租用权。对农场经营者停止利用土地进行农作物生产的机会成本的补偿，是调动农场经营者参与美国土地休耕计划积极性的经济基础。如果没有这种补偿，并且没有管制利用土地进行农作物生产的法律规定，那就不可能出现农场经营者参与土地休耕的活动。当1985年现代保护储备计划被批准后，政府与土地所有者就最高可接受租金进行谈判，并以谈判双方认可的租金作为补偿标准，进而政府获得土地的租用权。

三是防止休耕土地的"耕地反弹"。1985年出台的《食品安全法案》（以下简称《法案》）对保护储备计划的实施有一定帮助，该法案是调节农业土地商业利益和环境效益的杠杆，其能够有效保障休耕土地的"耕地反弹"和避免高度侵蚀土地的扩大。根据《法案》规定，农场经营者如果在没有制定防治土壤侵蚀方案而在高度侵蚀土地上耕种或改变土地用途（如将湿地开垦为耕地），他们将不能享受农业政策的惠益。

四是评估保护储备计划的成本和收益。1996年《公平法案》12866号执行令要求对保护储备计划的经济重要性进行评估。收益、成本和环境风险被同时用于分析保护储备计划在经济、环境和预算方面的影响。根据评估显示，休耕土地每年产生20亿~27亿美元环境净收益，每年增加58亿~76亿美元的净农业收入。

四、荷兰高速公路补偿政策

荷兰进行高速公路建设对动植物栖息地影响很大，其造成动植物栖息地退化、被分割，并使得动植物受伤或消亡。因此，需要对高速公路建设造成的破坏进行补偿。通常来说补偿取决于两个方面，一是公路建设所影响区域物种的状况，二是补偿地点与项目开发地点的距离等。现就荷兰高速公路补偿政策的立法、政策实行和监督进行详细叙述。

（一）立法情况

在荷兰，到目前还没有一部相关的法律来保障生态补偿的实施。这导致生态补偿措施只能建立在自愿的基础上，通过相关团体的共识达成。由于市政当局审查并批准土地功能的变化，因此公路补偿的发起者必须与市政当局达成协议，使由于公路建设征用土地对动植物栖息地的破坏进行补偿有合法依据。

（二）补偿政策

在20世纪80年代末和90年代初，荷兰政府制定了一系列政策使项目开发尽可能对自然资源进行保护。到1993年为止，荷兰补偿措施的实施仍是非强制性的。然而，随着《农村领域的国家构造计划》的施行，其原则上禁止在政府保护的领域内开发项目。

（三）监督机制

补偿政策顺利实施的前提保证是有一个完善的监督机制，监督可以在补偿计划执行中根据出现的问题和发生的新情况对补偿措施进行调整。鉴于这一原因，荷兰政府对高速公路建设造成环境破坏或动植物栖息地的损毁而进行生态补偿的实施，建立起一个常规的监督检查制度，为确保生态补偿计划落实到位。

五、菲律宾矿产的补偿政策

早在20世纪30年代，菲律宾就开始重视矿产资源开发引起的环境问题。借鉴发达国家的经验，在构建生态补偿政策方面进行了积极的探索，并且通过立法保证生态补偿的顺利实施，取得了一定的成效。菲律宾主要从四个方面对矿产资源进行合理利用。

（一）许可证制度

将开采许可证制度与生态环境补偿与修复挂钩。若申请开采许可证，政府或相关职能部门要求企业提供详细的申请报告。报告中必须有合格的矿区生态环境影响评价和矿区生态环境修复规划，否则不予签发开采许可证。对于不遵守相关条例、规定的矿山主，政府或相关职能部门有权中止、吊销或撤回其开采许可证。作为一项政策措施，这些要求可以促使矿业公司在采矿作业中尽最大可能保护资源环境。

（二）紧急责任与治理基金

为防止企业不履行生态修复或生态补偿的义务，菲律宾修订了《实施细则》并要求建立"紧急责任与治理基金"，以保证矿山开采者在闭矿后主动履行环境修复责任，以及为土地复垦提供有效的资金保障。"紧急责任与治理基金"包括矿地复垦基金、监测基金、复垦现款基金及矿山废弃物与矿渣储备金，其中矿渣储备金由政府按矿渣废弃物重量收取，以此用来补偿采矿造成的环境破坏。与行政命令和监管措施相比，"紧急责任与治理基金"能更好地体现损害环境的社会成本，鼓励矿山企业节约作业成本且易于管理与实施，此外其还可以扩大政府财政来源。

（三）制定相关法律

菲律宾通过制定相关法律，要求所有采矿申请者必须提交矿井拆除和矿地再利用计划。该计划必须在关井的五年前详细说明关井后的土地用途、费用概算以及10年维护等情况，还需对为缓减关井给矿工与当地社区造成的冲击所采取的社会经济措施进行说明。

（四）加快企业自制

作为环保法的补充，自我约束机制在菲律宾逐渐被普及。自我约束机制有助于加强矿业公司的环境保护意识，同时可以促使它们通过建立自律目标和标准。例如，矿山企业改革现行的成本核算体制，将矿山企业的生态环境补偿与修复费用纳入矿山企业成本，加大科技投入改善作业方式。另外，菲律宾政府对于那些不进行改善作业方式的矿业公司，不再签发采矿许可证或禁止其从事采矿业。

六、国际生态补偿经验借鉴

国外在制定和实行生态补偿政策方面的经验，可供我国借鉴和参考。

第一，生态补偿超出了单一学科、纯学术研究的范畴，具有集自然科学与社会科学、研究与管理为一体的特点。因此，我国应该综合多学科优势共同研究建立全方位、多层次的生态补偿政策。

第二，在生态补偿政策的设计过程中，一定要正确处理政府和市场的关系，不要人为地把两者割裂开来。从世界各国的成功经验看，各国都充分利用市场机制来推动生态补偿的进程，如在美国的土地储备计划中，虽然是属于政府购买生态环境服务，但在土地租金率的确定过程中引入了市场竞争机制，使最终确定的租金率与当地的自然经济条件相适应,增加了农民的可接受程度并确保了项目目标的达成。我国也应充分利用市场机制来推动生态补偿政策的实施进程,改变当前生态补偿由政府主导的局面。在我国现阶段市场机制发育还不成熟的情况下,政府的作用和模式应该首先到位,并积极培育引入市场模式。

第三,国家政策与地方政策应保持一致。地方补偿政策的实现要与国家政策相结合,否则在补偿政策执行的过程中就会产生分歧。同时,不管是采取公共支付方式,还是基于市场的生态环境服务购买,对于生态补偿目标的实现都不是只制定单一政策就可以达到的,必须配合其他相关政策共同实施。因此,在中国生态补偿政策的建立与完善过程中,一定要注意国家政策和地方政策的相容性。

第四,政策法律框架下的项目运作是实现生态补偿的主要方式。不管是采取公共支付方式,还是基于市场的生态环境购买,生态补偿目标的实现不是制定单一政策就可以达到的,必须有法律保障和配套政策的实施,如美国、菲律宾等国的补偿计划都是在相关法律框架下实施的。因此,对于中国建立生态补偿政策,最主要的是构筑生态补偿的国家政策法律框架。

第十二章 鄱阳湖湿地生态补偿困难及政策建议

第一节 鄱阳湖湿地生态补偿面临的主要困难

一、湿地补偿立法严重滞后

当前鄱阳湖湿地生态补偿立法严重滞后。尽管国务院和有关部门出台了一些规范性文件和部门规章（见表12-1），江西省也颁布《江西省鄱阳湖湿地保护条例》，并开展了湿地生态补偿试点，但国家湿地保护条例以及生态补偿条例至今仍没有出台。现有的湿地生态补偿的政策和规章制度缺乏权威性和约束力，难以突破湿地由多部门交叉管理的矛盾困局。

表12-1 国家湿地生态补偿政策法规

年份	政策法规	相关内容
2010	《财政部、国家林业局关于2010年湿地保护补助工作的实施意见》（财农〔2010〕114号）	确定补助资金来源、范围、原则、程序、用途等
2011	《中央财政湿地保护补助资金管理暂行办法》（财农〔2011〕423号）	建立中央财政湿地保护补助专项资金，细化资金用途和管理程序
2013	《湿地保护管理规定》（国家林业局令第32号）	对湿地占用补偿以及对湿地保护者的补偿做出规定
2014	《关于做好2014年湿地保护补助实施方案的编制工作的通知》（财农便〔2014〕15号）	开展退耕还湿、湿地生态效益补偿和湿地保护奖励试点，提出试点范围及补偿对象、标准和方式

续表

年份	政策法规	相关内容
2014	《关于切实做好退耕还湿和湿地生态效益补偿试点等工作的通知》(财农便〔2014〕319号)	明确省级财政部门、林业主管部门和承担试点任务县级人民政府及实施单位的责任,细化资金使用要求
	关于印发《中央财政林业补助资金管理办法》的通知(财农〔2014〕9号)	规定湿地保护与恢复、退耕还湿试点,湿地生态效益补偿试点,湿地保护奖励资金的用途

二、湿地补偿制度较为缺失

国家林业局颁布的《湿地保护管理规定》中规定"征收或占用湿地的单位,应当办理相关手续并给予补偿",但对于被占用湿地的具体范围、需办理哪些手续以及如何补偿没有具体的规定,故缺乏可操作性。北京、广东等地的湿地保护条例根据占补平衡的原则,规定湿地占用者应在指定地点恢复同等面积和功能的湿地。苏州、浙江等地还规定占用者应按规定缴纳补偿金。但是,这些地方法规亦没有详细规定破坏湿地功能的衡量方法,以及湿地恢复和缴纳补偿费的具体要求及监管措施,这些都导致湿地恢复难以实施。至今鄱阳湖湿地也没有建立湿地占用恢复和补偿制度。

三、生态补偿对象难以认定

随着鄱阳湖湿地区域内劳动力转移进程的加快,生态补偿对象难以认定。社会经济的不断发展和工业化城镇化进程的加快以及在湿地保护的影响下,参与湿地保护的农民对家庭生产方式、收入结构和劳动力结构进行调整,农户家庭经济和劳动力结构呈现出显著的非农化特征。据调查,目前鄱阳湖湿地区域内农户非农务工收入占家庭总收入的比例达到60%以上,农村中青壮年劳动力从事农业劳动的比例较低。由于劳动力随时间发生转移因素没有在实施生态补偿措施时给予考虑,致使一些全家移民到城镇的农户还依然接受着生态补偿,造成补偿资金的浪费和低效率使用。因此,对鄱阳湖湿地补偿对象精准确定存在较大难度。

四、补偿对象和管理挂钩难

补偿对象和湿地管理挂钩难。要想让湿地补偿发挥应有的效益,就必须使补偿对象和湿地管理紧密挂钩，而这点却难以做到，主要表现在以下三个方面：

第一，如果仅按湿地面积补偿，专业渔民会因没有湿地权属而得不到补偿，而他们的捕捞行为却直接影响到鄱阳湖湿地的保护。例如，专业渔民如果在丰水季节过度捕捞，就会严重破坏鄱阳湖的鱼类资源，从而威胁在此越冬候鸟的食物来源，影响整个湿地环境。拥有湿地的农民应得到补偿，但部分拥有湿地的农民已经转行，外出打工或从事其他不直接依赖湿地的行业，他们的生产和生活事实上已对湿地不产生影响。对部分以放牧为主要收入的农民不能按其放牧效益进行补偿，补偿金额难以到位，而放牧却对湿地生态环境的破坏很大。

第二，如果按捕捞证对专业渔民给予一定补偿，那么部分已转行却有证的专业渔民也能得到补偿，而他们的生产行为事实上却与湿地保护毫无关系，以致这部分补偿金不能发挥应有效益。

第三，对仅有捕捞场所而没有湖泊所有权属的专业渔民补偿难。专业渔民都只有捕捞证上标明的捕捞场所，他们可按历史习惯在捕捞场所捕捞，但对捕捞场所水面没有湖泊所有权。因此，在丰水季节捕捞证上标明的捕捞场所可以捕捞，而一旦到了枯水季节水落滩出后，原捕捞场所范围内露出的小湖泊却各有其主，专业渔民则丧失了在此的捕捞权。

五、湿地生态补偿标准较低

由于补偿资金有限，湿地生态补偿的标准较低。农民得到的补偿往往不足以维持生计，甚至有些受损者得不到应有的补偿（栗明等，2011）。部分保护区内移民迁出后，因离开原有生存环境以及缺乏生存技能，生活质量没保障。例如，1998年特大洪水后，鄱阳湖实施的退田还湖工程，由于补偿标准低，且补偿政策缺乏持续性导致农户生计困难。加上2000年以后国家出台的一系列惠农政策使得农业收益增加，导致退耕的湿地出现复垦现象（熊鹰等，2004）。另外，目前湿地生态补偿的资金均来自中央财政，资金投入不足（翟可等，2013），同时未利用市场机制（陈世伟等，2010）。地方湿地保护和生态补偿程度受地方财力及重视程度的影响，资金没有纳入同级财政预算，没有建立长效保护机制，这都严重制约了鄱阳湖湿地生态补偿工作的开展。

第二节 鄱阳湖湿地生态补偿政策建议

鄱阳湖湿地对于江西省的经济发展、维护长江流域的区域生态安全有着至关重要的作用，当前要以政府为主体，完善湿地生态补偿的相关法律法规，实行占补平衡制度，建立湿地资源许可审批制度，制定湿地生态税费制度，探索湿地的市场补偿机制，加大湿地保护的投入，按区域、分类型、多途径实现湿地的生态补偿，建立公众广泛参与的湿地生态补偿机制，解决鄱阳湖湿地资源保护与开发利用中存在的问题，实现对鄱阳湖湿地资源的有效开发与保护。

一、不断完善相关法律法规

首先，加快完善《江西省湿地保护条例》的内容，可以考虑把湿地生态补偿的主要内容补充到该条例中，包括湿地生态补偿的范围、补偿主体、补偿对象、补偿标准、补偿资金的来源、补偿资金的使用和监管等。江西省第十一届人大常委会于2012年3月通过了《江西省湿地保护条例》，该《条例》中明确界定了湿地的定义，明确指出湿地保护的目的、湿地保护应遵循的原则、建立湿地自然保护区的条件等内容。

其次，政府要组织专家调研、讨论，加快制定国家湿地保护条例和生态补偿条例。明确湿地资源的权属及各部门在湿地管理上的权责划分。建立湿地登记制度，明确湿地权属，确定湿地资源的所有权人、使用权人以及所登记湿地的具体边界。确定湿地生态保护红线，对湿地进行分区、分级管理，建立湿地分级分类保护名录。划定严格保护、不得占用的湿地范围，以及可以占用，但必须恢复和补偿的湿地范围。

二、建立湿地占用补偿制度

遵循湿地"零净损失"原则，建立湿地占用补偿制度。借鉴加拿大的湿地保护政策，对于重要湿地包括国际重要湿地、国家重要湿地和省重要湿地实施"占一补一"的占补平衡制度，保证湿地面积的零净损失。鄱阳湖湿地的组成部分既有国际重要湿地，也有国家重要湿地和省级重要湿地，因此实施"占一补一"的占补平衡制度，保证鄱阳湖湿地面积在现有的基础上不再减少。建议在鄱阳湖湿地保护立法中明确提出湿地"零净损失"原则，设定湿地生态红线，建立湿地总量控制及占用补偿制度。同时，明确要求不仅湿地面积不能减少，湿地生态功能也不能退化。湿地占用者需得到主管部门的许可，按照占补平衡的原则，在指定地点恢复至少同等面积和功能的湿地。湿地占用者亦可缴纳湿地占用补偿费，由主管部门委托有资质的专业机构承担湿地恢复和创建工程。由于人工湿地的生态功能不及天然湿地，主管部门应按照一定的比例设置湿地补偿率，以保持湿地功能的零净损失。主管部门应对湿地恢复工程进行监督、检查和验收，建立湿地功能快速评估体系，对被破坏湿地的功能和恢复湿地的效果进行评估。合理确定鄱阳湖湿地占用补偿费的标准，根据各地区社会经济发展水平和土地价格实行差别费率。

三、建立资源许可审批制度

建立湿地资源许可审批制度，湿地资源的综合管理部门享有湿地资源利用审批权，实现对湿地资源利用的有效监督和管理。根据现有的《江西省湿地保护条例》的规定，县级以上政府林业行政主管部门是湿地保护的行政主管部门，负责湿地保护的组织、协调、指导和监督工作，因此林业行政主管部门应享有湿地资源利用的许可审批权，以实现责任与权利的统一，更好地完成湿地资源的保护工作。当前，鄱阳湖湿地资源的开发利用权分散在政府、渔政部门，湿地保护的责任全在林业行政部门和自然保护区管理局，这种责任与权利不一致的情况，导致林业部门在湿地保护工作方面有心无力，没有能力去制约那些会对湿地生态环境造成负面影响的经济行为。因此，建立湿地资源许可审批制度，探索湿地资源保护的科学管理制度非常重要。

四、制定生态补偿税费制度

首先，按照"污染者付费"的原则，实行湿地生态补偿税费制度，对那些向湿地排污的企业、向湿地乱倒各种垃圾的相关单位及个人征收生态补偿费，生态补偿费的收取标准视其向湿地造成的污染程度而定。一般而言，收取的生态补偿费应能够冲抵污染治理成本及因此产生的其他相关费用。

其次，按照"利用者补偿"的原则，可以考虑课征生态补偿税，对湿地资源的开发利用者征收生态补偿税，以开拓湿地生态补偿的资金来源。征收生态补偿费，一方面，可以惩罚经济活动主体的湿地生态环境破坏行为，促使其减少对湿地生态环境产生的负外部性;另一方面,只有使权利和责任相统一,利益导向才能指引其从事对湿地生态环境产生较小负面影响的行为。对湿地资源利用者课征生态补偿税,可以实现多重目标:一是可以提高、深化人们对湿地资源价值的认识;二是为湿地生态补偿和湿地保护工作筹集资金;三是实现湿地生态环境资源利用者权利与责任的统一。

五、建立生态补偿市场机制

在社会管理过程中,政府失灵现象的存在使得我们必须重视市场的调节作用。要从根本上解决湿地生态补偿资金不足的问题,必须探索建立湿地生态补偿的市场机制。加拿大、美国是湿地资源保护工作取得重大成就的国家,他们对湿地实行市场化补偿的主要方式是建立"湿地补偿银行"。湿地补偿银行是一个以湿地恢复为主要工作内容,通过建设人工湿地,获取湿地银行存款点,并将其出售的盈利机构。依据出资人和客户的不同,湿地补偿银行可分为四类:单一客户银行(Single - client Bank)、合办项目银行(Joint - project Bank)、公共商业性银行(Public - cornmercial Bank)、私人商业性银行(Private - commercial Bank)。借鉴美国、加拿大在湿地资源和保护方面的经验,我国可以尝试建立湿地生态补偿的市场机制,率先在鄱阳湖湿地进行湿地补偿银行试点工作。另外,还可以尝试建立湿地补偿的专业机构和交易平台。由于湿地补偿措施对专业性、科学性有较高要求,湿地开发者很难具有湿地补偿的能力,因此可委托给具有资质的专业机构进行。建立湿地补偿交易平台,湿地开发者可通过交易平台购买湿地信用,湿地补偿的专业机构也可通过交易平台卖出湿地信用,能够简化程序、提高效率并降低交易成本。

六、加大湿地保护投入力度

湿地是全球三大重要生态系统之一,我国对于森林生态系统的保护已经建立了专门的森林生态效益补偿制度,国家财政也有专项的森林生态效益补偿基金。对于具有重要保护意义的鄱阳湖湿地,国家财政投入很少。亟须建立湿地生态补偿基金,将湿地生态补偿纳入中央和地方财政预算,才能建立长效的湿地生态补偿机制。适当提高补偿标准,可提高湿地周边居民保护湿地环境的积极性,从而促进湿地生态环境的恢复。理论上,湿地生态补偿标准应以湿地保护或恢复者的直接投入和机会成本为下限,以湿地生态系统服务效益的增加值为上限(熊鹰等，2004）。在实践过程中，采用基于成本的方法确定湿地生态补偿标准更具可操作性。因此，管理部门应科学核算湿地保护和恢复工程的成本，以及湿地区域居民移民、退耕、禁渔、禁牧等的损失，以此作为补偿的依据。鄱阳湖湿地生态补偿标准可根据不同地区、不同时间段的经济发展水平和湿地保护状况进行动态调整。另外，目前鄱阳湖湿地生态补偿资金来源单一、资金不足必将影响鄱阳湖湿地生态补偿工作的开展，因此政府应鼓励社会资本投入到湿地资源保护中来，对民间组织为鄱阳湖湿地生态补偿募集资金的行为予以肯定和支持，这必将为鄱阳湖湿地的保护贡献一份力量。

七、实施补偿方式的多元化

在对鄱阳湖湿地进行生态补偿时，建议因地制宜、多重补偿方式相结合。要平衡湿地保护政策的短期利益与长远利益，分阶段实施不同的补偿方式。在对鄱阳湖湿地进行生态补偿时，应按区域、分类型、运用多种补偿途径进行补偿。对湿地所在地农户和在湿地保护工作中做出突出贡献的集体或个人进行补偿时，切忌实行统一的补偿额度、统一的补偿方式。

积极推进造血型生态补偿方式。立足地区特色和优势，结合劳动力转移和产业结构调整现状及发展趋势，通过政府和社会的支持形成具有造血功能、强化农户自我发展能力的生态补偿模式，是从根本上构建可持续生计的生态补偿机制的关键。构建具有造血功能的生态补偿方式，既能够获得很好的生态、经济和社会效益，又能够明显地缩短生态补偿时限和降低补偿成本。目前，鄱阳湖湿地土地多功能的利用和农业劳动力向非农产业转移的迅速发展，为造血型生态补偿方式的实施提供了契机。建立一个能够有力推动劳动力转移和生产结构调整的生态补偿机制，不仅能有效地改善生态环境，同时也能够极大地利用有限的资金。另外，要依据湿地的不同类型以及湿地主要生态功能价值量的大小选择不同的补偿方式，确定不同的补偿额度。在对鄱阳湖湿地进行生态补偿时，应将政府补偿与市场补偿两者相结合，才能更好实现良好的补偿效果。

八、充分发挥社会各方力量

鄱阳湖湿地资源的保护和管理涉及多个部门，其中有林业行政主管部门、渔政部门、自然保护区管理局（处）、环保部门、农业部门、水利部门，同时对鄱阳湖湿地进行生态补偿时还会涉及财政部门。各部门按照各自的职责，做好湿地保护工作。与此同时，各个部门的工作人员要有整体观念，必要时与其他职能部门协作，共同做好湿地生态补偿工作。鄱阳湖湿地面积广阔，而管理人员不足，因此要鼓励公众参与鄱阳湖湿地的保护以及对湿地生态补偿资金使用的监督，以弥补管理人员不足的现状。公众可以在以下三个方面积极做出贡献：

一是大力支持生态补偿资金的筹集工作。热爱环境保护事业的公民可以依据自己的经济实力，结合自己的支付意愿，向相关组织捐款，以支持湿地的生态补偿工作。

二是公众要求相关部门对于湿地生态补偿资金的使用公开、透明，监督生态补偿资金的使用情况。

三是公众作为消费者，可以选择购买有生态标记的商品，支持环境友好型企业，间接为湿地提供的生态服务价值付费，为湿地资源和生态环境的保护做出自己的贡献。

附录　农户生态补偿意愿的调查问卷

您好!

感谢您在百忙中抽空接受调查!我们是江西财经大学的学生,正在做一个农户对湿地补偿意愿方面的课题,您的回答对我们了解真实情况和为政府提供决策依据很有帮助,希望您能支持、配合我们的调查,如实反映有关情况。您所提供的资料都是匿名的,我们将严格保密,请放心。谢谢您!

江西财经大学

2013 年 9 月

问卷编号:_____

调查地点:_____市_____县_____镇(乡)_____村

调查员姓名:_____联系方式:_____问卷填写时间:_____

一、湿地农户户主个人特征

1. 您的年龄是_____岁?
2. 您的性别是:_____　　A. 男　B. 女
3. 您的受教育年数为_____年?
4. 您目前平均每月看_____次医生。

二、湿地农户家庭特征

5. 目前与您生活在一起的家庭人口数为_____人。
6. 目前,您家所拥有耕地面积_____亩,水域经营面积_____亩。
7. 目前,您主要从事的职业是(　)。

A. 种植业　　　　B. 畜禽养殖业　　　C. 水产养殖业　　　D. 个体经营业

E. 旅游业　　　　F. 外出务工　　　　G. 其他

8. 您平均每年收入大约为_____元。其中种植收入_____元，畜禽养殖收入_____元，水产养殖收入_____元，个体经营收入_____元，旅游收入_____元，外出务工收入_____元，其他收入_____元。

9. 您认为鄱阳湖生态经济区湿地建设和管理对您收入的总体影响是怎样的？（　　）

A. 负面影响很大　　B. 负面影响不大　　C. 没有影响　　D. 促进收入增长

10. 您对您目前的收入水平是否满意？（　　）

A. 很满意　　　　B. 较满意　　　　C. 不太满意　　D. 很不满意

11. 您或您的家人是否重视湿地环境的改善？（　　）

A. 重视　　　　　B. 不重视

三、湿地农户的支付意愿情况

12. 您认为目前鄱阳湖的水质是否变差了？_____

13. 您认为目前鄱阳湖的鱼类资源是否变少了？_____

14. 您认为目前鄱阳湖的水量供应是否稳定？_____

15. 基于以上几点，您是否愿意对鄱阳湖的改善进行支付？_____

16. 如果您有支付意愿，那您愿意对鄱阳湖的水质支付_____元费用，对鄱阳湖保护鱼类资源支付_____元费用，保证水量供应稳定支付_____元费用。

17. 若允许您保有农田，您愿意每年/亩支付_____元费用。

四、湿地农户的受偿意愿情况

18. 您认为每年的休渔期，对您的收入是否有影响？（　　）A. 是　B. 否
如果有影响，您每年想获得_____元的补贴。

19. 您认为，候鸟保护对您的生产、生活是否有影响？（　　）A. 是　B. 否
如果有影响，您每年想获得_____元的补贴。

20. 您认为目前鄱阳湖水质是否出现持续恶化？（　　）A. 是　B. 否
若鄱阳湖水质照此持续恶化下去，您每年想获得_____元补贴。

21. 您认为目前鄱阳湖水量供应是否稳定？（　　）A. 是　B. 否
若鄱阳湖水量供应仍旧不稳定，您每年愿意获得_____元补贴。

22. 若将您的农田征收进行退田还湖，您想每年/亩获得_____元补贴。

五、湿地生态补偿的方式

23. 若以现金的方式接受生态补偿，您认为应该？（ ）

A. 直接补贴到当地农户的"一卡通"

B. 集中补贴给地方政府用于当地的经济发展

24. 若以现金的方式接受生态补偿，您认为应依据哪种计算方式？（ ）

A. 按照耕地面积　B. 按家庭人口数量　C. 按人均收入水平　D. 其他

25. 若以非现金的方式接受生态补偿，以下补偿方式当中，您将第一选择（ ），第二选择（ ），第三选择（ ）。

A. 基础设施建设（如修路等）

B. 土地补偿

C. 安排就业或提供就业指导

D. 安排搬迁

E. 提供生产资料

F. 提供生活资料

G. 优惠政策

H. 优惠贷款

I. 其他

参考文献

[1] 安消云．洞庭湖湿地生态补偿问题研究［D］．中南林业科技大学，2011．

[2] 蔡为民，张磊，刘沁萍等．天津古海岸与湿地国家级自然保护区生态补偿标准及关键技术研究［J］．湿地科学，2016（2）：137－144．

[3] 蔡志坚，张巍巍．南京市公众对长江水质改善的支付意愿及支付方式的调查［J］．生态经济，2007（2）：116－119．

[4] 曹建军，任正炜，杨勇等．玛曲草地生态系统恢复成本条件价值评估［J］．生态学报，2008（4）：1872－1880．

[5] 陈丹，陈菁，张捷等．灌区农业水价研究的条件价值评估法［J］．节水灌溉，2005（5）：2－4．

[6] 陈珂，苏丹，王秋兵等．意愿调查评估法在生物多样性非使用价值评估中的应用——以辽宁老秃顶子自然保护区为例［J］．林业经济问题，2009（4）：301－304．

[7] 陈世伟，雷晨光，缪建萍．鄱阳湖生态经济区生态补偿制度的立法完善［J］．江西社会科学，2010（10）：235－238．

[8] 陈兆开．我国湿地生态补偿问题研究［J］．生态经济，2009（5）：155－158．

[9] 陈志平，熊汉锋，黄世宽等．梁子湖湿地生态系统服务功能价值评估研究［J］．水土保持研究，2009（2）：231－233．

[10] 崔丽娟．扎龙湿地价值货币化评价［J］．自然资源学报，2002（4）：451－456．

[11] 崔丽娟．鄱阳湖湿地生态系统服务功能价值评估研究［J］．生态学杂志，2004（4）：47－51．

[12] 戴其文．生态补偿对象的空间选择研究——以甘南藏族自治州草地生

态系统的水源涵养服务为例 [J]. 自然资源学报, 2010 (3): 415-425.

[13] 邓立斌. 南四湖湿地生态系统服务功能价值初步研究 [J]. 西北林学院学报, 2011 (3): 214-219.

[14] 邓伟. 洪泛区湿地保护与水资源可持续利用 [J]. 科技导报, 2000 (3): 58-60.

[15] 段晓男, 王效科, 欧阳志云. 乌梁素海湿地生态系统服务功能及价值评估 [J]. 资源科学, 2005, 27 (2): 110-115.

[16] 高汉琦, 牛海鹏, 方国友等. 基于CVM多情景下的耕地生态效益农户支付/受偿意愿分析——以河南省焦作市为例 [J]. 资源科学, 2011 (11): 2116-2123.

[17] 葛颜祥, 梁丽娟, 王蓓蓓等. 黄河流域居民生态补偿意愿及支付水平分析——以山东省为例 [J]. 中国农村经济, 2009 (10): 77-85.

[18] 龚亚珍, 韩炜, Bennett Michael 等. 基于选择实验法的湿地保护区生态补偿政策研究 [J]. 自然资源学报, 2016 (2): 241-251.

[19] 郭恢财, 胡斌华, 李琴. 堑秋湖渔业模式对鄱阳湖南矶湿地越冬候鸟种群数量的影响和保育对策 [J]. 长江流域资源与环境, 2014 (1): 46-52.

[20] 韩鹏, 黄河清, 甄霖等. 基于农户意愿的脆弱生态区生态补偿模式研究——以鄱阳湖区为例 [J]. 自然资源学报, 2012 (4): 625-642.

[21] 贺娟. 基于社区的鄱阳湖区湿地生态系统服务与生态补偿研究 [D]. 江西师范大学, 2009.

[22] 贺晓英, 贺缠生. 北美五大湖保护管理对鄱阳湖发展之启示 [J]. 生态学报, 2008 (12): 6235-6242.

[23] 洪尚群, 马丕京, 郭慧光. 生态补偿制度的探索 [J]. 环境科学与技术, 2001 (5): 40-43.

[24] 胡博. Stata统计分析与应用 [M]. 北京: 电子工业出版社, 2013.

[25] 胡海胜. 庐山自然保护区森林生态系统服务价值评估 [J]. 资源科学, 2007 (5): 28-36.

[26] 胡振琪, 程琳琳, 宋蕾. 我国矿产资源开发生态补偿机制的构想 [J]. 环境保护, 2006 (19): 59-62.

[27] 黄金国, 郭志永. 鄱阳湖湿地生物多样性及其保护对策 [J]. 水土保持研究, 2007 (1): 305-306.

[28] 黄锡畴. 中国沼泽研究 [M]. 北京：科学出版社，1988.

[29] 江波，欧阳志云，苗鸿等. 海河流域湿地生态系统服务功能价值评价 [J]. 生态学报，2011（8）：2236-2244.

[30] 姜宏瑶. 中国湿地生态补偿机制研究 [D]. 北京林业大学，2010.

[31] 姜宏瑶，温亚利. 基于WTA的湿地周边农户受偿意愿及影响因素研究 [J]. 长江流域资源与环境，2011（4）：489-494.

[32] 金卫根，廖夏林. 鄱阳湖湿地生态旅游开发研究 [J]. 土壤，2008（1）：57-60.

[33] 金艳，黄敬峰，官泉水等. 仙居县生态资产评估及其与社会经济的关系研究 [J]. 科技通报，2009（1）：1-6.

[34] 金艳. 多时空尺度的生态补偿量化研究 [D]. 浙江大学，2009.

[35] 孔凡斌. 生态补偿机制国际研究进展及中国政策选择 [J]. 中国地质大学学报（社会科学版），2010（2）：1-5.

[36] 孔凡斌. 中国生态补偿机制：理论、实践与政策设计 [M]. 北京：中国环境科学出版社，2010.

[37] 孔凡斌，廖文梅，熊凯. 论建立鄱阳湖生态经济区生态补偿机制的关键科学问题 [J]. 鄱阳湖学刊，2013（1）：83-88.

[38] 孔祥智，顾洪明，韩纪江. 失地农民"受偿意愿"影响因素的实证分析 [J]. 山西财经大学学报，2007（6）：14-19.

[39] 郎慧卿，林鹏，陆健健. 中国湿地研究和保护 [M]. 上海：华东师范大学出版社，1998.

[40] 李芬，甄霖，黄河清等. 土地利用功能变化与利益相关者受偿意愿及经济补偿研究——以鄱阳湖生态脆弱区为例 [J]. 资源科学，2009（4）：580-589.

[41] 李芬，甄霖，黄河清等. 鄱阳湖区农户生态补偿意愿影响因素实证研究 [J]. 资源科学，2010（5）：824-830.

[42] 李凤娟，刘吉平. 湿地面积的丧失及其原因分析 [J]. 长春大学学报，2004，14（6）：79-81.

[43] 李广贺. 水资源利用与保护 [M]. 北京：中国建筑工业出版社，2002.

[44] 李海丽，赵善伦. 白云湖湿地生态系统服务功能价值评估 [J]. 山东

师范大学学报（自然科学版），2005（4）：55-57.

[45] 李林，田文华，段光锋．条件价值法在医院院誉价值评估中的应用——研究背景、原理与设计[J]．中国医院管理，2007（12）：1-3.

[46] 李建建，黎元生，胡熠．论流域生态区际补偿的主导模式与运行机制[J]．生态经济（学术版），2006（2）：319-321.

[47] 李文华，李芬，李世东等．森林生态效益补偿的研究现状与展望[J]．自然资源学报，2006（5）：677-688.

[48] 李晓光，苗鸿，郑华等．生态补偿标准确定的主要方法及其应用[J]．生态学报，2009（8）：4431-4440.

[49] 栗明，陈吉利，吴萍．从生态中心主义回归现代人类中心主义：社区参与生态补偿法律制度构建的环境伦理观基础[J]．广西社会科学，2011（11）：87-90.

[50] 林逢春，陈静．条件价值评估法在上海城市轨道交通社会效益评估中的应用研究[J]．华东师范大学学报（哲学社会科学版），2005（1）：48-53.

[51] 林乐芬，金媛．征地补偿政策效应影响因素分析——基于江苏省镇江市40个村1703户农户调查数据[J]．中国农村经济，2012（6）：20-30.

[52] 林媚珍，马秀芳，杨木壮等．广东省1987年至2004年森林生态系统服务功能价值动态评估[J]．资源科学，2009（6）：980-984.

[53] 林英华．条件价值评估法在野生动物价值评估中的应用[J]．北华大学学报（自然科学版），2001（1）：80-83.

[54] 刘红玉，赵志春，吕宪国．中国湿地资源及其保护研究[J]．资源科学，1999（6）：34-37.

[55] 刘红玉．中国湿地资源特征、现状与生态安全[J]．资源科学，2005（3）：54-60.

[56] 刘丽．我国国家生态补偿机制研究[D]．青岛大学，2010.

[57] 刘健．制度水平与双边股权资本流动——基于Heckman两阶段模型的分析[J]．投资研究，2012（2）：78-86.

[58] 刘润堂，许建中，冯绍元等．农业面源污染对湖泊水质影响的初步分析[J]．中国水利，2002（6）：71-73.

[59] 刘晓辉，焉申堂，王仁春等．湿地生态效益补偿标准探讨：以兴凯湖国际重要湿地为例[J]．湿地科学，2016（3）：289-294.

[60] 刘兴土. 三江平原湿地及其合理利用与保护 [M]. 长春：吉林科学技术出版社，1995.

[61] 刘影，彭薇. 鄱阳湖湿地生态系统退化的社会经济驱动力分析 [J]. 江西社会科学，2003（10）：231-233.

[62] 刘永杰，王世畅，彭皓等. 神农架自然保护区森林生态系统服务价值评估 [J]. 应用生态学报，2014（5）：1431-1438.

[63] 刘玉龙，马俊杰，金学林等. 生态系统服务功能价值评估方法综述 [J]. 中国人口·资源与环境，2005（1）：91-95.

[64] 刘庸. 环境经济学 [M]. 北京：中国农业大学出版社，2001.

[65] 刘子刚，刘喆，卫文斐. 湿地生态补偿概念和基本理论问题探讨 [J]. 生态经济，2016（2）：186-189.

[66] 陆健健. 中国滨海湿地的分类 [J]. 环境导报，1996，13（1）：1-2.

[67] 卢松，陆林，凌善金等. 人类活动对安庆沿江湖泊湿地影响的初步研究 [J]. 长江流域资源与环境，2004，13（1）：65-71.

[68] 陆维研，杨朔，董琪等. 建立湿地生态效益补偿制度的必要性及可行性分析 [J]. 安徽农业科学，2007，35（21）：6570-6572.

[69] 吕宪国. 中国湿地与湿地研究 [M]. 石家庄：河北科学技术出版社，2008.

[70] 毛端谦，刘春燕. 鄱阳湖湿地生态保护与可持续利用研究 [J]. 热带地理，2002（1）：24-27.

[71] 毛显强，钟瑜，张胜. 生态补偿的理论探讨 [J]. 中国人口·资源与环境，2002，12（4）：40-43.

[72] 孟祥江，朱小龙，彭在清等. 广西滨海湿地生态系统服务价值评价与分析 [J]. 福建林学院学报，2012（2）：156-162.

[73] 梅强，陆玉梅. 基于条件价值法的生命价值评估 [J]. 管理世界，2008（6）：174-175.

[74] 闵庆文，甄霖，杨光梅等. 自然保护区生态补偿机制与政策研究 [J]. 环境保护，2006（19）：55-58.

[75] 倪才英，汪为青，曾珩等. 鄱阳湖退田还湖生态补偿研究（Ⅱ）——鄱阳湖双退区湿地生态补偿标准评估 [J]. 江西师范大学学报（自然科学版），

2010 (5): 541-546.

[76] 倪才英,曾珩,汪为青. 鄱阳湖退田还湖生态补偿研究(Ⅰ)——湿地生态系统服务价值计算[J]. 江西师范大学学报(自然科学版),2009(6): 737-742.

[77] 欧阳志云,王效科,苗鸿. 中国陆地生态系统服务功能及其生态经济价值的初步研究[J]. 生态学报,1999(5): 19-25.

[78] 欧阳志云,赵同谦,王效科等. 水生态服务功能分析及其间接价值评价[J]. 生态学报,2004(10): 2091-2099.

[79] 潘耀忠,史培军,朱文泉等. 中国陆地生态系统生态资产遥感定量测量[J]. 中国科学(D辑:地球科学),2004(4): 375-384.

[80] 齐力. 政府与农户博弈视角下退耕还湿生态补偿研究——以黑龙江三江湿地自然保护区为例[J]. 求索,2016(8): 98-103.

[81] 屈小娥,李国平. 意愿价值评估法:理论基础及研究进展[J]. 统计与决策,2011(7): 156-160.

[82] 任勇,冯东方,俞海. 中国生态补偿理论与政策框架设计[M]. 北京:中国环境出版社,2008.

[83] 阮君,孙秋碧. 森林游憩价值评价之CVM、TCM比较[J]. 湖北林业科技,2005(5): 30-35.

[84] 尚海洋. 基于CVM方法的张掖市北郊湿地存在价值评估[J]. 干旱区资源与环境,2011(5): 140-147.

[85] 史培军,张淑英,潘耀忠等. 生态资产与区域可持续发展[J]. 北京师范大学学报(社会科学版),2005(2): 131-137.

[86] 宋敏,耿荣海,史海军等. 生态补偿机制建立的理论分析[J]. 理论界,2008(5): 6-9.

[87] 孙博,谢屹,温亚利. 中国湿地生态补偿机制研究进展[J]. 湿地科学,2016(1): 89-96.

[88] 万本太,邹首民. 走向实践的生态补偿——案例分析与实践探索[M]. 北京:中国环境科学出版社,2008.

[89] 汪爱华,张树清,何艳. RS和GIS支持下的三江平原沼泽湿地动态变化研究[J]. 地理科学,2002,22(5): 636-640.

[90] 王兵,鲁绍伟,尤文忠等. 辽宁省森林生态系统服务价值评估[J].

应用生态学报，2010（7）：1792-1798.

[91] 王昌海，崔丽娟，毛旭锋等．湿地保护区周边农户生态补偿意愿比较[J]．生态学报，2012（17）：5345-5354.

[92] 王春连，张镱锂，王兆锋等．拉萨河流域湿地生态系统服务功能价值变化[J]．资源科学，2010（10）：2038-2044.

[93] 王德辉．建立生态补偿机制的若干问题探讨[J]．环境保护，2006（19）：12-17.

[94] 王卷乐，胡振鹏，冉盈盈等．鄱阳湖湿地烧荒遥感监测及其影响分析[J]．自然资源学报，2013（4）：656-667.

[95] 王湃，凌雪冰．基于农户受偿意愿的征地补偿及影响因素分析——以湖北省4市25村354份问卷为证[J]．华中农业大学学报（社会科学版），2013（5）：127-132.

[96] 王庆，廖静娟．基于Landsat TM和ENVISAT ASAR数据的鄱阳湖湿地植被生物量的反演[J]．地球信息科学学报，2010（2）：2282-2291.

[97] 汪霞，南忠仁，郭奇等．干旱区绿洲农田土壤污染生态补偿标准测算——以白银、金昌市郊农业区为例[J]．干旱区资源与环境，2012（12）：46-52.

[98] 王晓鸿．鄱阳湖湿地生态系统评估[M]．北京：科学出版社，2004.

[99] 王晓鸿，肖锡红．鄱阳湖湿地保护与区域可持续发展[J]．江西科学，2003，21（3）：222-225.

[100] 王小鹏，赵成章，王艳艳．微观尺度湿地生态恢复的条件价值评估[J]．安徽农业科学，2009（16）：7579-7580.

[101] 王勇，何勇，张健等．岷江上游森林生态系统服务条件价值评估[J]．林业经济问题，2009（5）：428-433.

[102] 汪永华，胡玉佳．海南新村海湾生态系统服务恢复的条件价值评估[J]．长江大学学报（自然科学版），2005（2）：83-88.

[103] 王宇，延军平．自然保护区村民对生态补偿的接受意愿分析——以陕西洋县朱鹮自然保护区为例[J]．中国农村经济，2010（1）：63-73.

[104] 吴平，付强．扎龙湿地生态系统服务功能价值评估[J]．农业现代化研究，2008（3）：335-337.

[105] 肖寒，欧阳志云，赵景柱等．森林生态系统服务功能及其生态经济价

值评估初探——以海南岛尖峰岭热带森林为例［J］. 应用生态学报, 2000（4）: 481-484.

［106］熊凯, 孔凡斌. 农户生态补偿支付意愿与水平及其影响因素研究——基于鄱阳湖湿地202户农户调查数据［J］. 江西社会科学, 2014（6）: 85-90.

［107］熊凯, 孔凡斌, 陈胜东. 鄱阳湖湿地农户生态补偿受偿意愿及其影响因素分析——基于CVM和排序Logistic模型的实证［J］. 江西财经大学学报, 2016（1）: 28-35.

［108］熊明均, 郭剑英, 邓丹. 利用意愿调查价值评估法（CVM）评估旅游资源的非使用价值——以乐山大佛景区为例［J］. 中共乐山市委党校学报, 2007（3）: 76-78.

［109］熊鹰, 王克林, 蓝万炼等. 洞庭湖区湿地恢复的生态补偿效应评估［J］. 地理学报, 2004（5）: 772-780.

［110］徐大伟, 刘春燕, 常亮. 流域生态补偿意愿的WTP与WTA差异性研究: 基于辽河中游地区居民的CVM调查［J］. 自然资源学报, 2013（3）: 402-409.

［111］徐中民, 张志强, 程国栋. 甘肃省1998年生态足迹计算与分析［J］. 地理学报, 2000, 55（5）: 607-616.

［112］许恒周. 基于农户受偿意愿的宅基地退出补偿及影响因素分析——以山东省临清市为例［J］. 中国土地科学, 2012（10）: 75-81.

［113］许妍, 高俊峰, 黄佳聪. 太湖湿地生态系统服务功能价值评估［J］. 长江流域资源与环境, 2010（6）: 646-652.

［114］鄢帮有. 鄱阳湖湿地生态系统服务功能价值评估研究［J］. 资源科学, 2004, 26（3）: 61-68.

［115］殷沈琴. 条件价值评估法在公共图书馆价值评估中的应用［J］. 图书馆杂志, 2007（3）: 7-10.

［116］殷书柏等. 湿地定义研究进展［J］. 湿地科学, 2014, 12（4）: 504-514.

［117］杨平. 从战略高度建立健全我国的生态补偿机制［J］. 山西财经大学学报, 2012（S3）: 54-55.

［118］杨欣, 蔡银莺. 基于农户受偿意愿的武汉市农田生态补偿标准估算［J］. 水土保持通报, 2012（1）: 212-216.

[119] 杨永兴. 国际湿地科学研究的主要特点、进展与展望 [J]. 地理科学进展, 2002, 21 (2): 111-120.

[120] 杨跃军, 刘羿. 生态系统服务功能研究综述 [J]. 中南林业调查规划, 2008 (4): 58-62.

[121] 姚莉萍, 彭安明, 朱红根. 农户湿地生态补偿政策需求优先序及影响因素——基于鄱阳湖区1009份调查数据的分析 [J]. 湖南农业大学学报 (社会科学版), 2016 (3): 35-42.

[122] 尹善春. 中国泥炭资源及其开发利用 [M]. 北京: 地质出版社, 1992.

[123] 尹少华. 森林生态服务价值评价及其补偿与管理机制研究 [M]. 北京: 中国财政科学经济出版社, 2010.

[124] 于德永, 潘耀忠, 龙中华等. 基于遥感技术的云南省生态系统水土保持价值测量 [J]. 水土保持学报, 2006 (2): 174-178.

[125] 余新晓, 鲁绍伟, 靳芳等. 中国森林生态系统服务功能价值评估 [J]. 生态学报, 2005 (8): 2096-2102.

[126] 翟可, 徐惠强, 姚志刚等. 江苏省湿地保护现状、问题及对策 [J]. 南京林业大学学报 (自然科学版), 2013 (3): 175-180.

[127] 赵景柱, 肖寒, 吴刚. 生态系统服务的物质量与价值量评价方法的比较分析 [J]. 应用生态学报, 2000 (2): 290-292.

[128] 赵军, 杨凯. 上海城市内河生态系统服务的条件价值评估 [J]. 环境科学研究, 2004 (2): 49-52.

[129] 赵其国, 黄国勤, 钱海燕. 鄱阳湖生态环境与可持续发展 [J]. 土壤学报, 2007 (2): 318-326.

[130] 赵同谦, 欧阳志云, 郑华等. 中国森林生态系统服务功能及其价值评价 [J]. 自然资源学报, 2004 (4): 480-491.

[131] 张淑英, 陈云浩, 李晓兵等. 内蒙古生态资产测量及生态建设研究 [J]. 资源科学, 2004 (3): 22-28.

[132] 张绪良, 陈东景, 徐宗军等. 黄河三角洲滨海湿地的生态系统服务价值 [J]. 科技导报, 2009 (10): 37-42.

[133] 张志强, 徐中民, 程国栋. 生态系统服务与自然资本价值评估 [J]. 生态学报, 2001 (11): 1918-1926.

[134] 张志强，徐中民，程国栋等．黑河流域张掖地区生态系统服务恢复的条件价值评估 [J]．生态学报，2002（6）：885-893．

[135] 张志强，徐中民，程国栋．条件价值评估法的发展与应用 [J]．地球科学进展，2003（3）：454-463．

[136] 张志强，徐中民，龙爱华等．黑河流域张掖市生态系统服务恢复价值评估研究——连续型和离散型条件价值评估方法的比较应用 [J]．自然资源学报，2004（2）：230-239．

[137] 钟大能．在西部民族地区完善财政生态补偿机制的对策建议 [J]．中央财经大学学报，2006（5）：22-26．

[138] 中国生态补偿机制与政策研究课题组．中国生态补偿机制与政策研究 [M]．北京：科学出版社，2007．

[139] 周葆华，操璟璟，朱超平等．安庆沿江湖泊湿地生态系统服务功能价值评估 [J]．地理研究，2011（12）：2296-2304．

[140] 朱琳，赵英伟，刘黎明．鄱阳湖湿地生态系统功能评价及其利用保护对策 [J]．水土保持学报，2004（2）：196-200．

[141] 朱文泉，张锦水，潘耀忠等．中国陆地生态系统生态资产测量及其动态变化分析 [J]．应用生态学报，2007（3）：586-594．

[142] 庄大昌．洞庭湖湿地生态系统服务功能价值评估 [J]．经济地理，2004（3）：391-394．

[143] Aabø, S., Strand, S. Public Library Assessment and Motivation by Altruism [J]. Proceedings of the Eleventh Annual Conference on Cultural Economics, Minneapolis, Mimeo, 2000 (1): 7-14.

[144] Ajzen, I., Brown, T. C., Rosenthal, L. H. Information bias in contingent valuation: effects of personal relevance, quality of information, and motivational orientation [J]. Journal of Environmental Economy and Management, 1996 (30): 43-57.

[145] An, S., Li, L. H., Baohua, G., et al. China's Natural Wetlands: Past Problems, Current Status, and Future Challenges [J]. Alnbio, 2007, 36 (4): 335-342.

[146] Angela, C. B., Esteve C., Kurt C. N., Lucia A. L. We are the city lungs: Payments for ecosystem services in the outskirts of Mexico City [J]. Land Use

Policy. 2015 (43): 138 – 148.

[147] Arrow, K., Solow, R., Portney, P., et al. Report of the NOAA panel on contingent valuation. Report to the General Council of the US National Oceanic and Atmospheric Administration [M]. Washington DC: Resources for the Future, 1993.

[148] Bandara, R., Tisdell, C. The net benefit of saving the Asian elephant: a policy and contingent valuation study [J]. Ecological Economics, 2004 (48): 93 – 107.

[149] Bateman, I. J., Carson, R. T., Day, B. Economic Valuation with Stated Preference Techniques: a Manual. Northampton [M]. UK: Edward Elgar, 2002.

[150] Bateman, I. J., Langford, I. H., Turner, R. K., et al. Elicitation and truncation effects in contingent valuation studies [J]. Ecological Economics, 1999 (12): 161 – 179.

[151] Bateman, I. J., Turner, R. K. Valuation of Environment, Methods and Techniques: the Contingent Valuation Method [M]. Sustainable Environmental Economics and Management: Principles and Practice, Turner R. K., London: Belhaven Press, 1993.

[152] Baylis, K., Peplow, S., Rausser, G., Simon, L. Agri – environmental policies in the EU and the United States: a comparison [J]. Ecological Economics, 2008 (65): 753 – 764.

[153] Bertke, E., Gerowitt, B., Hespelt, S. K., Isselstein, J., Marggraf, R., Tute, C. An outcome – based payment scheme for the promotion of biodiversity in the cultural landscape [J]. Integrating Efficient Grassland Farming and Biodiversity, 2005 (10): 36 – 39.

[154] Blackman, A., Woodward, R. User Financing in National Payments for Environmental Services Program: Costa Rican Hydropower [J]. Environment for Development Discussion Paper—Resources for the Future (RFF), 2009: 3 – 9.

[155] Boerner, J., Mendoza, A., Vosti, S. A. Ecosystem services, agriculture, and rural poverty in the Eastern Brazilian Amazon: interrelationships and policy prescriptions [J]. Ecological Economics, 2007 (64): 356 – 373.

[156] Botzen W. J. W., van den Bergh, J. C. J. M. Risk attitudes to low – probability climate change risks: WTP for flood insurance [J]. Journal of Economic Be-

havior & Organization, 2012, 82 (1): 151 – 166.

[157] Boyle, K. J., Johnson, F. R., McCollum, D. W., et al. Valuing public goods: discrete versus continuous contingent – valuation responses [J]. Land Economics, 1996 (72): 381 – 396.

[158] Brox, J. A., Kumar, R. C., Stollery, K. R. Estimating willingness to pay for improved water quality in the presence of item nonresponse bias [J]. American Journal of Agricultural Economics, 2003 (85): 414 – 428.

[159] Carson, R. T. Valuation of tropical rainforests: Philosophical and practical issues in the use of contingent valuation [J]. Ecological Economics, 1998 (24): 15 – 29.

[160] Champ, P., Bishop, R., Brown, T., McCollum, D. Using donation mechanisms to value non – use benefits from public goods [J]. Journal of Environmental Economics and Management, 1997, 33 (2): 151 – 162.

[161] Corbera, E., Soberanis, C. G., Brown, K. Institutional dimensions of payments for ecosystem services: an analysis of Mexico's carbon forestry programme [J]. Ecological Economics 2009 (68): 743 – 761.

[162] Costanza, M., Sachsida, A., Loureiro, P. A study on the valuing of biodiversity: the case of three endangered species in Brazil [J]. Ecological Economics, 2003 (46): 9 – 18.

[163] Costanza, R., Adrge, R., De Groot, R., et al. The value of the world's ecosystem services and natural capital [J]. Nature, 1997, 387 (6330): 253 – 260.

[164] Czajkowski, M., Barczak, A., Budziński, W., et al. Preference and WTP stability for public forest management [J]. Forest Policy and Economics, 2016 (71): 11 – 22.

[165] Daily, G. C. Nature's services: societal dependence on natural ecosystem [M]. Washington, D. C.: Island Press, 1997.

[166] Daniels, A. E., Bagstaf, K., Esposito, V., Moulaert, A.; Rodriguez, C. M. Understanding the impacts of Costa Rica's PES: are we asking the right questions? [J]. Ecological Economics 2010 (69): 2116 – 2126.

[167] Dobbs, T. L., Pretty, J. Case study of agri – environmental payments:

the United Kingdom [J]. Ecological Economies, 2008 (65): 765 - 775.

[168] Drichoutis, A. C., Lusk, J. L., Pappa, V. Elicitation formats and the WTA/WTP gap: A study of climate neutral foods [J]. Food Policy, 2016 (61): 141 - 155.

[169] Echavarria, M. Financing watershed conservation: the FONAG water fund in Ecuador [M]. Selling forest environmental services: market - based mechanisms for conservation and development, London: Earthscan, 2002.

[170] Farley, J., Costanza, R. Payments for ecosystem services: from local to global [J]. Ecological Economics, 2010 (69): 2060 - 2068.

[171] Finlayson C, Davidson N. Global review of wetland resources and priorities for wetland inventory [R]. Gland: Ramsar Convention Bureau, 1998.

[172] Garrod, G., Willis, K. G. Economic valuation of the environment [J]. Methods and Case Studies. Edward Elgar, UK, 1999.

[173] Giessubel - Kreusch, R. Estimating the monetary value of the non - marketable, environmental services of agriculture and the possibilities of compensatory payments: the example of nature conservation [J]. Agrarwirtschaft, 1988 (38): 221 - 226.

[174] Gomez - Baggethun, E., de Groot, R., Lomas, P. L., Montes, C. The history of ecosystem services in economic theory and practice: from early notions to markets and payment schemes [J]. Ecological Economics, 2010 (69): 1209 - 1218.

[175] Gren, I. M., Groth, K. H., Sylvén, M. Economic Values of Danube Floodplains [J]. Journal of Environmental Management, 1995 (45): 333 - 345.

[176] Groth, M. An outcome - based payments cheme to reward ecological services seen from an institutional economics point of view [J]. OGA Jahrbuch—Journal if the Austrian Society of Agricultural Economics, 2005 (14): 175 - 185.

[177] Guan, X., Liu, W., Chen, M. Study on the ecological compensation standard for river basin water environment based on total pollutants control [J]. Ecological Indicators, 2016 (69): 446 - 452.

[178] Haaren, C. V., Bathke, M. Integrated landscape planning and remuneration of agri - environmental services: results of a case study in the Fuhrberg region of

Germany [J]. Journal of Environmental Management, 2008 (89): 209 – 221.

[179] Hall, A. Better Red than dead: paying the people for the environmental services in Amazonia [J]. Philosophical Transactions of the Royal Society B—Biological Sciences, 2008a (363): 1925 – 1932.

[180] Hall, A. Paying for environmental services: the case of Brazilian Amazonia [J]. Journal of International Development, 2008b (20): 965 – 981.

[181] Hanemann, M. W. Discrete/continuous models of consumer demand [J]. Econometrica, 1984 (52): 541 – 562.

[182] Hanley, N., Ruffell, R. J. The contingent valuation of forest characteristics: two experiments [J]. Journal of Agricultural Economics, 1993 (44): 218 – 229.

[183] Harndar, B. An efficiency approach to managing Mississippi's marginal land based on the conservation reserve program [J]. Resource, Conservation and Recycling, 1999 (26): 15 – 24.

[184] Hausman, J. A, Wise, D. A. A condition probit model for qualitative choice: discrete decisions recognizing interdependence and heterogenteous preferences [J]. Econometrical, 1978, 46 (3): 403 – 427.

[185] Helliwell, D. R. Valuation of wildlife resources [J]. Regional Studies, 1969 (3): 41 – 49.

[186] Herbes, C., Friege, C., Baldo, D., et al. Willingness to pay lip service? Applying a neuroscience – based method to WTP for green electricity [J]. Energy Policy, 2015 (87): 562 – 572.

[187] Holder, J., Ehrlich, P. R. Human population and global environment [J]. American Scientist, 1974, 62 (3): 282 – 297.

[188] Home, R., Balmer, O., Jahrl, I., et al. Motivations for implementation of ecological compensation areas on Swiss lowland farms [J]. Journal of Rural Studies, 2014 (34): 26 – 36.

[189] Johnson, B. K., Whitehead, J. C., Mason, D. S., et al. Willingness to pay for downtown public goods generated by large, sports – anchored development projects: The CVM approach [J]. City, Culture and Society, 2012 (3): 201 – 208.

[190] Kaiser, G. Deficiency payments unrelated to production as a complement to the present market regulation policy? [J]. Agrarische Rundschau, 1974 (1): 36-40.

[191] King, R. T. Wildlife and Man [J]. NY Conservationist, 1966 (20): 8-11.

[192] Knetsch, J. L. Gains, losses, and the US EPA economic analysis guidelines: a hazardous product? [J]. Environmental and Resource Economics, 2005 (32): 91-112.

[193] Kosoy, N., Corbera, E., Brown, K. Participation in payments for ecosystem services: case studies from the Lacandon rainforest, Mexico [J]. Geoforum, 2008 (39): 2073-2083.

[194] Kronenberg, J., Hubacek, K. Could Payments for Ecosystem Services Create an "Ecosystem Service Curse"? [J]. Ecology and Society, 2013, 18 (1): 10.

[195] Lal, P. Economic valuation of mangroves and decision making in the Pacific [J]. Ocean & Coastal Management, 2003 (46): 823-846.

[196] Lee, C. K., Han, S. Y. Estimating the use and preservation values of national parks' tourism resources using a contingent valuation method [J]. Tourism Management, 2002, 23 (5): 531-540.

[197] Liu, J., Diamond, J. China's environment in a globalizing world [J]. Nature, 2005 (435): 1179-1186.

[198] Liu, D., Zhu, L. Assessing China's legislation on compensation for marine ecological damage: A case study of the Bohai oil spill [J]. Marine Policy, 2014 (50): 18-26.

[199] Loomis, J. B. Contingent valuation methodology and the US institutional framework [A]. In: Bateman, I. J., WillisKG, eds. Valuing Environmental Preferences: Theory and Practice of the Contingent Valuation Method in the US, EU and Developing Countries [C]. New York: Oxford University Press, 1999.

[200] Loomis, J., Ekstrand, E. Alternative approaches for incorporating respondents uncertainty when estimating willingness to pay: the case of Mexican spotted owl [J]. Ecological Economics, 1998 (27): 29-41.

[201] Loomis, J., Kent, P., Strange, L., et al. Measuring the economic

value of restoring ecosystem services in an impaired river basin: results from a contingent valuation survey [J]. Ecological Economics, 2000 (33): 103 – 117.

[202] Loomis, J. B., Walsh, R. G. Recreation Economic Decisions: Comparing Benefits and Costs (2nd) [M]. Venture Publishing Inc., 1997.

[203] MacDonald, D. H., Bark, R. H., Coggan, A. Is ecosystem service research used by decision – makers? A case study of the Murray – Darling Basin, Australia [J]. Landscape Ecology, 2014 (29): 1447 – 1460.

[204] Macmillan, D. C., Harley, D., Morrison, R. Cost – effectiveness analysis of woodland ecosystem restoration [J]. Ecological Economics, 1998 (27): 313 – 324.

[205] Maltby, E., Turner, R. Wetlands of the world [J]. Geographical Magazine, 1983, 55 (1): 12 – 17.

[206] Marella, C., Raga, R. Use of the Contingent Valuation Method in the assessment of a landfill mining project [J]. Waste Manag, 2014 (34): 1199 – 1205.

[207] Margules, C. R., Pressey, R. L. Systematic conservation planning [J]. Nature, 2000 (405): 243 – 253.

[208] Marzetti, S., Disegna, M., Koutrakis, E., et al. Visitors' awareness of ICZM and WTP for beach preservation in four European Mediterranean regions [J]. Marine Policy, 2016 (63): 100 – 108.

[209] Mendon. A study on the valuing of biodiversity: the case of three endangered species in Brazil [J]. Ecological Economics, 2003 (46): 9 – 18.

[210] Millennium Ecosystem Assessment: Biodiversity synthesis report [R]. Washington D C: World Resources Institute, 2005.

[211] Mitchell, D. C., Carson, R. T. Using Surveys to Value Public Goods: The Contingent Valuation Method [M]. Washington DC: Resources for the Future, 1989.

[212] Mitchell, R. C., Carson, R. T. Using surveys to value public goods: the contingent valuation method [M]. Rff Press, 1989.

[213] Mitsch, W. J., Jame, G. G. Weflands [M]. New York: John Wiley and Sons Inc., 1986.

[214] Munoz – Pina, C., Guevara, A., Torres, J. M., Brana, J. Paying for

the hydrological services of Mexico's forests: analysis, negotiations and results [J]. Ecological Economics, 2008 (65): 725-736.

[215] Munoz-Pina, C., Guevara, A., Torres, J. M., et al. Paying for the hydrological services of Mexico's forests: analysis, negotiations and results [J]. Ecological Economics, 2008 (65): 725-736.

[216] Muñiz, I., Calatayud, D., Dobaño, R. The compensation hypothesis in Barcelona measured through the ecological footprint of mobility and housing [J]. Landscape and Urban Planning, 2013 (113): 113-119.

[217] Muradian, R., Corbera, E., Pascual, U., Kosoy, N., May, P. H. Reconciling theory and practice: an alternative conceptual framework for understanding payments for environmental services [J]. Ecological Economics, 2010 (69): 1202-1208.

[218] Nelson, J. S. Fishes of the world [M]. New York: John Wiley and Sons Inc., 1994.

[219] Pagiola, S., Landell-Mills, N., Bishop, J. Making market-based mechanisms work for forests and people [M]. Selling Forest Environmental Services: Market-based Mechanisms for Conservation and Development, London: Earthscan, 2002.

[220] Pagiola, S., Ramrezb, E., Gobbic, J. Payin for the environmental services of silvopastoral practices in Nicaragua [J]. Ecological Economics, 2007, 64 (2): 374-385.

[221] Pagiola, S. Payments for environmental services in Costa Rica [J]. Ecological Economies, 2008 (65): 712-724.

[222] Pagiola, S., Rios, A. R., Arcenas, A. Can the poor participate for environmental services? Lessons from the silvopastoral project in Nicaragua [J]. Environment and Development, 2008 (13): 299-325.

[223] Patterson, M. G. Ecological Production Based Pricing of Biosphere Processes [J]. Ecological Economies, 2002 (41): 457-478.

[224] Paul, A. K. Wetland Ecology: Principles and Conservation [M]. 2Edition. Cambridge: Cambridge University Press, 2000.

[225] Pauutanayak, S. K. Valuing watershed services: concepts and empirics from Southeast Asia [J]. Agriculture Ecosystems & Environment, 2004 (104):

171 – 184.

[226] Payment for Ecosystem Services. [EB/OL]. http://en.wikipedia.org/wiki/Payment for ecosystem services (accessed on 3 February 2015).

[227] Pearce, D. W. Blueprint 4: Capturing Global Environmental Value. Earthscan, London, 1995.

[228] Pevetz, W. Small area solutions in agricultural policy? Pulls between internationalization and regionalization [J]. Monatsberichte uber die Osterreichische Landwirtschaft, 1992 (39): 886 – 895.

[229] Pimentel, D., Wilson, C., McCulluln, C., et al. Economic and environmental benefits of biodiversity [J]. Bioscience, 1997 (387): 253 – 260.

[230] Protiere, C., Donaldson, C., Luchini, S., Moatti, J. P., Shackley, P. The impact of information on non – health attributes on willingness to pay for multiple health care programmes [J]. Social Science & Medicine, 2004 (58): 1257 – 1269.

[231] Radmehr, M., Willis, K., Kenechi, U. E. A framework for evaluating WTP for BIPV in residential housing design in developing countries: A case study of North Cyprus [J]. Energy Policy, 2014 (70): 207 – 216.

[232] Rao, H., Lin, C., Kong, H., et al. Ecological damage compensation for coastal sea area uses [J]. Ecological Indicators, 2014 (38): 149 – 158.

[233] Randall, A., Ives, B., Eastman, C. Bidding games for valuation of aesthetic environmental improvements [J]. Journal of Environmental Economics and Management, 1974 (1): 132 – 149.

[234] Robertson, M., Hayden, N. Evaluation of a market in wetland credits: Entrepreneurial wetland banking in Chicago [J]. Conservation Biology, 2008, 22 (3): 636 – 646.

[235] Robinson, A., Gyrd – Hansen, D., Bacon, P., et al. Estimating a WTP – based value of a QALY: The "chained" approach [J]. Social Science & Medicine, 2013 (92): 92 – 104.

[236] Robles, D., Lassioe, J. P. Evaluation of Potential Gross Income from Non – timber Products in a Riparian Forest for the Chesapeake Bay Watershed [J]. Agro – forestry Systems, 1997, 223 (44): 215 – 225.

[237] Rosa H., Kandel S., Dimas L. Compensation for environmental services

and rural communities: lessons from the Americas [J]. International Forestry Review, 2004, 6 (2): 187 – 194.

[238] Rodriguez, J. Environmental services of the forest: the case of Costa Rica [J]. Revista Forestal Centroamericana, 2002 (37): 47 – 53.

[239] Sanchez – Azofeifa, G. A., Pfaff, A., Robalino, J. A., Boomhower, J. P. Costa Rica's payment for environmental services program: intention, implementation, and impact [J]. Conservation Biology, 2007 (21): 1165 – 1173.

[240] Scarpa, R., Hutchinson, W. G., Chilton, S. M., Buongiorno, J. Importance of forest attributes in the willingness to pay for recreation: a contingent valuation study of Irish forests [J]. Forest Policy and Economics, 2000 (1): 315 – 329.

[241] SCEP (Study of Critical Environmental Problems). Man's Impact on the Global Environment [M]. MIT Press, Cambridge, 1970.

[242] Schaafsma, M., Brouwer, R., Rose, J. Directional heterogeneity in WTP models for environmental valuation [J]. Ecological Economics, 2012 (79): 21 – 31.

[243] Southgate, D., Wunder, S. Paying for watershed services in Latin America: a review of current initiatives [J]. Journal of Sustainable Forestry, 2009 (28): 497 – 524.

[244] Spash, C. L. Non – economic motivation for contingent values: rights and attitudinal beliefs in the willingness to pay for environmental improvements [J]. Land Economics, 2006 (82): 602 – 622.

[245] Stefano, P., Joshua, B. Selling forest environmental services [M]. London: Earth Publications, 2002.

[246] Subak, S. Forest protection and reforestation in Costa Rica: evaluation of a clean development mechanism prototype [J]. Environmental Management, 2000 (26): 283 – 297.

[247] Sun, C. W., Zhu, X. T. Evaluating the public perceptions of nuclear power in China: Evidence from a contingent valuation survey [J]. Energy Policy, 2014 (69): 397 – 405.

[248] Swallow, B. M., Leimona, B., Yatich, T., Velarde, S. J. The conditions for functional mechanisms of compensation and rewards for environmental services

[J]. Ecology and Society, 2010 (15): 7-14.

[249] Tambor, M., Pavlova, M., Rechel, B., Golinowska, S., Sowada, C., Groot, W. Willingness to pay for publicly financed health care services in Central and Eastern Europe: Evidence from six countries based on a contingent valuation method [J]. Soc. Sci. Med., 2014 (116): 193-201.

[250] Tao, Z., Yan, H. M., Zhan, J. Y. Economic valuation of forest ecosystem services in Heshui watershed using contingent valuation method [J]. Procedia Environ. Sci., 2012 (13): 2445-2450.

[251] Teuber, R., Dolgopolova, I., Nordström, J. Some like it organic, some like it purple and some like it ancient: Consumer preferences and WTP for value-added attributes in whole grain bread [J]. Food Quality and Preference, 2016 (52): 244-254.

[252] Turner, K. Economics and wetland management [J]. Ambio, 1991 (20): 59-61.

[253] Turpie, J. K., Marais, C., Blignaut, J. N. The working for water programme: evolution of a payments for ecosystem services mechanism that addresses both poverty and ecosystem service delivery in South Africa [J]. Ecological Economics, 2008 (65): 788-798.

[254] Turner, R. K., Vanden, B. J., Soderqvist. Ecological economic analysis of wetlands: scientific integration for management and policy [J]. Ecological Economies, 2000, 35 (1): 7-23.

[255] Tyllianakis, E., Skuras, D. The income elasticity of Willingness-To-Pay (WTP) revisited: A meta-analysis of studies for restoring Good Ecological Status (GES) of water bodies under the Water Framework Directive (WFD) [J]. Journal of Environmental Management, 2016 (182): 531-541.

[256] Uehleke, R. The role of question format for the support for national climate change mitigation policies in Germany and the determinants of WTP [J]. Energy Economics, 2016 (55): 148-156.

[257] Uthes, S., Matzdorf, B., Mueller, K., Kaechele, H. Spatial targeting of agri-environmental measures: cost-effectiveness and distributional consequences [J]. Environmental Management, 2010 (46): 494-509.

[258] van den Berg, B. , Brouwer, W. , van Exel, J. , et al. Economic valuation of informal care: the contingent valuation method applied to informal caregiving [J]. Health Economics, 2005, 14 (2): 169 – 183.

[259] Vatn, A. An institutional analysis of payments for environmental services [J]. Ecological Economics, 2010 (69): 1245 – 1252.

[260] Venkatachalam, L. The contingent valuation method: a review [J]. Environmental Impact Assessment Review, 2004 (24): 89 – 124.

[261] Villarroya, A. , Persson, J. , Puig, J. Ecological compensation: From general guidance and expertise to specific proposals for road developments [J]. Environmental Impact Assessment Review, 2014 (45): 54 – 62.

[262] Vijay, K. , Angela, G. , Jan, A. , Nicolás, K. Juggling multiple dimensions in a complex socio – ecosystem: The issue of targeting in payments for ecosystem services [J]. Geoforum. 2015 (58), 1 – 13.

[263] Whitehead, J. C. , Blomquist, G. C. , et al. Measuring Contingent Values for Wetlands: Effects of information about Related Environmental Goods [J]. Water Resources Research, 1991, 27 (10): 2523 – 2531.

[264] Woodward, R. T. , Wui, Y. S. The Economic Value of wetland services: A Meta – Analysis [J]. Ecological Economies, 2001 (37): 257 – 270.

[265] Wunder, S. Payments for Environmental Services: Some Nuts and Bolts [J]. CIFOR Occasional Paper 42, 2005.

[266] Ying, L. , Zheng, Z. , Li – juan, C. , et al. Suggestions on Forest Ecological Compensation—Taking Mudanjiang City as an Example [J]. Journal of Northeast Agricultural University (English Edition), 2015, 22 (1): 66 – 75.

[267] Yu, B. , Xu, L. Review of ecological compensation in hydropower development [J]. Renewable and Sustainable Energy Reviews, 2016 (55): 729 – 738.

[268] Yu, B. , Xu, L. , Yang, Z. Ecological compensation for inundated habitats in hydropower developments based on carbon stock balance [J]. Journal of Cleaner Production, 2016 (114): 334 – 342.

[269] Zalejska – Jonsson, A. Stated WTP and rational WTP: Willingness to pay for green apartments in Sweden [J]. Sustainable Cities and Society, 2014 (13): 46 – 56.

[270] Zhao, H. Z., Ma, A. J., Liang, X. G., et al. Status Quo, Problems and Countermeasures Concerning Ecological Compensation due to Coastal Engineering Construction Project [J]. Procedia Environmental Sciences, 2012 (13): 1748 – 1753.